2017 教育部人文社科青年基金项目（生生与共——高密度区微型绿道空间环境研究）17YJC760090

# 高密度区微型绿道空间体系建构

王 琼 著

中国建筑工业出版社

图书在版编目（CIP）数据

高密度区微型绿道空间体系建构 / 王琼著. —北京：中国建筑工业出版社，2018.11
ISBN 978-7-112-22852-2

Ⅰ. ①高… Ⅱ. ①王… Ⅲ. ①城市道路－道路绿化－绿化规划 Ⅳ. ①TU985.18

中国版本图书馆CIP数据核字（2018）第240325号

建设全面小康社会必须解决的关键性问题是：如何让人们更加健康地生活。随着城市由“服务生产”向“服务生活”的目标转型，城市公共交通由“以车为本”向“以人为本”的功能侧偏，以及公众对自身健康的关注从“被动式”就医向日常“主动式”健身的观念转变，步行友好、环境宜人、便捷畅通的城市公共体育空间网络成为全面小康社会城市建设的重点，而城市高密度区则是这一任务的重中之重。原有的点状、面状城市公共体育空间显然不能满足人们快节奏、碎片化的日常健身活动需要，因而也极大地制约了公众的主动健康行为。城市公共体育空间网络的形成需要大量线形空间的补充。绿道和街道是城市中两种主要的线形公共空间，很显然，高密度区线形公共康体空间网络的建构必须将绿道与街道整合起来，但是目前一方面城市绿道建设分布极不均衡，多集中在景区、边缘区及低密度区，高密度区绿道较为鲜见，社会公平性不足，使用效率与频率有待提高；另一方面街道作为城市生活中大量存在的最主要的空间形态，步行空间严重不足，质量与安全性亟待提高。本书将与您一起探讨这样一个核心问题：在城市高密度区土地资源极其有限的情况下，如何建构线形公共康体空间。

责任编辑：张幼平　费海玲
版式设计：锋尚设计
责任校对：王烨

2017教育部人文社科青年基金项目
（生生与共——高密度区微型绿道空间环境研究）17YJC760090
高密度区微型绿道空间体系建构
王　琼　著
*
中国建筑工业出版社出版、发行（北京海淀三里河路9号）
各地新华书店、建筑书店经销
北京锋尚制版有限公司制版
北京中科印刷有限公司印刷
*
开本：787×1092毫米　1/16　印张：15　字数：275千字
2019年1月第一版　2019年1月第一次印刷
定价：58.00元
ISBN 978－7－112－22852－2
（32971）

# 前　言

动物与植物是地球上相互依存的两大主要生命体系。人与“绿”的共生是人类社会发展的根基。城市作为一种地球文明的产物，其目的是促进人类更好地生活，其发展却没有促进人与“绿”的共生。多年来，城市以挤压绿色空间的形式来满足人们不断扩张的空间占有欲，使得这种共生关系岌岌可危，这是城市病的本源。城市的不宜居性集中体现在“快”与“慢”、“灰”与“绿”的博弈与不平衡上，城市的高科技与高速度一方面让人们沉迷其中，另一方面也让人们对慢生活产生了无限的渴望，而城市的灰色扩张等却剥夺了人们享受慢生活的环境和空间。

康居、乐居、宜居的城市应当能够为人们提供匀质公平的健康生活空间。街道是城市生活中面积最大、分布最广、渗透性最强的公共空间，步行是人们日常生活的常态，因此适于步行的街道是健康导向下城市生活的本质。对于城市高密度区这一城市问题最严重的病区，如何将人们从车内、室内引入街道，将地面空间最宜人的街道生活环境交还给居民，如何将街道变成深入城市内部的生态网络，提升街道空间品质，这些都是当前城市建设不得不面对的问题。

新的城市建设方法如“立体城市”“海绵城市”“森林城市”等，以及绿色、创新、协调、开放、共享的发展理念，为街道结合绿道的发展提供了契机，基于此，本研究提出一种新的绿道形式——“微型绿道”，有针对性地集中探讨在土地资源极其有限情况下的绿道设计理论与方法，协调城市高密度区自然环境与人工环境之间的需求碰撞，构建楔入城市内部的绿网，完善高科技快速度与田园慢节奏共享的康体开放空间，并从微型绿道的规模、分类、设计方法、建构模式、评价方法、后期弹性调控等方面进行定性和定量的研究和论述。

本书拟基于“绿岛、绿洲、绿网、绿库”多层级微型绿道“立体化”建构模式，重构传统绿道空间形态，将绿道的建构模式由平面引向立体，由单层拓展至多层，探讨微型绿道基于城市高密度区环境恢复、康体游憩、交通性能指标优化的体量设定及立体介入方法，并进行定性和定量的研究和论述。

本书按照类型学方法对西安高密度区微型绿道进行分类研究，以居民零散时间近地健身为切入点，进行高密度区用地演变规律与使用者行为活动预测研究，通过调研、测绘、推导分类设计方法，探讨微型绿道植入街区的改造模式和节点细节，挖掘基于微型绿道的西安高密度区空间整合模式，探索城市慢行交通与景观生态环境协同改善的地域性方法，为今后西安及其他城市的绿道实践向高密度区发展提供研究思路和基础设计资料。

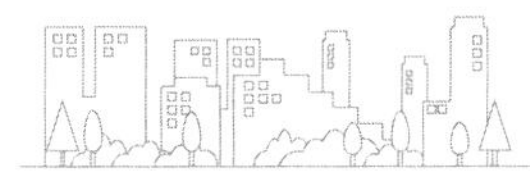

# 目　录


前　言

## 1_ 绪论 / 001

1.1　影响城市人居环境的核心问题 / 002

1.1.1　城市人居环境问题凸显，公众亚健康状况不容乐观 / 002

1.1.2　人、车、绿不能共生，生存性出行破坏了街道的生活性活力 / 004

1.1.3　城市康体空间体系缺乏网络化、均等化、公平化 / 005

1.2　国内外相关研究进展 / 006

1.2.1　国外研究进展 / 006

1.2.2　国内研究进展 / 010

1.2.3　既有研究评析 / 013

1.3　微型绿道的提出 / 014

1.3.1　概念与范畴 / 014

1.3.2　内容与形式 / 018

1.3.3　视角与方法 / 019

## 2_ 微型绿道空间体系的理论建构 / 027

2.1　理论基础 / 028

2.1.1　基于健康导向的健康城市规划理论 / 028

2.1.2　基于使用者行为心理的公共空间设计理论 / 038

2.1.3　基于生态修复的绿色基础设施理论 / 043

2.2　内涵解析 / 046

2.2.1　微型绿道空间体系与城市科学发展 / 046

2.2.2　微型绿道空间体系与共生哲学 / 047

2.2.3　微型绿道空间体系与城市空间结构 / 048

2.3　创新与发展 / 049

2.3.1　对城市长效健康的强调 / 049

2.3.2　角度与切入点的不同 / 054

2.3.3　组成、分类与参数的差异 / 055

2.3.4　调查方法内容侧重点的不同 / 059

# 3_ 微型绿道空间形态研究 / 063

3.1 微型绿道空间特征类型学研究 / 064

3.1.1 空间要素 / 064

3.1.2 空间尺度 / 070

3.1.3 空间维度 / 073

3.2 微型绿道空间形态定性研究 / 079

3.2.1 基于美学视角的微型绿道空间形态 / 079

3.2.2 基于健康促进的微型绿道空间形态 / 080

3.2.3 基于高密度区生态恢复的微型绿道空间形态 / 084

3.3 微型绿道空间形态定量研究 / 085

3.3.1 微型绿道几何形态的定量研究 / 085

3.3.2 微型绿道网络形态的定量研究 / 091

3.3.3 微型绿道空间序列的定量研究 / 095

3.3.4 微型绿道空间可达性的定量研究 / 102

# 4_ 微型绿道空间体系建构模式研究 / 105

4.1 观点、目标与原则 / 106

4.1.1 观点 / 106

4.1.2 目标 / 109

4.1.3 原则 / 111

4.2 空间体系建构 / 113

4.2.1 空间分类建构 / 113

4.2.2 开发利用模式 / 131

4.2.3 设计实施策略 / 134

4.2.4 政策保障措施 / 142

4.3 动态调控模式 / 145

4.3.1 基本思路与步骤 / 145

4.3.2 动态调控理论与方法 / 147

4.3.3 评价指标与方法初探 / 149

## 5_ 西安高密度区微型绿道空间建构研究 / 159

5.1 现状问题与背景分析 / 160
5.1.1 背景概况及相关基础研究 / 160
5.1.2 现状调查及问题统计 / 163
5.1.3 前期预测及模拟模型 / 167
5.2 空间建构模式及可行性探讨 / 172
5.2.1 建构原则 / 172
5.2.2 建构类型 / 172
5.2.3 建构模式 / 174
5.3 实施策略及对策建议 / 175
5.3.1 土地利用策略 / 175
5.3.2 交通规划策略 / 176
5.3.3 公众参与策略 / 177
5.4 典型区域调查及概念性方案 / 179
5.4.1 线路规划设计 / 179
5.4.2 代表性节点空间概念设计 / 181
5.5 本章小结 / 185

## 6_ 结论 / 187

6.1 创新与发展 / 188
6.1.1 理论意义 / 188
6.1.2 实践意义 / 189
6.1.3 发展前景 / 191
6.2 研究结论 / 192
6.2.1 微型绿道对绿道的创新与发展 / 192
6.2.2 微型绿道空间形态研究 / 193
6.2.3 微型绿道立体建构模式研究 / 194
6.3 不足与展望 / 195
6.3.1 基于健康城市的微型绿道康体空间网络评价体系研究 / 195
6.3.2 基于大数据时代的微型绿道使用需求与活动方式预测研究 / 196
6.3.3 基于人体工程学的微型绿道康体空间设计研究 / 197

参考文献 / 198
附录一：2016—2020年全民健身计划摘录 / 207
附录二：部分地方都市健身圈建设文件摘录 / 214
附录三：相关调查问卷及分析统计 / 215
附录四：代表性街道设计导则比较分析 / 228

# 1 绪论

“人一生中有两样东西是永远不能忘却的，这就是母亲的面孔和城市的面貌。”

——纳乔姆·希格梅

现代城市难以平衡的矛盾集中体现在人们追求“快节奏”的同时奢望“慢生活”，享受“高科技”的同时怀念“山水田园”。时至今日，随着人们的观念从被动式就医向主动式健身转变，以及城市由服务生产向服务生活转型，城市的宜居性与可持续发展归根结底成了“快”与“慢”、“灰”与“绿”的共生与平衡问题。现代技术支撑下的城市空间如何建立这种平衡关系，以及如何与自然建立更加紧密的联系，逐渐成为现代城市亟待解决的问题。

城市高密度区是这种不平衡关系最为严重的区域，在自然环境缺失、人工环境过载、交通环境拥堵、生活环境贫乏等方面问题重重。那么如何在城市高密度区建立人、车、自然生生与共的栖息环境来关怀人们的日常生活、身心健康，在保证交通的情况下创造出更多宜人的空间，将城市中各种类型的康体空间串联起来，促进人们的步行、骑行等主动式健康行为，将自然环境楔入城市肌体内部，这也是现代城市需解决的问题。

## 1.1 影响城市人居环境的核心问题

### 1.1.1 城市人居环境问题凸显，公众亚健康状况不容乐观

城市因人类寻求美好生活而诞生，却也为人类自身及社会、环境的健康带来严重的威胁和挑战。噪声、废气、贫困、卫生等诸多社会、经济、环境、生态问题不断涌现[1,2]，雾霾频繁、水体污染、交通拥堵、疾病蔓延迅速、竞争加剧、社会隔离和社会空间分异现象严重等城市问题凸显。城市交通拥挤所引发的一系列交通瓶颈问题、公共交通问题、步行问题、停车问题等都渐趋严重。拓宽城市道路、降低单位道路面积内汽车数量的解决方式治标不治本，引发了更多的城市扩张问题。城市的集聚效应使得城市中人与自然、人与人、精神与物质之间各种关系失谐。诸多数据表明城市人居环境的治理已到了刻不容缓的地步（图1.1）。

预计到2050年，全球城市人口比例将增长到66%，2014～2050年全球城市人口还将增加25亿，且90%的新增人口集中在亚洲和非洲[3]。快速的人口增长使得城市面临许多无计划和不可持续的城市发展问题，并成为环境和健康危害的

---

1 王资博. 科学发展观视野下的健康城市建设 [J]. 华商，2008，21：114-115.

2 陈柳钦. 低碳经济：一种新的经济发展模式 [J]. 中南林业科技大学学报（社会科学版），2010，01：80-85.

3 World Urbanization Prospects, The 2014 Revision. http://esa.un.org/unpd/wup/FinalReport/WUP2014-Report.pdf, United Nations, New York, 2015, P1.

图1.1　人类聚居地健康模型示意图
图片来源：Barton, H. and Grant, M. (2006) A health map for the local human habitat. The Journal for the Royal Society for the Promotion of Health, 126 (6). 252-253. ISSN 1466-4240 developed from the model by Dahlgren and Whitehead, 1991.

交汇点。中国社会科学院社会学研究所《社会蓝皮书：2012年中国社会形势分析与预测》[1]指出，2011年我国城镇人口占总人口的比重已经超过农业人口，达到一半以上，这种人口结构的根本性改变，意味着我国进入以城市社会为主的新的成长阶段，也意味着城市问题将会更加凸显，城市问题也将成为制约我国社会发展的严重问题，而城市高密度区将是问题的核心区域。

构建健康城市—健康场所—健康社会—健康个体一体化的健康社会成为当今世界对城市发展的迫切要求。今天和未来的城市如何规划将深刻地影响城市居民的寿命、健康状况和生产力。因此，城市在规划时需要对各个年龄阶段的人口包括残疾人都更加友好[2]。

2013年，《迈向环境可持续的未来：中华人民共和国国家环境分析》[3]报告指出："世界上污染最严重的10个城市之中，仍有7个位于我国。我国500个大型城市中，只有不到1%达到世界卫生组织空气质量标准。"雾霾所造成的心血管疾病、呼吸系统疾病等已经引起越来越多的关注，并已经作为一种灾情列入我国减灾办2013年通报。

1　汝信，陆学艺，李培林主编，陈光金，李炜，许欣欣副主编. 社会蓝皮书：2012年中国社会形势分析与预测［M］. 北京：社会科学文献出版社，2011.

2　联合国新闻http://www.un.org/chinese/News/story.asp?NewsID=25923.

3　张庆丰. 迈向环境可持续的未来：中华人民共和国国家环境分析［M］. 北京：中国财政经济出版社，2012.

随着生活节奏的加快，与久坐的生活方式相关的健康问题以及肥胖现象将会变得越来越严重，通过骑自行车和步行来辅助上下班、上下学和日常锻炼活动，将在快节奏的生活环境中有效促进健康，降低保健成本。

## 1.1.2 人、车、绿不能共生，生存性出行破坏了街道的生活性活力

城市作为一种地球文明的产物，目的是促进人类更好的生活，其发展却没有促进人与“绿”的共生。多年来，城市以挤压绿色空间的形式来满足人们不断扩张的空间占有欲，使得这种共生关系岌岌可危。城市的不宜居性集中体现于“快”与“慢”、“灰”与“绿”的博弈与不平衡（图1.2），城市的高科技与高速度一方面让人们沉迷其中，另一方面也让人们对慢生活充满渴望，而城市的灰色扩张等剥夺了人们享受慢生活的环境和空间，生存性出行破坏了街道的生活性活力。街道生活性活力的影响因素如表1.1所示。

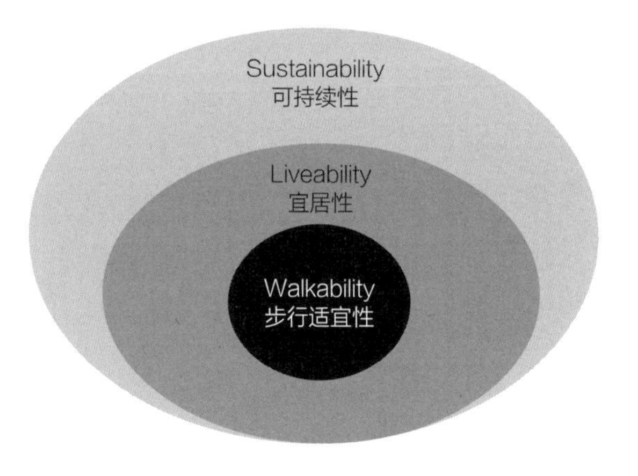


图1.2 可持续性、宜居性、步行适宜性之间的联系
图片来源：University of Wisconsin Transportation Analysis Team(2011).

街道生活性活力的影响因素 表1.1

| 雅各布斯的研究 | | 波塞尔曼的研究 | | |
|---|---|---|---|---|
| 不可或缺的条件 | 锦上添花的品质 | 宜居性 | 场所感 | 活力 |
| 散步的场所 | 合理绿化 | 交通系统 | | |
| 物质环境的舒适性 | 停车空间 | 户外空间 | | |
| 清晰的边界 | 建筑的多样性 | 步行目的地 | | |

续表

| 雅各布斯的研究 | | 波塞尔曼的研究 |
| --- | --- | --- |
| 悦目的景观 | 时间的影响 | 归属感 |
| 沿街立面的通透性 | 节点交往空间 | 对时间的感知 |
| 建筑高度、风格等的协调性 | 可达性 | 多样性 |
| 日常维护与管理 | 风格的对比 | 活动发生的密度 |
| 施工和设计的品质 | 密度／长度／坡度 | |
| | 出入口空间的处理 | |
| | 设计的细部处理 | |

表格来源：（美）阿兰·B·雅各布斯著．伟大的街道［M］．王又佳，金秋野译．北京：中国建筑工业出版社，2009.

## 1.1.3　城市康体空间体系缺乏网络化、均等化、公平化

城市康体空间是居民休闲健身活动的主要场所，其空间质量及可达性等方面关系到居民参与健身活动的积极性和有效性。随着人们生活、出行、工作方式的变化，身体活动的机会和时间越来越少，传统的城市健康空间体系完全以距离为单位的均等化城市公共服务设施布局也常常缺乏社会公平（图1.3），且线形空间严重缺乏，网络化不足，已逐渐不适应快节奏的日常生活，居民难以在日常生活的碎片化时间中进行近地健身活动。如何让尽可能多的人在步行范围内就近健身，并享有良好的户外空间环境，这是未来城市建设的任务。

图1.3　均等常常并不意味着公平
图片来源：www.socialbeta.com.

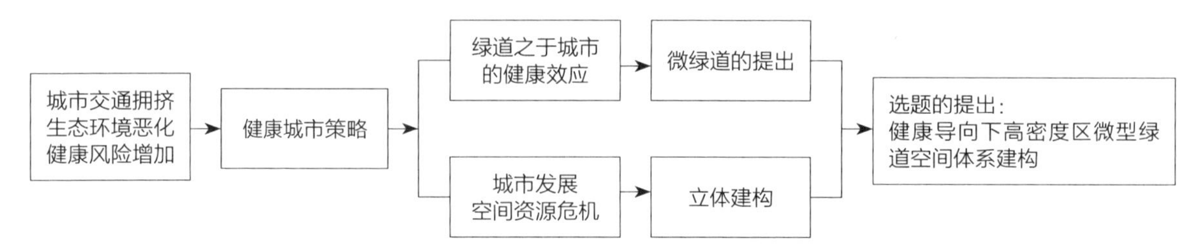


图1.4 背景分析

街道是城市中大量存在的线形公共空间形态，是城市步行生活的主要场所，但目前的街道并非步行友好型空间，安全性差、绿色空间欠缺、步行道路不成系统等问题众多。绿道是人们健身活动的另一个主要线形场所，但既有绿道理系和单层延展的设计方法对高密度区用地紧张、人口膨胀、交通拥挤和环境恶化的特殊问题存在明显的不适应性，使得该类区域内绿道实践难以推进。鉴于高密度区土地利用现实情况，迫切需要构建依托既有街道系统的小尺度、更加灵活的绿道理论体系，以支撑当前各城市的绿道实践。城市康体公共空间需求与城市高密度区空间危机之间的矛盾如图1.4所示。

# 1.2 国内外相关研究进展

## 1.2.1 国外研究进展

### 1. 国外绿道相关研究动态

1）绿道在美国的发展

绿道在美国的发展已有100多年的历史，19世纪的奥姆斯特德的公园路（Parkway）和公园系统、霍华德的绿带（Greenbelt）、本顿·麦凯的开放线路（Open Ways）等都是对早期绿道的各种探索。早期的线形绿地空间已经在界定城市边界及串联城市公共开放空间等方面显示出重要的作用。

1956年，城市学家、社会学家、作家威廉·怀特（William Whyte）在其著作《*The Orgionation Man*》中将“Parkway”与“Greenbelt”两词融合，产生了“Greenway”一词。与此同时，麦克哈格千层饼叠加的景观规划模式以及菲利普·路易斯“环境廊道”（Environment Corridor）理念的提出证明了Greenway的生态价值及其存在的合理性。

1987年美国总统委员会报告发布的《全美开放空间和户外游憩的命令》（*President's Commission on Americans Outdoors*，1987）对21世纪的美国作了一个展望："一个充满生机的绿道网络……，在景观上将整个美国的乡村和城市空间连接起来……，就像一个巨大的循环系统，一直延伸至城市和乡村后"[1]，极大地促进了绿道在美国的发展。2010年，美国交通部发布《面向自行车和行人的政策纲领》[2]。时至今日，美国对全美绿道网络进行了多层级的规划建设。美国东海岸绿道途经15个州、23个大城市和122个城镇，连接了重要的州府、大学校园、国家公园、历史文化遗迹[3]。

纽约绿道规划于1993年公布，包括一个沿自然和人工空间的非机动车道（如铁路和高速公路保留地、河流廊道、滨水区、公园用地）以及必需的城市街道。规划还连接了长岛、新泽西、纽约州北部、康涅狄格州，并通向连接缅因州和佛罗里达的东海岸绿道，非机动景观道长约560公里，这让所有人的游憩机会增多，尤其有益于单车族、步行者以及慢跑族[4]。

2）绿道在欧洲的发展

绿道在欧洲有很多成功的案例，并且与生态网络（Ecological Networks）相关研究、生态基础设施（Ecological Infrastructure）相关研究结合起来。德国鲁尔区成功地整合了区域内17个县市的绿道，并在2005年对该绿道系统进行了立法，确保了跨区域绿道的建设实施[5]。中欧绿道项目包括6条长距离绿道和众多的支绿道，生态路径总计超过6000平方公里，这个开放的网络合作系统是可持续发展环境合作组织在中欧与东欧国家和区域间，在公民、公共部门、商业和政府组织间建立和复兴具有公共利益的绿道体系的有力尝试。

3）绿道在亚洲的发展

日本和新加坡是亚洲绿道发展较为成熟的国家。日本在城市绿地综合布局规划中，用绿道网络提高单个绿地的使用效率，并通过绿道串起沿线的风景胜地，保存具有地方特色的乡土文化景观。新加坡人口密度超过7400人/平方公里，但却享有"花园城市"的美誉，这归因于其完善的公园连接道系统（Park Connector Network，简称PCN），该系统作为绿道的一种，主要基于高密度建成环境，兼顾了公众密集的休闲使用需求和野生动物的栖息生存需求，成功应

1 韩冬青，方榕．西方城市街道微观形态研究评述［J］．国际城市规划，2013（1）：44-49.

2 陈莹．推动城市交通节能的财税政策研究［D］．2013.

3 于思洋．绿道旅游及其标准化现状研究初探．市场践行标准化——第十一届中国标准化论坛论文集［J］．2014.

4 美国绿道规划：起源与当代案例（http://www.china-up.）

5 孙奎利．天津市绿道系统规划研究［D］．天津：天津大学，2012.

对了高密度城区建设绿道面临的诸多现实问题，可为我国高密度城市的绿道及生态网络建设提供一定的借鉴[1]。

### 2．国外街道相关研究动态

美国学者阿兰·雅各布斯对街道公共空间研究有非常重要的贡献，相关著作《观察城市》《伟大的街道》《都市大道：历史、演变和设计》等对街道研究影响巨大，提出街道功能的整合，并且倡导通过街道提升城市活力和生活品质。简·雅各布斯在《美国大城市的死与生》一书中，通过对美国城市空间的社会生活调查，提出城市最基本的要素——街道和广场决定城市的生命力和品质。凯文·林奇在其著作《城市意象》中探讨了节点、界面、标志物、区域等影响城市街道空间品质的重要因素。扬·盖尔在《交往与空间》中，基于对人的行为活动的分析，强调了街道作为城市重要交往空间的作用。芦原义信在《街道美学》中对不同的街道空间进行了深入的比较和分析，阐述了街道美学的基本原则。国内学者韩冬青、方榕等，对西方城市街道微观形态研究进行了较为详细的评述，包括阿普尔亚德（Donald Appleyard）等对驾车者的动态视觉感知体验研究，盖得桑纳斯（Mario Gandelsonas）图解的城市街道空间秩序、形态和肌理，以及波塞尔曼（Bosselmann）所探讨的街道形态与人的行为之间的相关性研究。

### 3．国外街道叠合绿道的相关研究动态

从表1.2可以看出，绿道的起源发展与街道一直有着难舍难分的关系，只是在后来的发展中因绿道更加强调生态栖息地功能，而街道因宽度和使用功能的限制无法提供有效宽度的生态隔离带而与绿道渐行渐远。

绿道网络功能的发挥，离不开网络的整体连接度。因此绿道与街道的有效衔接是必须而且必要的，在这方面新加坡的公园连接道是非常成功的典范[2]。如新加坡的环岛路（RIR），连续150公里，环绕新加坡，与城市中各公园绿地、休闲娱乐场所和社区连接在一起。新加坡作为典型的高密度城市[3]，公园连接道在其“花园城市”建设中有着非常重要的作用（图1.5）。

随着城市规划由服务生产向服务生活的转型，街道更新逐渐成为趋势，相

---

1 张天洁，李泽．高密度城市的多目标绿道网络——新加坡公园连接道系统［J］．城市规划，2013（5）：67-73.

2 https://www.nparks.gov.sg/gardens-parks-and-nature/park-connector-network.

3 张天洁，李泽．高密度城市的多目标绿道网络——新加坡公园连接道系统［J］．城市规划，2013（5）：67-73.

绿道的起源发展与演变过程 表1.2

| 汤姆·特纳（Tom Turner） | | | 赛姆（Seams） |
|---|---|---|---|
| 绿道的发展阶段 | | | 绿道的演变 |
| 一代绿道 | （18世纪—1960年） | 轴线、林荫道和公园游道是早期绿道 | 仪式大道<br>林荫道<br>公园道<br>滨河道<br>公园带<br>公园系统<br>绿带<br>绿道系统<br>绿径 |
| 二代绿道 | （1960年—1985年） | 小径导向的娱乐绿道，提供进入河流、小溪、山脊等处在城市中的廊道的途径 | |
| 三代绿道 | （1985年至今） | 多目标绿道，超越了娱乐和美化，而强调诸如野生生物栖息需求的区域，减轻城市洪水破坏，提高水质，为户外教育提供资源，提供其他城市基础设施 | |

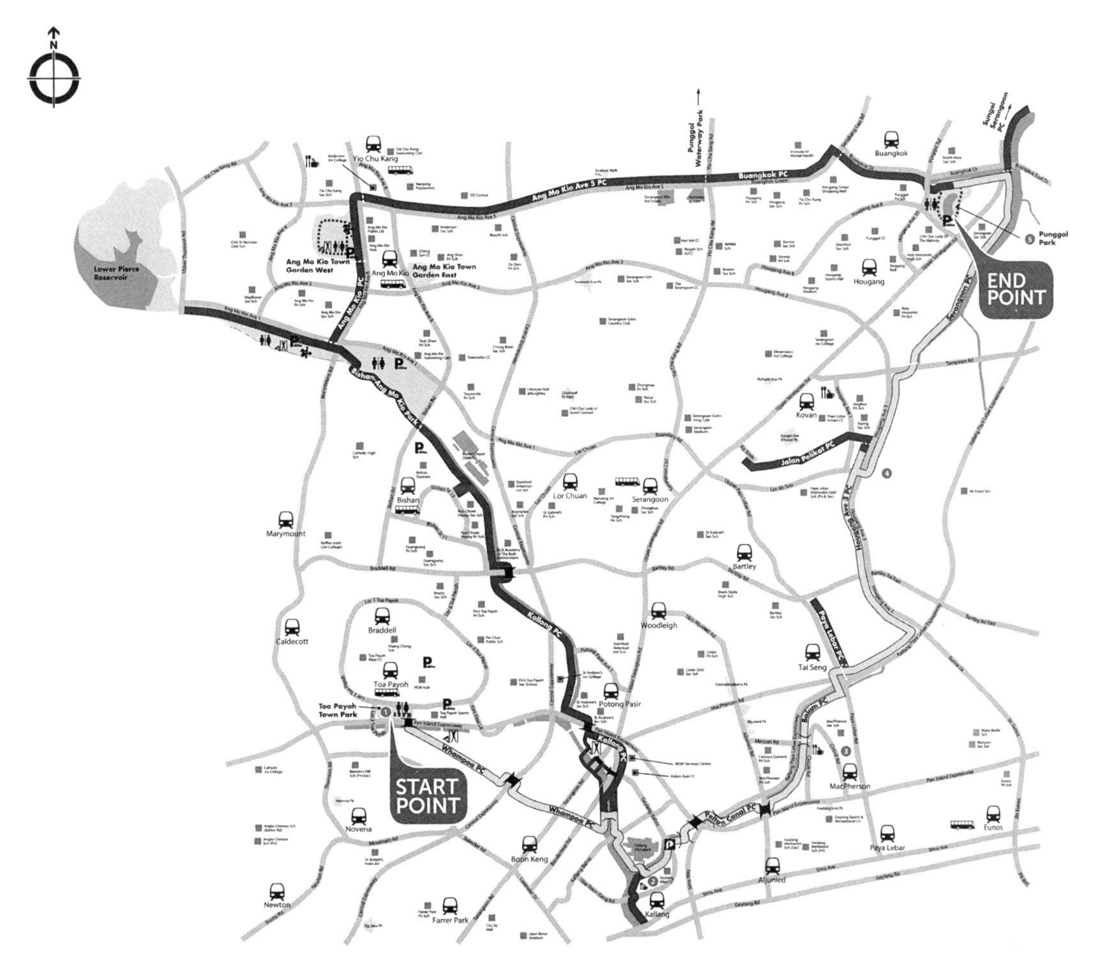


图1.5 新加坡城市中心公园连接道

图片来源：张庆军.多元目标导向下的城市绿道网络评价体系构建［A］.中国城市规划学会.多元与包容——2012中国城市规划年会论文集（10.风景园林规划）［C］.中国城市规划学会，2012．18.

继出台的世界各大城市街道设计导则，如纽约、洛杉矶、伦敦、阿布扎比、莫斯科等城市代表了世界街道改造和街道文化向日常生活服务方向更新的最新发展动态，也是街道叠合绿道发展的基础实践。

## 1.2.2 国内研究进展

### 1. 国内绿道理论与实践研究

关于绿道的理论及案例研究是目前国内研究的热点。刘滨谊等领衔国家科技支撑计划“城镇绿地生态构建和管控技术研究与示范”项目，完成了绿道相关的论文多篇。其中，对城镇绿地生态网络规划的演变历程，对美国绿道网络规划的案例分析，对绿道在中国未来城镇绿地空间发展中的作用都作了相关研究。李开然等指出作为绿色基础设施的绿道网络对城市和区域发展有重要意义。戴菲主持的国家自然科学基金项目“公园系统网络化的生态环境效应——以国家‘两型社会’新特区为例”对绿道理论的起源发展历程及发展模式等进行了研究，同时其团队的胡剑双等对我国绿道的研究方法及研究进展进行了较为全面的整理，周年兴、俞孔坚、黄震方、朱强、刘海龙等对国内外绿道研究的进展作了非常详细全面的整理。

20世纪90年代，北京大学俞孔坚教授根据景观生态学的基本原理提出城市生态基础设施的概念，并探讨了以景观可达性作为指标评价城市绿地系统的方法，对国内绿道研究的兴起起到了重要作用。李维敏等对广州城区廊道的发展进行了分析。这些早期针对景观廊道的研究为我国早期绿道研究提供了基础资料。

张文和范闻捷简述了绿色通道的概念、发展阶段、国外绿色通道规划的案例及在城市建设中的作用。刘滨谊阐述了综合性绿地生态网络规划的概念及发展演进方式，提出结合中国国情的绿地生态网络规划研究实践应着重考虑的前沿性问题。刘颂等提出城市绿地的发展与城市空间的耦合关系，提出一种基于GIS和多目标分析技术的城市绿地空间与城市生态功能及规划发展空间之间相互促进的分析方法。胡道生、宗跃光等基于网络分析方法，构建了城市新区的生态廊道、生态节点和生态网络。李开然对绿地结构理论的生态规划原则及实例现状等方面进行了总结和阐释。余青等对美国国家风景道建设项目类别、资助地区等进行了总结和分析。这些研究为我国后期绿道的研究与规划建设起到了积极的推动作用。

珠江三角洲绿道网省立绿道全长2372公里，沿线新增绿化带1572公里，18个城际交界面互联互通[1]。按照深圳市城管局的规划，全市2015年绿道总长将达2000公里[2]。此外，北京、天津、武汉等地的绿道建设也如火如荼。西安在这方面的研究还相对比较薄弱，仍处于起步阶段，秦岭北麓环山绿道西安段是陕西省第一个绿道选线规划[3]。

## 2．国内街道相关理论与实践研究

1）功能集成方面

邵莉、吕杰从环境行为心理学角度探讨了城市商业街道如何重塑生活性空间。付帅扈、万泰提出了我国街道空间设计的适度标准。刘佳燕、邓翔宇从城市社会学角度，提出了基于社会职能和生活空间的街道模式。

2）形态更新方面

周钰、赵建波、张玉坤等通过对主要城市商业步行街的分析，探讨了街道界面密度对街道空间的影响，提出小尺度街廊是形成优秀街道空间的必要条件[4]，并对街道"贴线率"指标进行调研，提出建立根植于我国城市形态特点及规划实践现实的街道界面形态规划控制指标体系[5]。陈泳、赵杏花通过研究发现建筑临街区宽度、透明度、功能密度、店面密度等对商业性和社会性逗留活动的影响效果。

3）模式转变方面

与街道相关的慢行交通建设在我国各大城市相继发展。上海市"慢行交通系统建设"研究在中央商务区域、商业中心周边建设慢行交通区域[6]。北京市为了缓解城市交通拥挤和改善城市环境，将建设"慢行交通系统"[7]。海口市提出《关于在海口建设滨海、滨江及沿绿地（社区）步行、自行车绿色慢行通道系统的建议》的提案，建议在海口市建设绿色慢行通道系统[8]。深圳市未来的"深圳硅谷"将建成首个由自行车道联络而成的城市"慢行网"[9]。成都市为保障主

1 http://www.gd.gov.cn/tzgd/tzgdzt/ldw/tp/201101/t20110106_135647.htm，广东省人民政府官网。

2 深圳5年内绿道达2000公里人均绿地面积16.5平方米．建筑监督检测与造价．

3 岳邦瑞等．山麓型绿道选线方法初探——以秦岭北麓西安段为例［J］．建筑与文化，2013（12）：32-36.

4 周钰，赵建波，张玉坤．街道界面密度与城市形态的规划控制［J］．城市规划，2012（6）：28-32.

5 周钰．街道界面形态规划控制之"贴线率"探讨［J］．城市规划，2016（8）：25-29+35.

6 放慢脚步看风景 同济进行慢行交通系统建设课题研究_Renyonggang-，http://blog.sina.com.

7 城市广角．北京规划建设．2010-01-15.

8 海口市着力打造绿色慢行交通系统．记者：林东程．人民政协报［N］．2009-12-07.

9 "深圳硅谷"打造首个城市"慢行网"．刘畅 王海江．广州日报［N］．2008-08-12.

图1.6 上海黄浦江东岸开放空间贯通设计（一）
图片来源：http://www.gooood.hk/huangpu-east-bank-open-space-master-plan-by-hassell.htm.

图1.7 上海黄浦江东岸开放空间贯通设计（二）
图片来源：http://www.gooood.hk/huangpu-east-bank-open-space-master-plan-by-hassell.htm.

干道畅通，增加多处人行地下通道，完善城市立体交通网络。重庆“十大水岸”沿江道路设计中通过“慢行交通”规划让市民可以享受更多亲水空间[1]。（图1.6、图1.7）

### 3．国内街道叠合绿道的相关研究动态

伴随着经济的增长和城市化进程的不断推进，城市中土地紧缺、交通拥挤、环境质量下降等矛盾和挑战日益激烈。

紧凑城市的高效集约立体化发展是一种策略和趋向，将城市的蔓延从二维推进到三维，充分利用地下空间，解放地面空间。典型的案例如德国规划师希尔伯塞莫的“双层城市”的模式，用立体交通将人行和车行分开，用架空的人行道连接上层的居住建筑；美国明尼阿波利斯市的空中步道系统，用封闭式空中走廊把第二层公共建筑空间连接起来；瑞典马尔默市在林德堡南区皮尔达姆斯维根路进行了带状“双层城市”的试验[2]，将居住建筑设置在建筑群体的二层，并设置了宜人的空中花园环境。

2016年10月18日，上海市为提升街道的活力与品质，制定了《上海市街道设计导则》，强调街道的步行适宜性，将绿道系统、慢行系统、公共交通系统、停车系统等整合到街道系统中（详见附录四），国内其他城市的相关研究尚在探索阶段。

1 城市聚焦. 新闻频道_景观中国. http://www.landscape.

2 丁金学，陆琪. 汽车时代都市畅通交通新理念［J］. 道路交通与安全，2008（5）：13-17.

### 1.2.3 既有研究评析

#### 1. 既有绿道网络研究鲜有涉及城市高密度区

既有绿道研究较少涉及高密度区人地空间的极端矛盾。目前国内对于绿道的理论与实践研究主要停留在城市低密度区和未开发区，高密度区绿道实践难以推进。如广州市，到2011年末已建成绿道约1500公里，通过GIS分析发现，这些已建成绿道约70%在城市二环路以外，只有约30公里在城市内环路内；在城市内环路以内区域约有80%的居民不能15分钟到达绿道。这些数据表明，目前绿道与城市居民的日常生活关联性不强，高密度区绿道数量严重不足[1]。绿道在高密度区的缺失严重影响了绿道网络布局的公平性与合理性。

#### 2. 既有街道系统改造研究较少关注街道生态环境的改善

目前健康城市建设属于第五个阶段，包括三个方面的主题：支持性环境、健康生活方式和健康城市设计，要求将健康因素纳入城市规划设计的过程，包括方案和项目建设中，建立社会支持性环境，提高公众对休闲和运动空间的可达性，并鼓励步行和自行车的环境[2]。但既有街道系统改造较少关注街道生态环境的改善，导致高密度区街道“宜步性”健康环境建设缺乏实质性成效。

#### 3. 绿道与街道的研究渐行渐远，绿道结合街道这一交集区域亟待研究

在高密度区，鉴于区域内人地关系的极端矛盾，城市公共康体环境的建设更多地只能是以街道结合绿道的立体改造方式形成，而对于街道叠合绿道的设计与建构方法，绿道立体绿化模式，绿道与城市建筑、交通、公共空间的衔接，立体建构方法等方面的研究还很薄弱，这一交集领域的研究亟待补充。

1 赖寿华，朱江．社区绿道：紧凑城市绿道建设新趋势［J］．风景园林，2012（3）：77-82.

2 马向明．健康城市与城市规划［J］．城市规划，2014（3）．

# 1.3 微型绿道的提出

## 1.3.1 概念与范畴

### 1. 微型绿道

1）概念

微型绿道（Mini-greenway ）来源于2013规划设计杰出奖作品拉菲特绿廊（Lafitte Greenway + Revitalization Corridor | Linking New Orleans Neighborhoods），它提出与现状最低限相关联的安全性（Safety）、可量度性（Measurability）、行为导向性（Action-Oriented ）、现实性（Reality）、时效性（Timeliness）等目标，简称SMART[1]。2014年6月，Rathfarnham迷你绿道（Mini Greenway）开通。该微型绿道宽4米，长度虽然只有600米左右，但提供了更便捷安全的步行骑行环境，并提供了到达周边市场、商业中心的直接联系，充分发挥了绿道在接入社区功能方面的潜力（图1.8、图1.9）。

微型绿道（Mini Greenway）属于绿道的范畴，是绿道在土地资源极其有限的情况下的一种特殊形式，是街道与绿道相结合的共生体，是城市慢行系统与绿地系统相结合的产物，以尺度的灵活性和形式的可变性适应城市高密度区生活时空的快速变化，满足健康城市居民近地健身的现实需求，实现城市生态、游憩、交通性能指标的优化。绿道以自然廊道为主，而微型绿道以人工廊道为主，这是绿道与微型绿道最本质的差异。

图1.8 拉菲特绿廊使用现状
图片来源：http://www.90dg.cn/landscape/2014/0814/78.html.

1 http://www.gooood.hk/Lafitte-Greenway.htm.

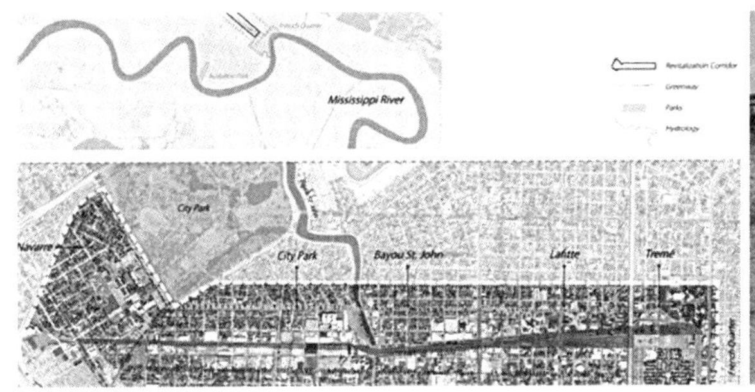

图1.9 拉菲特绿廊总平面图及基地原状
图片来源：http://www.90dg.cn/landscape/2014/0814/78.html.

2）范畴

（1）微型绿道与城市绿地系统

由城市规划区和建成区范围内不同类型、规模和性质的各种绿地组成的系统称为城市绿地系统，其组成因分类方法的不同在不同的国家是有差异的。我国城市绿地系统多指园林绿地系统，一般由城市花园、公园、道路交通附属绿地、各类企事业单位附属绿地、居住区环境绿地、园林用地、经济林、防护林等各种林地以及郊区风景名胜区游览绿地等各种城市园林绿地所组成，但城市绿地系统组成又因地区和城市不同而不完全一样，一些新的提法也逐渐出现，如旅游绿地、生态绿地、历史文化街区绿地等[1]。

微型绿道是连接各种面状、线状和点状城市公共空间的线形开放空间，由自行车道、步行道、慢行混行道、口袋公园等，以及相应的驿站等配套服务设施及绿化隔离带构成。作为城市绿道系统的一个特殊分支体系，微型绿道是嵌入高密度区的开放空间和康体健身场所，基于微型绿道毛细分支的绿道空间网络，是未来城市绿地系统布局的空间战略。作为一种触媒，微型绿道对生态城市、健康城市、宜居城市建设有重要的实践意义。

（2）微型绿道与城市生态基础设施

城市生态基础设施（Green Infrastructure，简称GI）指利用自然条件和自然规律的基础设施建设，包括生物滞留系统、人工湿地、雨洪管理、透水性铺

1 王红亮，刘钊，张远智，符启基．GIS在城市绿地系统规划和管理中的应用研究［A］．中国地理信息系统协会、中地数码集团、北京超图地理信息技术有限公司、中国四维图新导航信息技术有限公司、北京灵图软件技术有限公司、ESRI中国（北京）有限公司．中国地理信息系统协会第四次会员代表大会暨第十一届年会论文集［C］．中国地理信息系统协会、中地数码集团、北京超图地理信息技术有限公司、中国四维图新导航信息技术有限公司、北京灵图软件技术有限公司、ESRI中国（北京）有限公司，2007（5）．

装、绿色街道、城市公园等。随着城市生态可持续发展理念的深入，绿色基础设施的生态服务功能不断拓展扩充，包括创造适宜的微气候、减弱城市“热岛效应”、营造社交空间、当地食物生产、噪声防治、野生动物栖息地保护、气候调节、空气过滤、碳汇、水质净化、景观游憩、流域治理等。

微型绿道绿色基础设施网络，涉及生态廊道、慢行道、河道等线形对象的整合，城市公园、绿地、文化遗址、高校校园等面状空间的串联，以及对健康城市建设有价值的景观元素的梳理。

（3）微型绿道与绿带、绿色街道、绿色廊道

近年来，伴随着景观生态学、道路生态学、城市可持续发展研究的深入，出现了名称相似、研究理念接近、研究范围有交集的概念，如绿带（Green Belt）、绿色街道（Green Streets）、绿色廊道（Green Corridor）等，因此有必要分析它们与微型绿道（Greenway Space）的区别与联系。

绿色街道（Green Streets）是一种集合透水铺装、植被覆盖、景观服务设施等元素的街道，具有减少雨水径流和降低面源污染、缓解汽车尾气带来的空气污染、将自然元素纳入街道等功能。微型绿道包括能够为慢行交通系统的通行提供机会的绿色街道。

绿色廊道（Green Corridor）是线形的动植物栖息地和环境保护带，作为一种生态景观空间，它具有生态、景观、保健等功能，强调生态作用，可以降低噪声、过滤污染，提升周围的环境质量。本研究中的微型绿道是绿色廊道的一种，但还包括衔接空间、节点空间、绿道公共服务设施等。

绿带（Green Belt）概念起源于E.霍华德的田园城市构想，是设置在城市四周或相邻城市之间、母城和卫星城之间、城市片区之间的绿地，起到划分土地、防止城市盲目扩展、界定边界的作用，表现为风景区、林地、牧场、农田等，是城市园林绿地系统的组成部分。微型绿道作为一种线形景观，可以将其归类为绿带的一种特殊形式，它的存在可以促进城市中各种绿带的有效连接。

## 2．高密度区

1）概念

在城镇规划中，城市的密度一般用人口密度和建筑密度来衡量。其中，人口密度可以用区域密度、居住密度、使用密度来计算，计算方法如下：

区域密度＝人口／区域土地面积

居住密度＝人口／居住区面积

使用密度＝使用者／单元建筑面积

建筑密度可以用容积率、场地覆盖率来计算，计算方法如下：

容积率＝总建筑面积／建筑场地面积

场地覆盖率＝建筑覆盖面积／场地面积

因为多数情况下，城市的人口分布并不均衡，因此人口密度和建筑密度的计算在衡量城市密度的过程中常常会出现大范围误差，又出现了一些修正计算值，如密度梯度和密度分布等，计算方法如下：

密度梯度＝密度／距离。

密度分布涉及以一个参照点为基础的不同空间规模的一系列密度计算[1]。

以上都是可以量化的城市空间密度指标，但是还有一个常常被忽视的感性社会密度指标——感觉密度，它很难用数值进行衡量，但与使用者关系密切，且容易通过设计方法的改进而得到改善。感觉密度指使用者感觉到的拥挤程度，涉及个人和空间之间的相对关系，也涉及空间中人与人之间的相对关系，包括多种感觉方式，受到如间距、形体、边界、层次、参与群体的规模和性质等的影响。当人们关注拥挤时，社会密度的影响要大于空间密度。

2）范畴

高密度是个比较级，也是一个模糊的概念，可以是客观的建筑密度、人口密度，也可以是非常主观的概念，涉及个人对拥挤的感觉，因不同的国家、不同的文化和不同的个人而各有差异。无可否认的是，高密度是城市生活不可避免的。因此，本研究所指的城市高密度区并非是一个具有特定密度数值的区域，而是指城市中高建筑容积率、高建筑覆盖率、高层建筑密集、开放空间缺乏、交通系统密集、使用者感觉密度拥挤的区域背景，这样的区域也许会因为城市的不同而具有不同的建筑或人口密度值，但其所引发的城市问题是高度相似的。

### 3．微型绿道空间体系

空间体系指不同空间按照一定的秩序相互联系组合而成的整体。微型绿道空间体系是指以微型绿道的形成和利用为核心，以空间更新、统筹、优化、效率提升等方面为突破，探索“对目标融合”模式下道路系统、绿化系统、公共体育空间系统等多系统之间的整合和有机联系。

---

1 吴恩融编著，叶齐茂、倪晓辉译. 高密度城市设计——实现社会与环境的可持续发展（Design High-Density Cities For Social & Environmental Sustainability）.

## 1.3.2 内容与形式

以高密度区为背景，综合考虑微型绿道与建筑、交通、景观、生态、经济等多种因素的关系，研究多种因素耦合作用下微型绿道与城市空间的互动机制，以“环境生态”“行为活动”和“空间形态”为基础，探讨符合高密度区实际环境与发展趋向的微型绿道立体建构模式与设计方法。具体研究内容如下。

### 1．微型绿道与高密度区耦合作用机制研究

1）梳理国外绿道设计基础理论与实践，整合国内绿道设计经验与方法，挖掘我国传统的绿道智慧，对各城市相继出现的“绿道运动”进行调查，辨析其发展动态与趋向，讨论其高密度集约化适应性，探讨微型绿道的理论依据。

2）高密度区选点调查分析，系统梳理高密度区人地关系的典型特征、基本规律与组织结构，调查分析典型高密度区环境、交通、社会等方面矛盾的主要问题，进行高密度区用地演变规律与使用者行为活动预测研究。

3）解析微型绿道对高密度区空间发展的影响模式及演变规律，梳理微型绿道与城市发展协同作用的内在方式，包括有关组成部分的功能、相互关系、各种变化的相互联系，探讨绿道在高密度区增加绿量、整理空间秩序、引导空间形态、优化土地利用方式、衔接公共交通系统、改善微生态环境等方面的作用机制。

### 2．高密度区微型绿道的类型、规模及空间形态研究

1）针对高密度区道路及用地的不同类型进行微型绿道分类研究，从道路系统、绿化系统、基础设施系统、标识系统、服务系统等方面定性、定量分析，研究微型绿道的规模、分类及设计方法。

2）结合绿道两侧的用地情况，提取不同用地类型中微型绿道设计的原则与基本要素，确立控制变量和被控变量，进一步推导出微型绿道融入高密度区空间形态以及针对不同道路类型、用地情况、建筑现状的空间处理模式。

### 3．高密度区微型绿道建构方法研究

随着拆除围墙政策的实施，公共领地与私人领地逐步弱化而趋于一体，传统街区内部交通出让给城市交通、住宅地层向商业业态的转型，势必涉及整个街区道路空间形态的立体重构，推进微型绿道向高密度区的应用和扩展，本研

究基于代表性案例的深入调研分析，进行如下研究：

1）地下层微型绿道系统研究

结合高密度区轨道交通现状及发展规律，在对地下步行系统认识和界定基础上，叠合微型绿道生态设施、公共服务设施等内容，分析地下微型绿道系统的布局原则、模式、节点空间、影响因素和技术因素。

2）地面层微型绿道系统研究

梳理高密度区既有绿化系统、交通系统和公共空间系统，从步行系统规划及设计层面探讨微型绿道与城市步行系统结合的途径，影响因素和构建要素，使用者行为活动与空间要素关系，外部交通联系、交通量和管理措施等方面因素的影响及相应的对策和建议。

3）高架层微型绿道系统研究

高架层微型绿道系统是独立于地面层的步行空间系统。将高架平台、路侧式空中连廊、点状天桥等类型的高架人行步道形式纳入空中微型绿道模式，分析每种模式的优缺点、适用条件和需要重点解决的问题，探讨空中连接段设计方法及底层空间、建筑关联方式等。

## 1.3.3 视角与方法

研究从健康城市基本理论出发，基于对居民近地健身及出行习惯的分析和预测，将绿道规划设计融于健康城市空间体系规划中，探索城市高密度区微型绿道网络功效的发挥及其与城市既有空间结构、建筑、交通形态之间的关联性，提出城市高密度区微型绿道立体建构方法，促进健康城市的发展及绿道网络向城市高密度区的推进，研究基于空间需求—空间融入—空间重构的逻辑，探讨智慧、安全、步行环境、通达性等方面的内容。

### 1. 生命观——健康促进视角

1）健康宜居

城市中应人人平等、公平地享有健康。“健康城市应该是一个资源和环境不断发展的社会，支持人们享受生命并充分发挥潜能。”[1]世界卫生组织在《渥太华宪章》中倡导“城市健康促进计划”及“健康城市项目”的行动战略来改善城市化所带来的健康问题。上海复旦大学傅华教授等提出的定义是：“所谓

1 渥太华宪章. 第一届健康促进国际会议，1966年11月21日，加拿大渥太华.

健康城市是指从城市规划、建设到管理各个方面都以人的健康为中心[1]，保障广大市民健康生活和工作，成为人类社会发展所必需的健康人群、健康环境和健康社会有机结合的发展整体[2,3]。”

可以将健康城市分为健康场所、健康环境、健康社会、健康个体四个部分。这种健康包括城市居民的生理健康、心理健康和社会适应性上的行为健康，以及居民之间、居民和公共管理部门之间和谐平衡互动的健康关系。目前的研究对城市健康环境建立了较为完整的评价指标体系。本研究中的微型绿道系统旨在实现城市健康的生态环境系统、交往游憩系统与慢行道路系统及康体空间系统的协调发展，以促进健康城市的推进。

2003年《大温哥华地区长期规划》指出：“宜居城市指的是一个具有下列特征的城市系统，它应该是满足所有居民的生理、社会和心理方面的需求，同时有利于居民的自身发展，令人愉悦而向往的城市，可以满足和反映居民在文化方面的高层次精神需求。”[4]宜居城市与健康城市在共享性、参与性及使用城市公共空间的公平性等几个方面相通。D.Hahleweg（1997年）认为：在宜居城市中，居民能够享有健康的生活，能够很方便地到达要去的任何地方——不论是采取步行、骑自行车、公共交通还是自驾车的方式[5]。E.Salzano（1997年）认为，宜居城市是连接过去和未来的枢纽，在建设宜居城市的过程中，应该将其视为一个连续的、将城市中心和周边地区紧密联系在一起的网络状结构，步行道和自行车道将所有与城市生活质量相关的地域有机地、紧密地联系起来[6]。麦克·道格拉斯（Michael Douglas）认为构建宜居型城市模型应包含环境福祉（干净与充足的空气、土地及饮用水等自然资源，废弃物的处理能力等）、个人福祉（减少贫穷，增加就业机会，教育与健康设施以及儿童安全等）、生活世界（城市居民对生活满意度的主观评价）等影响城市可持续发展的重要因素[7]。

2）日常城市体育生活圈

城市康体空间是城市居民休闲体育行为的活动空间系统，包括开放性的城

1 王资博. 科学发展观视野下的健康城市建设［N］. 华商，2008-11-15.

2 何爱华. 学习实践科学发展观. 建设“健康重庆”［N］. 决策导刊，2009-01-20.

3 傅华，玄泽亮，李洋. 中国健康城市的发展和理论思考——我国健康城市的最新进展［J］. 医学与哲学，2006.

4 高峰. 宜居城市理论与实践研究［D］. 兰州大学，2006.

5 同上。

6 同上。

7 李家凯. 中国宜居城市建设与改造研究［D］. 中央民族大学，2013.

市公共空间、城市绿地、公共体育场（馆）、社区健身点以及公共步行道、足球场、羽毛球场等。城市康体空间体系包括康体环境、康体设施和交通连接系统等方面。

城市体育生活圈是从时间地理学与市民生活行为的时空特征角度对城市康体空间体系进行的研究，从时间的角度有日常、周末、节假日等模式[1]，从地理学的角度有近郊区、城镇和乡村、远郊区等体育带[2]。根据城市空间结构形态可分为居住小区级、居住区级、乡镇街道级、地区级、城市体育空间[3]。本研究将其分为点状、线状和面状三种类型，主要探讨线状空间。

### 2．共生观——生态低碳，共享共生

生态城市（Ecological City）是全球生态危机形势下的产物。美国科学家Richard Register认为，生态城市即生态健康的城市，是低污染、紧凑、节能、充满活力并与自然和谐共存的聚居地，生态城市追求的是人与自然的健康和活力[4]，并认为每个城市都有可能将原有城市建设转变成生态城市，实现城市生态化，促进城市的健康和可持续发展[5]。生态城市与健康城市都把城市视为一个有机生命体，生态城市从生态系统的角度来考虑城市，强调的是人—自然系统整体的健康。狭义的健康城市是从现代医学及公共卫生学的角度提出的，从生命个体与环境的关系来看待城市，强调居民生理上的健康。广义的健康城市突破原有世界卫生组织的定义，从而走向城市社会系统、生态环境系统、交通系统、文化遗产保护系统等的健康。

从城市发展模式和社会发展方式角度而言，低碳城市（Low-carbon City）是指通过消费理念和生活方式的转变减少碳排放，在保证生活质量不断提高的前提下所建立的一种有助于人与自然和谐相处的社会发展方式。广义的低碳城市包括开发低碳能源、清洁生产、绿色规划、绿色建筑及绿色消费等方面，涵盖了高效型、宜居性、循环性和可持续性，主要从减碳角度考虑和处理人与自然的关系[6]。低碳城市和健康城市研究的侧重点不同，但在研究方向和研

---

1 李建国，卢耿华．都市体育生活圈建设研究［J］．体育科研，2004（1）：5-6.

2 申亮，岳利民，肖焕禹．城市体育的新范式：都市体育圈——都市体育圈的发展规划及其空间分布模式探讨［J］．天津体育学院学报，2005，20（2）：88-92.

3 任平，王家宏，陶玉流，董新光．都市体育圈：概念、类型和特征［J］．武汉体育学院学报，2006，4（4）5-8.

4 谢文婷，赵媛，凌迪如．“低碳城市”概念辨析与发展模式．中学地理教学参考．

5 赵强．城市健康生态社区评价体系整合研究［D］．天津大学，2012.

6 张洪波．低碳城市的空间结构组织与协同规划研究［D］．哈尔滨工业大学，2012.

究目标上存在很多交叉点，如创建高效宜居、可循环、可持续发展的城市环境，强调城市空间的紧凑性和复合性，实现生态、文态、商态等的统一与最优化等。

### 3. 关系观——安全通达视角

1）通达性（Accessibility）

微型绿道的布局应当能够保证城市中人们步行、骑行、坐轮椅、轮滑等的安全、无障碍、便捷的出行活动。其通达性取决于微型绿道路径的宽度、距离、可选择性，以及与城市公共交通系统、公共自行车系统等的接轨程度。通常长度至少可以达到0.4～0.8公里或10～20分钟的路程[1]。

2）安全性（Security）

安全性是影响微型绿道发展的主要方面。目前，绝大多数城市的交通支持快速和高效的汽车出行，不利于步行和骑行，并且常常充满危险。在美国每年有6000名行人或骑自行车的人丧命于交通事故，行人比汽车乘客的死亡率高23倍以上[2]。安全无障碍的步道环境应考虑使用者的年龄、体能、活动方式、活动时间等各个方面，表现在十字路口人行道的位置、长度、宽度、车辆速度、通过时间、标识、夜间照明等上，以保证步行环境的安全无障碍。

### 4. 生活观——活力更新视角

1）智慧（Smart）

大数据时代微型绿道的设计与规划必然要从智慧城市的视角出发，充分利用数据的处理和分析技术。美国的罗利智慧绿道（Raleigh Greenway System）是美国最智慧的绿道系统，甚至专门为智能手机设计了一款功能为导向的罗利绿道系统应用程序“Rgreenway”。从长期的使用情况来看，这款应用程序致力于开放数据的搜集，使3800亩、115公里的罗利绿道系统成为一个综合性公园，能够让使用者发现绿道，提供每个系统内绿道的信息，包括详细的描述、里程、最近的停车场等；实现使用者与绿道的互动，检查正在使用的绿道，报告绿道需要维修清理的问题等；提高绿道使用感受，跟踪使用者在绿道的跑步距离、速度和时间，看到所在地区的天气状况等。

---

1 迈克尔·索斯沃斯，许俊萍. 设计步行城市［J］. 国际城市规划，2012（5）：54-64+95.

2 同上。

2）步行环境（Walking Environment）

步行是人们最基本的生活方式，承载了人们出行、健身、交往、感知等各种活动。快速的城市发展是为了慢速的城市生活。现代技术发展的目标绝不是将人们禁锢隔离在各自的室内空间中。强化步行与交往的城市，促进人们走出汽车和住所的城市才是我们需要的未来（表1.3）。

私家车与步行使用者互动方式、距离及人群关系分析　　表1.3

| 出行方式 | 发生场所 | 人群关系 | 互动方式 | 活动方式 | 远距离可达性 | 场所活力 |
| --- | --- | --- | --- | --- | --- | --- |
| 私家车 | 车内封闭空间 | 熟悉的人，如亲戚、朋友 | 自发的互动 | 有目的的快速移动 | 直达 | 一般 |
| 步行 | 人行道、广场等开放空间 | 陌生人、邻居或熟人 | 偶然的接触或自发的认识 | 有目的的出行、锻炼身体、无目的的漫步 | 步行、骑行换乘 | 好 |

微型绿道的环境质量是影响步行、骑行适宜性的主要因素。一段令人愉快的、场景不断变换的和能够提供社交邂逅的步行更容易让人重复行走。但是这一点在步行适宜性的规划和设计中很少被理解，也最容易被忽视[1]。城市中尤其是老城区步行系统的常见问题是边界不清晰、缺乏有效界定且不断被出入口打断，标识系统不完整，停车占道严重，绿化缺乏、绿量不足等。因此急需从步行环境的视角，探讨步行环境的视觉吸引力、街道的改造与整体性设计、行人活动特征研究、街道绿化和其他景观元素更新与设计等方面。

## 5. 方法

研究要解决的关键问题是高密度区极端人地矛盾情况下微型绿道康体空间的需求是多少，如何推进微型绿道系统的建构。基于这个核心问题，微型绿道空间体系建构的基本逻辑是空间需求—空间融入—空间重构，所需采用的技术方法有如下几个方面：

1）绿道规划技术方法

（1）AHP（Analytic Hierarchy Process）法：层次分析法通常用于对道路系统进行布局和选线评价。对于微型绿道而言，可以使用AHP层次分析法对现状

1 迈克尔·索斯沃斯，许俊萍．设计步行城市［J］．国际城市规划，2012（5）：54-64+95.

步行系统进行分析，找出节点、断点、空白区域，确定需要强化的线路、需要补充连接的线路并进行优先分级。

（2）历史文献法：有针对性地查阅绿道网络和城市生态基础设施建设相关的理论与实践研究，重点关注绿道网络规划、绿道景观形态、绿道空间布局、绿道种植相关的国内外文献资料，分析、挖掘具有借鉴意义的绿道规划建设经验。同时，对西安高密度区绿道网络的选线规划也应立足于对西安历史文化背景及历史文化保护研究工作的大量翔实文献资料的基础上。

（3）GIS可达性评价方法：利用GIS可达性分析法全面准确地分析城市既有绿道及节点的服务范围，并对城市绿道网络进行选线研究，从而确立一个能为市民提供良好服务的城市微型绿道网络。

2）街道更新研究方法

（1）田野调查法：收集既有街道、绿地的基础资料，进行详细的实地调研，拍照、测绘、观察、走访，详细地记录各方面信息，以获得第一手研究资料，并有针对性地对居民进行访谈和问卷调查，以确立合适的微型绿道选线、布局、形态等的设计。

（2）类型学研究法：这是一种将系统按照某种规律进行分组分类处理的研究方法。将不同街道、不同细部、不同要素进行分类、简化处理提炼原型，然后再进行空间形态的改造与设计，具体的研究过程为：调查分析—去除变化—归纳整理—提炼原型。

（3）图示研究法：街道是表征城市肌理形态的要素之一，而很多学科对城市肌理问题研究的共同方法是图示法。这一方法起始于古老的地图制图术，其基本原理是将多维的城市空间进行二维投射，使其可比较、可分析，也是类型学城市空间形态研究的基本方法之一。

3）大数据技术与方法

对基础信息的详尽搜集和分析是绿道设计非常重要的起步阶段。缺少数据支撑的分析技术与分析方法往往偏向于表面化，难以发挥应有的作用。随着信息技术的飞速发展，大数据与人类生活息息相关，成为数据分析领域的前沿技术。合理使用大数据技术能够为微型绿道设计带来新理念和新思维。大数据为微型绿道设计提供了数据分析基础和互动平台，通过大数据的技术手段可以实现微型绿道的智慧目标。

（1）基于GIS系统的数据空间关联和可视化

将地形图、遥感影像、相关规划图纸、统计年鉴等数据通过GIS系统在空间上进行关联和可视化，如用地边界识别分析、场地植被等生态要素识别等。

（2）利用智能手机和平板电脑APP记录调研图文信息

利用智能手机和平板电脑APP，记录现场调研所在位置的照片、录音录像和文字标记，汇总成地理信息系统的基础数据集，支撑后续的各种数据工作。

（3）利用开源地图（Open Street Map）和兴趣点POI（Point of Interest）感知数据

各种开源地图数据软件不仅为我们提供了更加全面的道路、地形、建筑物等空间信息，也包括使用者的兴趣点POI感知数据[1]。这些数据可以在研究过程中获取车和行人的数据和轨迹，甚至可以获得支撑设计的用户环境情景信息，如什么人（性别、年龄、健康状况、性格等）、在什么条件下（时间、地点、天气等）做什么（走路、跑步、休息等），以便于我们判断步行者的目的。如同样是走路，上班族明确直接、平稳快速，游客无规律、有停顿，运动者时间规律、步伐平稳、线路重复等。

（4）利用公交刷卡、出租车GPS轨迹数据分析使用者的出行数据

公交刷卡数据、出租车的GPS轨迹比较容易获得，数据准确，但信息量很大，分析困难，可以用于判断组团之间居民定站点、短线路间的出行特征[2]。

（5）移动通信定位数据

目前，移动通信几乎覆盖了城市中除了儿童、失能人等特殊群体的所有人群，通过分析移动通信定位数据辅助传统的OD调查方法获取城市的人口数量和分布，进而了解城市道路、用地等的使用情况，并进行评价和优化。

（6）来自公众参与平台与社交网络的数据

百度"热图"是一种新型的城市研究工具，通过动态可视化信息展现城市中各种不同类型人群的分布状况、流动信息，对城市信息的定量研究将从物质空间形态走向城市中的"人"[3]（图1.10）。

1 王鹏，袁晓辉，李苗裔．面向城市规划编制的大数据类型及应用方式研究［J］．规划师，2014（8）：25-31.
王鹏．大数据支持的城市规划方法初探．城乡治理与规划改革——2014中国城市规划年会论文集（城市规划新技术应用），2014-09-13.

2 王鹏，袁晓辉，李苗裔．面向城市规划编制的大数据类型及应用方式研究［J］．规划师，2014（8）：25-31.

3 同上。

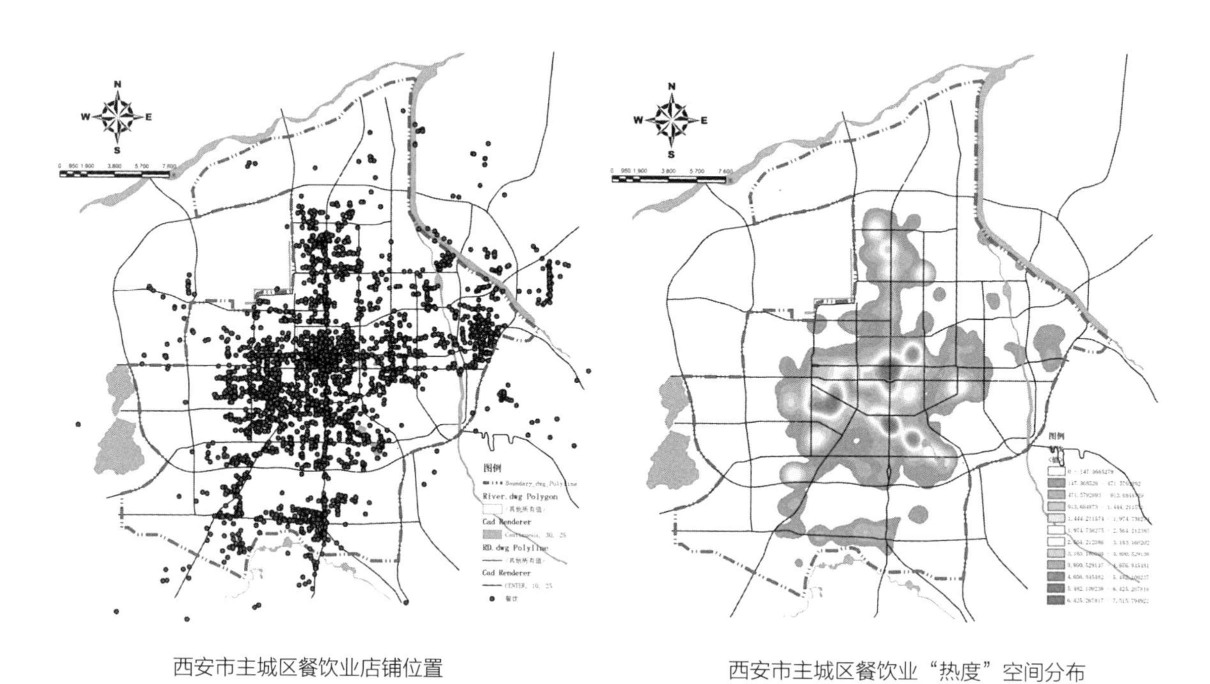


西安市主城区餐饮业店铺位置　　　西安市主城区餐饮业“热度”空间分布

图1.10　基于大众点评网的西安主城区餐饮业空间热度分布

图片来源：郑晓伟．西安建筑科技大学建筑学院

# 2

# 微型绿道空间体系的理论建构

我们的城市必须成为人类能够过上有尊严、健康、安全、幸福和充满希望的美满生活的地方。

——《伊斯坦布尔宣言》

微型绿道的空间属性是一种城市连接体、公园连接道、线形康体空间。本章探讨微型绿道的空间形态特征。从类型学的角度看，微型绿道的空间要素可以分为非物质要素（如使用者知觉要素、使用者环境心理要素等）和物质要素（如道路、公共服务设施、绿化等，并从尺度、维度等方面界定微型绿道的空间模型）。在定性研究方面，从美学、健康促进、高密度区生态恢复等角度对微型绿道进行研究；在定量研究方面，从几何形态、网络形态空间序列、可达性等方面界定其空间形态。

# 2.1 理论基础

## 2.1.1 基于健康导向的健康城市规划理论

### 1. 健康城市的定义、特征、研究框架

1）定义：个体、群体、城市系统的长效健康

健康城市最早的定义由世界卫生组织于1994年提出：一个健康的城市应该能够不断创造和提高自然环境和社会环境，并且能扩大社区资源，使人们能够互相支持，发挥最大潜能，履行人生的全部功能并发展其最大潜力[1,2]。

健康城市不是达到一个特定的健康状态，而是一种努力提高城市人居环境和健康意识的过程。任何一个城市无论现在的健康状况如何，都可以逐渐变成一个健康的城市，只要它致力于发展自然环境和社会环境，支持并促进为居民提供更好的健康生活质量。

上海复旦大学公共卫生学院傅华教授等对健康城市提出了更易被人理解的定义，“所谓健康城市是指从城市规划、建设到管理各个方面都以人的健康为中心，保障广大市民健康生活和工作，成为人类社会发展所必需的健康人群、健康环境和健康社会有机结合的发展整体”[3,4]。健康城市从纲领性的运动最终走向了解决城市化进程中各种健康问题的研究方法。

1 虞掌玖．谈健康意识在构建和谐社会中的积极作用［J］．江苏卫生保健，2005（5）：47-48.

2 http://www.euro.who.int/en/health-topics/environment-and-health/urban-health/activities/healthy-cities/who-european-healthy-cities-network/phases-ivi-of-the-who-european-healthy-cities-network.

3 “健康之都”理念的生动诠释——访上海市浦东临港新城管理委员会党组书记、专职副主任顾晓鸣．浦东开发，2010-09-08.

4 http://www.zhuzhou.gov.cn/lianghuizhuanti/mcjd/80794.htm.

一个健康的城市首先应该是一个长寿的城市，这个长寿既包含了城市生态环境、经济环境、社会环境等维持城市系统正常运作的各个方面，也包括城市中的人。健康城市是将人类个体的健康、群体的健康和城市系统的健康作为首要目标，建立有助于激发城市活力的城市开放领域物质环境系统、强化自我调节能力的自然生态环境系统、多样优质便捷的开放服务环境系统、和谐有序的社会经济环境系统，多方面完善城市健康人居体系，提高人们的健康水平和生活品质。

2）健康城市的基本特征

健康城市的基本特征可以概括为：健康、安全和高质量的自然环境，稳定、可持续的生态环境，延续发展的城市文脉，相互支撑的社区关系，有良好公众参与度的城市管理政策，多样创新的城市经济，便于交流的个体及群体关系，高质量的医疗卫生服务。健康城市的发展具有如下几个特征：

（1）动态性。健康的问题是普遍而复杂的，影响健康的因素之间的动态与交错的相互作用，更增加了健康问题的复杂性。随着城市化进程中不断出现的城市问题，健康城市本身必然不是一个具体指标或健康状态说明，而是一个随时间的推进而不断调整的进程。

（2）协作性。健康城市是一个需要多方参与的跨行业协作体系。人们的健康状况受收入水平、交通状况、居住条件、职业状态、饮食、教育环境等因素影响。而健康作为这些因素在人们身上的一种结果状态，已经远远超出了医疗卫生的调控能力。这是健康城市工程将城市中的多个部门和专业领域牵涉其中的根本原因[1]。

（3）实践性。从世界卫生组织的健康城市概念可以看出，合理的健康城市源于实践。健康城市涵盖了城市的各个方面，是一个来自实践、在实践中学习、吸取教训并不断完善的概念。

（4）地域性。健康城市是一个全球性的战略，也是一个地方性行动。根据地区性差异制定相应的计划与具体步骤、建立相应的实施体系，是健康城市良性发展的特征。

（5）超前性。健康是一种理想的状态。健康城市作为一种远景展望，应能够通过对未来规划的制定和行动的选择来促进建设更好的城市。

3）健康城市的研究框架

鉴于健康城市的目标是创造一个人与环境共生的系统，规划调查的因素包

1 许从宝，仲德崑，李娜. 探寻健康城市观念的原旨［J］. 规划师，2005（6）：76-79.

括人的因素和环境的因素，实施的层次涉及生活方式、行为活动、社区、地方经济、自然环境、建成环境、公共政策、社会文化等方面（图2.1）。

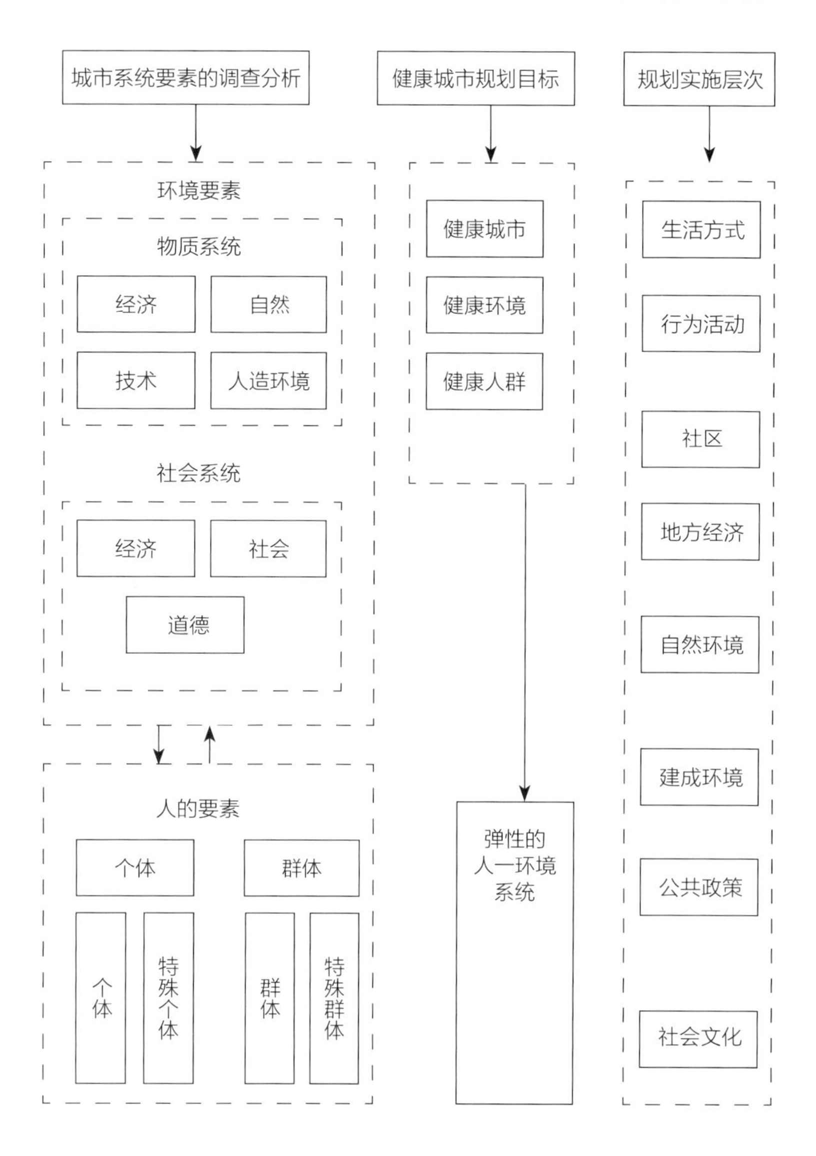


图2.1 健康城市规划理论框架图
图片来源：根据张天尧《生态学视角下健康城市规划理论框架的构建》自绘。

## 2．健康城市的起源、演进与发展

1）起源——新公共卫生运动健康促进行动策略

世界卫生组织提出的现代健康理念包括躯体健康（Physical Health）、心理健康（Psychological Health）、道德健康（Ethical Health）和良好的社会适应能力（Good Social Adaptation）。健康理念的不断拓展使得人们逐渐脱离了对健康的片面认识，开始关注创造、建设和维护能够促进健康的人居环境。这对健康城市的产生有至关重要的推动作用。

健康城市首先是新公共卫生运动[1]旨在健康促进的一种行动策略。典型的健康促进理论包括“新公共卫生运动”（New Public Health）、世界卫生组织“21世纪人人健康全球战略”（Leading Health Promotion into the 21st Century）、《渥太华宪章》（*Ottawa Charter for Health Promotion*）、联合国《21世纪可持续发展议程》（*Agenda 21*，1992年6月）、《雅加达宣言》（*Jakarta Declaration*）、《曼谷宪章》、《萨格勒布宣言》（*the Zagreb Declaration for Healthy Cities*）等。

新公共卫生运动与其说是一个概念，不如说是一种哲学，它努力将公众对健康的理解从个体健康拓宽到现代人群和现代社会的健康问题，如公平的医疗服务、环境、公共政策和经济发展等随时代发展而出现的紧迫问题，并努力寻找解决问题的策略[2]。

（1）《阿拉木图宣言》（*Primary Health Care at Alma-Ata*，1978年9月）

1978年9月，阿拉木图宣言呼吁所有政府采取所有行动保护和促进世界人民健康。此会议强烈重申健康是身体、心理和社会适应能力等全方位的健康，是一项基本人权，人人应该享有卫生保健，减少健康差距。

（2）《渥太华宪章》（*Ottawa Charter for Health Promotion*，1986年11月21日）

《渥太华宪章》于第一届国际健康促进会议中提出。该宪章对健康促进给出了明确的定义并将健康视为一种资源：健康促进是使人们可以控制和改善他们健康的过程，达到身体健康、精神健康和良好的社会适应能力，使得个人或团体能够实现愿望，满足需求，并改变或适应环境。因此，健康是一种资源，健康促进远远超出卫生部门的工作范畴，而是囊括了健康生活方式和幸福生活创造的各个方面。改善健康的基本前提是公平、正义、和平、稳定和可持续发展。宪章指出健康促进的五大战略：建立健康的公共政策，创造支持性环境，加强社区行动，发展个人技能，重新调整卫生服务，并且强调了对自然环

1 新公共卫生作为标签被科学家、伦理学家和法律学者广泛使用，最早出现文章大概列举如下：THEODORE H. TULCHINSKY & ELENA A.VARAVIKOVA, THE NEW PUBLIC HEALTH（2d ed. 2009）; Awofeso, infra note 26; NEW ETHICS FOR THE PUBLIC'S HEALTH（Dan E. Beauchamp & Bonnie Steinbock, eds., 1999）; Wendy E. Parmet & Richard Daynard, The New Public HealthLitigation, 21 ANN. REV. OF PUB. HEALTH 437（2000）; Richard A. Epstein, Let theShoemaker Stick to His Last: In Defense of the “Old” Public Health, 46 PERSP.BIOLOGY & MED. S138（2003）（critiquing “new public health”）.

2 Theodore H Tulchinsky and Elena A. Varavikova £ ¬New public health, ISBN: 978-0-12-703350-1,P1-3.

境的保护和休闲方式对健康的显著影响[1]。

（3）联合国《21世纪可持续发展议程》（*Agenda 21*，1992年6月）

《21世纪可持续发展议程》立足全球，为保障我们共同的未来提供了一个全球性框架，指导社会和经济的可持续发展、资源的合理利用与环境保护。在保护与增进人类健康方面，指出健康与环境和社会经济情况的改善相互关联，需要不同部门、不同专业、不同学科的共同努力。

（4）《雅加达宣言》（*Jakarta Declaration on Leading Health Promotion into the 21st Century*，1997年7月）

《雅加达宣言》指出健康是人的基本权利，是经济和社会发展的必要条件。健康促进是城市的一项关键投资。健康促进被视为健康发展的一个重要因素。城市健康的决定因素包括和平、食物、住房、教育、社会关系、尊重人权等。来自世界各地的研究和案例研究表明，健康促进工作不仅是有效的而且能改变人们的生活方式，对于实现社会公平行之有效[2]。

（5）"21世纪人人健康全球战略"（Health for all policy for the twenty-first century，1998年5月）[3]

人们的健康和幸福是社会和经济发展的最终目的。世界卫生组织的人人健康全球战略有两个目标。第一，在全球范围内呼吁社会公正、团结和社会正义。第二，新政策的目的是鼓励成员国采取行动，允许人们全面参与经济和社会生活，追求人人健康，关注弱势群体和贫困人口。

（6）《曼谷宪章》（*Bangkok Charter*，2005年8月）

自渥太华宪章以来，健康促进的全球背景发生了显著变化。《曼谷宪章》是基于《渥太华宪章》补充确立的健康促进观念、原则和行动战略。《曼谷宪章》指出影响健康的一些关键因素包括：国家内部和国家之间不断增多的不平等现象、消费和通信新模式、商业化、全球环境变化、城市化等；倡导以人权和团结为基础的健康，鼓励投资于健康促进的可持久的政策、行动和基础设施，开展政策制定、健康领导力、健康促进措施、知识转让和研究以及卫生扫盲等方面的能力建设，进行管制和立法以便确保高度的危害防范并使人人都能获得健康和幸福的平等机会，与公立、私立、非政府和国际组织以及民间社会

1 http://www.who.int/healthpromotion/conferences/previous/ottawa/en/index4.html.

2 http://www.who.int/healthpromotion/conferences/previous/jakarta/declaration/en/.

3 World Health Assembly. Health for all policy for the twenty−first century. Geneva: World Health Organisation; 1998. Resolution WHA51.7.

建立伙伴关系和同盟以便形成可持久的行动[1]。

2）演进——基于WHO健康城市项目的健康促进城市规划

健康城市项目（Healthy Cities Project，HCP）是由世界卫生组织（WHO）发起的一个全球性运动。这一理念于1984年在加拿大多伦多召开的国际会议上首次提出，并于1986年WHO欧洲区域办公室率先实施启动。其后非洲、美洲、欧洲、东地中海、东南亚、西太平洋等地都启动了区域性的健康城市项目。目前发展最为完善的WHO欧洲健康城市已经发展至第六个五年计划阶段（2014—2016年），其核心内容已经由早期的卫生领域拓展到经济、社会、生态环境、社区生活、个人行为、城市规划等多个方面，对现代城市发展有鲜明的导向作用（表2.1）[2]。

世界卫生组织欧洲健康城市网络的阶段I–VI　　表2.1

| 阶段 | 时间 | 主要工作目标 |
| --- | --- | --- |
| Ⅰ | 1987—1992年 | 介绍城市健康工作的新方法 |
| Ⅱ | 1993—1997年 | 健康的公共政策和综合性城市卫生规划 |
| Ⅲ | 1998—2002年 | 解决不平等的健康，<br>贫困与健康，<br>社会排斥，<br>弱势群体的需求 |
| Ⅳ | 2003—2008年 | 减少健康不平等，<br>努力实现社会发展，<br>可持续发展的承诺 |
| Ⅴ | 2009—2013年 | 关怀和支持性环境，<br>健康生活，<br>健康的城市设计 |
| Ⅵ | 2014—2018年 | 改进人人享有健康和减少健康不平等，<br>提高领导水平和参与治理的健康 |

表格来源：根据世界卫生组织官方资料整理。

（1）国外研究现状

自1966年WHO发起“健康城市项目”（HCP）以来，健康城市运动得到了蓬勃发展，WHO欧洲健康城市计划（E-HCP）目前已经发展成为一个欧洲广泛参与的运动。英国是欧洲地区最早开展健康城市运动的国家之一，早在1967年就以利物浦为试点开始健康城市的实践，由英国天空卫视发布的健康城市排

1 http://www.who.int/healthpromotion/conferences/6gchp/BCHP_zh.pdf?ua=1.

2 http://www.euro.who.int/en/health-topics/environment-and-health/urban-health/activities/healthy-cities/who-european-healthy-cities-network/phases-ivi-of-the-who-european-healthy-cities-network.

行榜南部海滨小城布莱顿是英国最健康城市，政府出台了一系列政策鼓励健康生活方式，如鼓励步行和骑自行车，如果坚持下去，就能得到运动奖励券或获得旅游机会等。澳大利亚伊拉瓦拉和诺尔兰从健康城市愿景出发，按照健康城市的方式发展了一系列倡议，采取“倡导、调解和动员模式”，实现跨部门和广大市民参与项目的重大举措。日本促进公民参与，形式公民网络并获得大量实践数据，鼓励管理者与私营公司和非政府组织更好地进行合作，加强以社区为基础的健康促进系统。丹麦哥本哈根于1966年加入世界卫生组织健康城市计划，经过多年的建设，其完善的自行车计划至今令世人瞩目，市内每一条马路都设有自行车专用道路。自行车的广泛应用不仅扩大了公众的健身空间，也减少了市内的空气污染。加拿大是最早提出健康城市项目的国家，目前发展较为成熟和完善。

（2）国内研究现状

我国国内早期对健康城市的研究多集中于开放卫生领域，研究的角度也多偏向于医疗卫生领域，近年来，人文社会科学、环境、建筑及城乡规划学科的专家和学者也加入其中，不过文章大多停留在对国外案例的介绍和分析上，对健康城市管理、政策及指标体系的研究方面有待深入，在建筑与城市规划学科方向的研究还比较少，相关研究多在健康城市规划、健康城市空间、健康城市交通等方面。主要观点如下：

①在健康城市研究范畴方面

孔宪法由健康城市运动反思地方发展愿景及都市规划专业，试图提出都市规划专业在健康城市运动中可能扮演的角色。李丽萍、杜娟、阳建强通过分析和考察欧洲城市发展史中城市规划和开放健康互动的发展演变过程，揭示了城市走向“新开放健康”注重物质与精神并重的发展历程。李哲、曾坚详尽分析了“生态城市”、“绿色城市”（Green City）、“健康城市”（Healthy City）、“普世城”（Ecumenopolis）、“山水城市”等概念的异同。刘志波、黄倩以资阳市沱江东区的健康城市规划为例，对健康城市的规划理论在实践中的应用作了框架性分析。陈钊娇、许亮文基于“人人享有卫生保健”和“健康促进”理论，根据国内外建设健康城市实践经验指出健康城市项目需突破开放卫生领域局限，倡导合理的城市规划，制定科学的指标体系。许从宝、仲德崑等提出将健康城市作为一个开放的体系，结合城市的差异性，寻求独特的健康城市之路。杜立柱、刘德明提出合理认知城市角色，在规划目标的制定上要实现从理想城市到以城市的自由度、舒适度、宜居性作为规划目标的健康城市的转变。盛新春、倪根和、罗惠平研究了上海浦东健康城区建设的理论和方法。

②在健康城市空间方面

李煜、朱文一从健康问题与理论突破、健康城市设计策略与健康建筑设计模式三个方面介绍和分析了美国纽约市政府制定的纽约城市开放健康空间设计导则。董晶晶在说明价值导向对城市空间构成影响的基础上，通过对健康与城市空间关系的剖析，提出健康价值观引导下的城市空间应该由保障健康生活的环境系统和引导健康行为的生活单元两部分构成。董晶晶、金广君通过对健康城市空间构成的剖析，从居民健康需求层级的角度，阐明了健康城市空间所具有的健康保障性和健康促进性的双重属性，明确了健康城市空间建设的层级、重点和方向。金广君、张昌娟指出，城市设计对城市健康的思考不能仅限于对城市景观的考虑，更应该注重城市活动的影响及城市建设过程的科学合理性。

③在健康城市道路交通系统方面

杨涛指出健康城市的道路体系应当“有机、活力、生态、宜人、公平、安全”，并从健康城市理念出发探讨了城市快速路网、干路网和支路网三个不同功能等级路网的功能、布局、机理、密度、尺度、断面、路权等技术要领。郭湘闽、王冬雪基于健康城市视角针对加拿大城市中慢行环境的营建进行了分析，并对中国健康城市的建设提出了完善慢行系统所应采取的规划策略，从而促进城市的健康可持续发展。周向红、诸大建研究欧洲健康城市项目的发展脉络与基本规则，结合大量文献资料对欧洲健康城市运动进行分析和剖解，重点介绍英国、波罗的海地区等案例，并对加拿大健康城市运动进行分析和剖解，重点介绍多伦多健康住宅、蒙特利尔城市交通等案例，为我国健康城市运动建设提供了框架。张洪波、徐苏宁以“宜居城市”“健康城市”两大理念为出发点，提出了营建完善的步行系统所应采取的规划策略。

（3）既有研究述评

世界卫生组织提出的“健康城市计划”虽然是各个行业的行动指南，但如果仅仅停留在纲领性的口号上，健康城市计划势必因缺乏具体的实施方案而难以深入全面开展。健康促进虽然是现代城市规划的评价标准之一，目前面向健康城市的城市规划理论仍然匮乏[1]。城市规划对健康城市的介入应表现在城市规划和建筑设计领域的多个方面，例如健康场所的建设，健康环境的规划原则、设计方法，以及健康城市规划政策、指标的制定、实施方案等，均是健康城市规划的工作内容。

---

1 张天尧. 生态学视角下健康城市规划理论框架的构建［J］. 规划师，2015（6）：20-26.

3）趋势——关注城市开放空间体系

目前健康城市的发展逐渐呈现如下趋势：

（1）关注弱势群体

健康城市建设是一项环境公平和社会公平的系统工程，如何处理健康与公平之间的关系是健康城市建设工作的关键。随着城市的发展，城市居民的贫富差距逐步拉大，城市贫困人口的数量与日俱增，贫民和弱势群体居住区的空气、水以及土壤的污染，废物的随意排放，噪声严重，治安、交通秩序不良等问题凸显，全球城市弱势群体的健康面临挑战。

（2）注重生态基础设施建设

城市基础设施（Urban Infrastructure）是城市发展的生命线，包括能源系统、给排水系统、交通系统、通信系统、环境系统、防灾系统等工程设施和行政管理、文化教育、医疗卫生、商业服务、金融保险、社会福利等社会性基础设施[1]。生态基础设施的概念最早见于联合国教科文组织的“人与生物圈计划”（MAB）的研究[2]。生态基础设施（Ecological Infrastructure）是城市扩张和土地开发利用不可触犯的刚性限制，是维护生命土地的安全和健康的关键性空间格局，是城市和居民获得持续的自然服务（生态服务）的基本保障[3]。

（3）引导良好的生活方式

华尔街日报一项新近的老年病学研究显示：“如果人们能够坚持每周3小时的有氧运动，将显著改善大脑中的神经元和神经元传导的活性，这相当于使人年轻3岁。城市的健康氛围是不能依靠法律和惩罚机制创造的。培养和引导健康的生活方式首先需要通过广泛的社会宣传教育，倡导居民参与志愿服务，引导居民将自然、环保、节俭、健康的方式生活变为自觉行动。其次需要通过城市规划塑造良好的居住、游憩、交通等城市空间设计和完善的城市开放服务设施系统，为绿色出行、绿色居住等良好生活方式创造条件。”

（4）着重发展城市开放空间

城市开放空间在健康城市建设中的作用日益强化。城市开放空间可以促进交往和互助，实现不同语言、文化、阶层居民的融合。目前的健康城市建设多着重发展以日常休息为主的城市开放空间体系，增强休闲设施和场地的使用效率，保障使用者对休闲设施和场地的拥有量和可达性。

1 钟志东. 技术发展与社会治理变革［D］. 南昌大学，2008.
2 俞孔坚，李迪华等. “反规划途径”［M］. 北京：中国建筑工业出版社，2005.
3 钟志东. 技术发展与社会治理变革［D］. 南昌大学，2008.

### 3．我国健康城市发展的基础、困境与契机

1）基础

1969年，我国卫生城市的创建活动为建设健康城市奠定了基础条件。健康城市的概念在20世纪90年代引入我国。1994年，卫生部在北京市、上海市、重庆市、海口市、保定市分别启动了健康城市项目试点工作。2007年，我国确定了上海市、杭州市、大连市、克拉玛依市等 6 个城市为首批“健康城市”建设试点。在此基础上，研究制定了符合我国国情的健康城市标准体系和评价体系。卫生部制定的《全民健康生活方式行动总体方案（2007—2015年）》对健康城市广泛的公众参与奠定了基础。

2012年，上海市根据《上海市国民经济和社会发展第十二个五年规划纲要》和《上海市健康促进规划（2011—2020年）》的实施要求，制定了建设健康城市2012—2014年行动计划，实施“政府主导、部门合作、社会动员、市民参与”的健康促进工作机制和体系，将慢行交通理念融入市政建设，推动学校体育场所在非教学时间对社会开放，在全市大型公园、绿地和居住区建设具有一定标准、符合市民健身需求的健康步道，加大开放体育设施建设力度。苏州市实行联动机制，深化健康促进，建立城乡一体的组织网络，推进健康城镇和卫生镇村建设，巩固和发展国家卫生城市创建成果，形成苏州市与各市区、镇（街道）、社区（村）四级健康教育场馆体系。这些城市为健康城市建设提供了实践经验。

2）困境

（1）健康城市需从口号运动细化到具体的方法策略

我国健康城市建设时间短，目前尚停留在公共卫生领域，缺乏从城市管理学、政策科学、战略管理等角度的深层次突破，在具体操作过程中，存在认识与管理的双重问题，健康城市开放空间从规划到设计方面有待细化和深入推进。

（2）全民健身空间面积、数量欠缺

户外健身运动是一种自发性活动，其开展的形式、数量、频率依赖于外部物质条件的创造。在城市高密度区极端人地矛盾的情况下，户外公共康体空间面积、数量严重不足，场所的可达性、空间质量等方面良莠不齐，场地功能上也难以保证不同群体的使用需求，对老年人、儿童及失能人群缺乏针对性考虑。

（3）健康城市涉及的公共卫生领域与城市规划领域缺乏深入的互动衔接

健康城市作为一个系统涉及多个学科领域，虽然不少研究已经建立了健康与城市设计和规划之间的关联，但目前健康城市涉及的公共卫生领域与城市规

划领域缺乏深入的互动衔接。例如，城市规划及风景园林学科较少探讨及量化不同的规划方式、绿地结构，不同绿量以及不同形式的绿地、水体对城市人群健康影响的差异，也较少网络化探讨影响公众健康的篮球场、羽毛球场、健康步道等公共健康服务设施的空间服务半径及千人指标，以及城市人居健康步道的保障指标等。

3）契机

WHO健康城市指标体系与可持续发展指标体系之间相互促进，很多因子有相似之处。因此，健康城市是可持续发展的最佳切入点，是以人为本原则的体现[1]。

依据WHO公布的健康城市十条标准，我国出台了《全国城市卫生检查评比标准》《开展创建国家卫生城市活动的通知》[2]等，涌现出一大批达到国家卫生城市标准的大中小城市，居民的健康意识大幅度提高。伴随着我国《体育发展“十三五”规划》《全民健身计划（2016—2020年）》的实施，公共体育服务体系建设成为推动健康群体、健康个体、健康环境的战略性计划，微型绿道作为一种推动全民健身的康体空间必将获得全面实施。

4）启示

本书对健康城市的研究首先是对健康城市的理论基础、概念、分类、特征、指标体系等进行探讨，并对以往的一些理论进行梳理。其次对健康城市理论背景下的微型绿道体系进行分析，对选线规划、空间设计、开发策略、评价体系等绿道建设的重点行动项目进行了探讨。

健康城市虽然缘起开放卫生的健康促进，但其核心内容离不开健康人居环境的营建，因此不但需要多学科的共同努力和探讨，而且需要从建筑和城乡规划学科的视角进行研究。我们既可以从多学科的角度进行突破，也可以从本学科具体的、特定的、普遍的角度入手，寻找一些具体的运作技巧。

## 2.1.2 基于使用者行为心理的公共空间设计理论

### 1. 意象理论研究

景观意向是系统的个体知觉，是个体获取外界客观因素信息的过程，是人

1 梁鸿，曲大维，许非. 健康城市及其发展：社会宏观解析［J］. 社会科学，2003（11）：70-76.

2 周向红，诸大建. 现阶段我国健康城市建设的战略思考和路径设计［J］. 上海城市规划，2006（6）：12-15.

类系统地对所处环境信息加以选择和抽象概括的过程。对景观知觉的研究从生物学中的神经反射已经拓展到对思维与行为关系的研究。景观意向可以从视知觉、听知觉、触知觉、味知觉、嗅知觉等方面进行探讨。

1）视景观

视觉向人们传达最直观的环境信息，与景观有着密不可分的关系。视景观从视觉感受出发，探讨在景观空间中空间的组织方式与人们视觉体验之间的联系。唐柳宗元《永州龙兴寺东丘记》："游之适，大率有二：旷如也，奥如也，如斯而已。其地之凌阻峭，出幽郁，寥廓悠长，则于旷宜；抵丘垤，伏灌莽，迫遽回合，则于奥宜。"后以"旷奥"形容名山胜迹的开阔和幽深。景观空间的旷奥度通常指空间的开放度。对视景观的研究主要集中在形体、色彩、肌理等方面。

2）声景观

声景观（Soundscape）由20世纪20年代芬兰地理学家格兰诺（Granoe）提出，研究以使用者为中心，强调景观从听觉—感知—意向过程的可听性以及听觉视觉的配合作用。

基于此，加拿大学者莫瑞·谢弗（R. Murray Schafer）创建了世界声景计划（WSP，World Soundscape Project）组织。我国学者李国棋从人—声音—环境三者之间的关系入手，探讨了声景观对传统景观设计的完善作用[1]。图2.2为2010年阈限工作室墨尔本CBD设计意象中地形干预和材料设计的声景观设计。

3）触景观

触景观是针对人体触觉感知的设计，在体现景观新奇感的同时，尤其体现景观对儿童、老年人及其他感知退化的弱势群体的关怀，如通过触摸材质的不同质感、不同硬度、不同肌理给人们带来的微妙心理差异。合理设计的触景观可以增加人们的安全感和认可度，可以增加人们的参与性，也可以通过触感的不同分隔不同的环境区域[2]。

4）味觉景观

味觉景观设计主要是在景观设计中激发人们的味觉感知，形成互动参与的效果，如将蔬菜、野菜、农作物等结合到景观设计中，采摘互动，实用植物的果、根、花、叶等可以让人们更好地享受味觉体验。常见的食用野菜可组合选作微型绿道，地被植物的品种有马兰头、马齿苋、紫苏叶、荠菜、薄荷等。

---

1 翁玫. 听觉景观设计［J］. 中国园林，2007，12：46-51.

2 周梦佳，蔡平. "五感"设计在景观中的研究与应用［J］. 黑龙江农业科学，2011（1）：83-86.

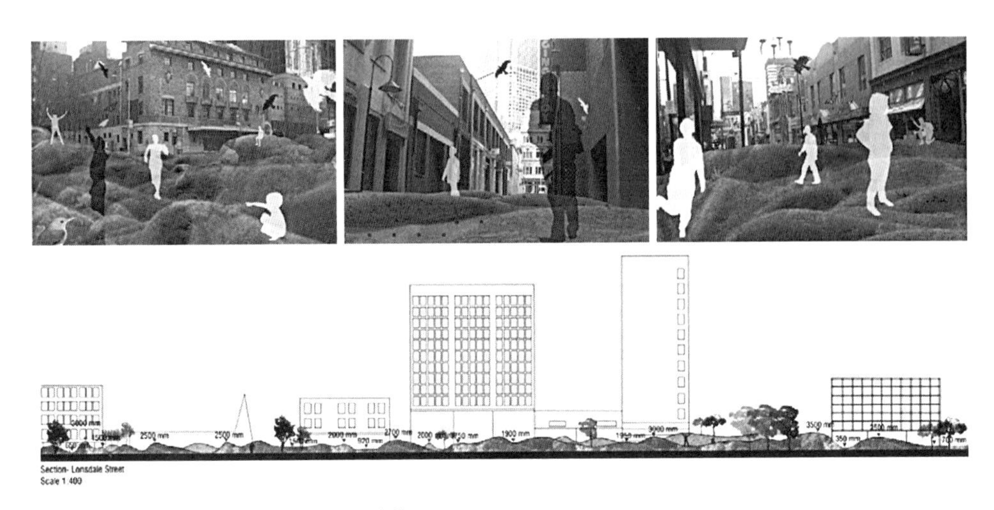


图2.2 阈限工作室墨尔本CBD设计构思

图片来源：Soundscape as a design strategy for landscape architectural praxis.

5）嗅觉景观

嗅觉景观是将嗅感学应用到景观设计中，全面探讨嗅觉对景观设计的影响。现实生活中，各个环境空间都有其特有的味道：花市的芳香味、滨海的咸腥味、森林的清新味、医院的酒精味、工厂的尘土味、寺庙的香火味。因此，对于环境中的嗅觉景观，也提出正设计和负设计两种方式[1]。正设计强化或弥补原有环境中的芬芳气味，负设计去掉或隔离环境中的不和谐气味。

## 2．行为心理学理论

环境行为心理学对城市绿道的设计方法具有很大的指导意义。环境心理学又称为环境行为学，是研究个体行为与其所处环境之间相互关系的学科[2]。环境心理学大致有六种理论框架，即唤醒理论、环境负荷理论、应激与适应理论、私密性调节理论、生态心理学理论和行为情境理论、交换理论。

环境行为心理学在如下几个方面对绿道网络设计具有指导意义：

1）环境行为心理学从特殊性上指出了人类步行具有群体性的特征，并根据年龄、性别、职业等表现为不同的特征。这就要求城市绿道网络线路规划、空间设计及公共服务设施设计都应满足不同人群的心理特征及使用习惯。

1 翁玫．听觉景观设计［J］．中国园林，2007（12）：46-51．

2 吕晓峰．环境心理学的理论审视［D］．吉林：吉林大学，2013．

2）环境行为心理学指出人在空间环境中的行走路线具有寻求便捷性的特征，是指人在步行时爱走近路，只有遇到其他障碍时才会改变。所以，在人工型城市绿道设计选线时，要充分把握这一规律，尽量使绿道线路能满足人的使用心理特征。

3）扬·盖尔（Jan Gehl）认为环境对人的自发性活动具有很大的影响，这些活动只有在条件适宜的地方才能发生。因此，对绿道进行规划设计时，不能仅仅将其作为一种游憩活动的连接道，也应将其作为一种游憩空间，因此对其进行环境设计也非常必要。应该通过设计更多的交叉口和娱乐交流项目，促进人类自发性活动的产生，也就是说绿道空间必须是一种以游憩和出行为目的，兼具其他事情发生可能性的空间。根据扬·盖尔的研究，可以将城市户外活动分为必要性活动、自发性活动和社会性活动，其中，自发性活动以日常必要的出行、购物活动为代表，自发性活动以健身休闲活动为主，如散步、跑步等，社会性活动如交往、集会等。

4）根据有关的环境行为心理学法则，小尺度空间比大尺度空间更容易聚集人气和渲染气氛，如对空间尺度的影响，要根据植被类型选择适当的游径宽度，从而产生舒适的空间尺度比例。

5）微型绿道作为一种道路景观，也应从速度与尺度相关理论探讨人、尺度、速度之间的多重关系。基于行进速度的人的景观空间体验应该从地形、景观形态、车速、观赏方法等多角度进行研究，进行多重、层级化景观尺度控制和协调的处理。

### 3. 场所与开放空间设计相关理论

1）外部空间

外部空间指可以供人们免费使用的公共户外活动场所，相关的理论研究非常成熟，如卡米洛·西特的视觉有序理论、芦原义信在外部空间设计中提到的空间的积极与消极性、“十分之一理论”的内外空间尺度关系、20～25米节奏重复的“外部模数理论”等是外部空间尺度、秩序、质感等设计的手法研究；扬·盖尔的交往与空间是关于空间与人们活动规律之间关系的理论研究；克莱尔·库珀·马库斯的人性场所、城市开放空间设计导则在设计方法、案例分析的基础上进行了相关使用评价的研究等。相关研究在空间活动、使用者活动、行为习惯、设计手法等方面的研究总结如表2.2所示。

外部空间活动、行为习惯、设计手法分类　表2.2

外部空间活动分类

| 必要性活动 | | 自发性活动 | | 社会性活动 | |
|---|---|---|---|---|---|
| 必须参与 | 上学 | 主动参与 | 散步 | 依赖他人参与 | 打招呼 |
| | 上班 | | 晒太阳 | | 交谈 |
| | 购物 | | 驻足观望 | | 打拳做操 |
| | …… | | …… | | …… |

外部空间行为习惯分类

| 动作性行为习惯 | 体验性行为习惯 | 认知性行为习惯 |
|---|---|---|
| 抄近路 | 看与被看 | 靠右（左）通行 |
| 逆时针行为倾向 | 围观与聚集 | 兜圈子 |
| 依靠性 | 安静与独行 | 原路返回 |

外部空间设计手法

| 积极空间 VS 消极空间 | | 运动空间 VS 停滞空间 | | 加法空间 VS 减法空间 | |
|---|---|---|---|---|---|
| 有计划 | 无计划 | 方向明确 | 背后有靠 | 由外向内 | 由内向外 |
| 收敛 | 扩散 | 线路便捷 | 安静舒适 | | |
| 向心 | 离心 | 平坦无障碍 | 利用高差 | | |

2）第三场所

诺伯格·舒尔茨指出，场所是人们按照需求设计营造出来的、具有明确特征和地域文化意义的空间，因此每个场所都因材质、肌理、色彩、形态、结构组合的不同及所反映的地域文化的不同而具有唯一性。“场所精神”（Genius Loci）是一个源自古罗马的概念[1]，意为人与环境良好的契合关系。场所精神涉及人的空间归属性（如安全感）和文化归属性（如归属感）。

开放空间（Open Space）的概念最早出现在1677年英国伦敦制定的《大都市开放空间法》（*Metropolitan Open Space Action*）中，随着城市文明的发展和相关学科的不断关注和探索，城市开放空间的内涵有了更深入的拓展[2]。

雷·奥登伯格（Ray Oldenburg）在他的著作《伟大的场所》（*The great good place*）一书中首次提出了“第三场所”的概念，可以理解为开放空间场所。他将第三场所定义为除家庭和工作场所以外的其他场所，这些场所一般向公众开放，人们定期以非正式的形式在这些地方聚集。第三场所要舒适且便于

1 章宇贲. 行为背景：当代语境下场所精神的解读与表达［D］. 北京：清华大学，2012.

2 张虹鸥等. 国外尘世开放空间的进展研究［J］. 城市规划学刊，2007.

到达，应能够鼓励到访者自由走动并相互交谈，每天最少要开放16个小时，一周最少要开放5～6天。雷·奥登伯格认为咖啡馆、幼儿活动场、公交站点、遛狗公园、俱乐部、小径、图书馆和教堂都是第三场所的范畴。第三场所是社区完整性的重要一环，也是城市宜居环境建设的重要组成部分。

雷·奥登伯格将第三场所中社会交往的作用简洁地描述为“相遇，信任并形成团体”。第三场所帮助人们扩展社交网络，使人们有意或偶然地与那些不能在家庭或工作场所中相遇的人碰面。在第三场所中人们非正式的交往可以使人们结识陌生人，结交朋友甚至邂逅爱情。传统的第三场所常位于可步行到达的城市环境中，并且很少出现在依赖机动车交通的区域（表2.3）。

户外第三场所标准 表2.3

| 目标人群 | 需要的设施 | 活动时间 | | | |
|---|---|---|---|---|---|
| | | 7AM | 12PM | 6PM | 11PM |
| 遛狗的人 | 遛狗公园 | | | | |
| 学龄前儿童 | 幼儿活动场 | | | | |
| 学生 | 用来游戏的草地，闲逛的空间 | | | | |
| 待业的成年人 | 草坪，长椅和可小坐的区域 | | | | |
| 有工作的专业人士 | 草坪，长椅和可小坐的区域 | | | | |
| 有工作的父母 | 需要以上的所有措施 | | | | |

表格来源：此表格基于雷·奥登伯格的工作。

3）宜步街道

雅各布斯在伟大的街道中通过多个案例分析好的街道与设计的关联性，他指出街道必须是可以停留的户外环境，可以散步，有悦目的景观、舒适的环境、精致的细节、清晰的边界、良好的维护等条件。芦原义信在街道的美学中指出街道高宽比的美学原理、街道与建筑的关系等。

## 2.1.3 基于生态修复的绿色基础设施理论

### 1．绿道基础理论研究

1）既有绿道理论

绿道的起源可以追溯到1959年威廉·怀特（William H. White）发表的《保

卫美国城市开放空间》。之后1964年刘易斯（Lewis）提出用环境廊道的概念规划绿道/绿色空间系统，1969年，伊安・麦克哈格在其著作《设计结合自然》中提到的绿色空间和绿道系统，以及欧文・祖伯（Ervin Zube）基于参数法确定城市土地适应性的METLAND新研究，这都是绿道的早期发展。

相关的理论著作《美国的绿道》《绿道生态学》《绿道：规划、设计和开发指南》《绿道：国际运动的开端》《21世纪的步道：多用途步道规划、设计和管理手册》《绿道作为战略景观规划：理论和应用》等都是绿道理论的启蒙著作，促进了早期绿道的发展[1]。其中，《美国的绿道》是第一本对美国绿道进行综合性调查研究的著作，其通过诸多案例唤醒人们保护户外空间及野生动物廊道，引导人们从汽车中走向自然，也将绿道的概念全面引入中国。《绿道：规划、设计、开发指南》从规划、管理和实施的角度帮助设计师解决了实践工作中遇到的问题。

2）新城市主义理论

新城市主义（New Urbanism）是绿道网络基础理论之一，其核心理念是以一种紧凑型的城市空间扩展和规划理念解决城市蔓延的问题，注重适宜步行的社区、街区、邻里等中等尺度的设计和规划，倡导传统的社区邻里模式，强调公交导向发展模式，强调可持续发展并追求高生活质量，追求和谐的邻里结构理念，鼓励节能环保并且自由的步行系统和自行车系统。新城市主义者主张通过对城市土地的集约利用、城市社区规划的改进及城市慢行交通的建立等方面，从城市形态上改变过去的不可持续发展模式，保护城市历史文化脉络，建立高品质的宜居城市空间形态。新城市主义为绿道网络规划提供了如下几项基本规划原则：

（1）紧凑性原则：绿道布局应形成网络并与城市其他交通体系接轨，从住宅或工作地点前往主要的活动空间应在10分钟步行距离内，以更有效地利用公共基础设施和其他城市资源，创造便捷的步行环境。

（2）多样平等性原则：绿道的功能应适应城市不同的年龄、阶层、文化和种族等的居民，提升社会空间的可进入性，有助于消除社会隔离现象，促进社会融合。

（3）尊重环境原则：维护环境，尊重生态和自然系统的价值；鼓励市民更多地使用步行，或者自行车、轮滑、滑行机等慢速交通工具进行游憩健身活动或进行短距离出行，降低对环境的影响，减少城市交通压力。

（4）高质量原则：具有可识别的中心和边界、人性化的空间尺度和设施设

1 美国绿道规划：起源与当代案例，http://www.china- up.

计，具有良好的生态环境质量和步行可达的便捷性。

3）人居环境理论

广义的人居环境由吴良镛先生提出并大力倡导的理论。吴良镛先生在《人居环境科学导论》一书中指出："人居环境，顾名思义，是人类聚居生活的地方，是与人类生存活动密切相关的地表空间，它是人类在大自然中赖以生存的基地，是人类利用自然、改造自然的主要场所。[1]"吴良镛先生认为，"人居环境从内容上包括了五大系统：居住系统、人类系统、自然系统、社会系统、支撑系统"[2]。其中"人类系统"与"自然系统"是两个基本系统，不断调整人与自然之间和人与人之间的关系，从人类居住环境这个更高的历史层面上，去探讨生态景观设计的理论发展方向和人类居住的未来前景，对人类的健康可持续发展有十分重要的意义。

## 2．景观生态学相关理论

1）景观生态学以生态学理论为学科基本框架，是人类对工业革命后人类聚居环境生态问题日益突出的一种理性思考和变革，关注生态过程与景观格局之间的相互关系及多个生态系统之间的空间格局和相互关系。

2）道路生态学（Road Ecology）是一个较新的研究领域，涉及地质环境、气候环境、生物种群及经济社会关系等多个方面，是探讨道路、车辆与有关的有机体和环境之间互动关系的科学，通过指导路线布局、道宽设置、道路绿化、路面材料的选择及处理，道路与周边环境的衔接，道路设施布置及与动植物、水文关系的协调等方面，探究和解决道路系统和自然环境之间的关系问题。

3）环境地理学，作为自然地理学核心的部分，一般是以人地系统为主要研究对象[3]。该学科研究自然环境系统的平衡机制，并研究其动态变化和平衡协调的理论和方法，其理论成果对城市规划、农业、水利等学科有重要的意义。21世纪初，风景园林学与环境地理学结合的学科景观地理学兴起，使得环境地理学更广泛地应用于城市规划相关专业。

4）景观都市主义致力于通过对景观基础设施的建设和完善，将景观功能的发挥与城市的各种需要结合起来。景观都市主义对城市绿道网络规划的启示在于发掘城市空间潜在的公共特征，将其转化为生态系统中的一环与公共系统中的平民场所，以更有效地利用资源。

1 吴良镛．人居环境科学导论［M］．北京：中国建筑工业出版社，2002.

2 同上。

3 焦连成．经济地理学研究的传统对比［D］．长春：东北师范大学，2007.

## 2.2 内涵解析

### 2.2.1 微型绿道空间体系与城市科学发展

#### 1. 以人为本的发展

1）全民健康

健康是以人为本发展的前提和动力。2016年10月，中共中央国务院印发《“健康中国2030”规划纲要》。纲要指出，“共建共享、全民健康”，未来15年，是推进健康中国建设的重要战略机遇期。完善公共健身服务体系，到2030年，人均体育场地面积不低于2.3平方米[1]。微型绿道空间体系的建立有助于人均日常体育场地面积的大幅度提高。

2）人文关怀

人文关怀是马克思主义哲学关注的基本维度之一，尊重人的价值和主体性，强调人们生活品质的提高，关注人们的精神和物质需求，提倡人们的自由、平等、全面发展。微型绿道空间体系的建立正是将这种人文关怀落实在最为日常、寻常的街道生活中。

3）山水乡愁

现代城市最让人们神伤的是消逝的自然风景与回不去的山水乡愁，记忆的能量无法延续又无处释放。当代城市品质的提高应该将城市视为自然的一个部分，与自然建立亲密的联系，也应该将城市视为家园，关注人们的社会交往与工作之外的休闲生活。微型绿道空间体系在交往空间的建立、绿色空间的恢复等方面都可以慰藉人们的山水乡愁。

#### 2. 全面发展

建设全面小康社会是十六大至今我国建设与发展的重要目标和中心任务，时至今日，我国已经进入由平均小康到全面小康的发展阶段。我国在“十三五”规划中强调创新、协调、绿色、开放、共享“五位一体”发展理念，微型绿道对城市空间的改造正是基于人人共享、开放空间、绿色场地、协调人与自然关系的一种创新发展方式。

---

1 http://www.gov.cn/zhengce/2016-10/25/content_5124174.htm.

### 3. 协调发展

我国儒家“天人合一”和道家的“无为”等哲学思想体系包含了质朴的协调发展理念。现代的协调发展理论也是基于对人与自然关系的反思。1987年联合国世界环境与发展委员会在《我们共同的未来》中首次定义“可持续发展”理念，强调代内和代际的公平，全面动态的发展，协调人与自然的关系，重视生态问题、增强可持续发展的能力，微型绿道空间体系的建立有助于增强城市的生态持续性，保护和强化城市环境系统的再生与更新能力，有助于资源友好型和环境节约型社会的建立和人们生活品质的提高。

## 2.2.2 微型绿道空间体系与共生哲学

### 1. 生生与共[1]

王充曰“天地合气，万物自生[2]”，老子曰“道生一，一生二，二生三，三生万物[3]”。天地万物之间，共生是一种最为基本的生存之道。城市是人类与其他生物共有的栖息地，只有建立在良好共生环境的基础上，城市才能长久健康，永续发展。微型绿道空间体系正是寻求建立这种生生与共的空间环境，而且这种环境会像毛细血管和神经网络一样，贯穿在城市的大街小巷。

### 2. 互补共赢

城市是高度聚集人口、资源、技术和文化的地方，竞争是城市的基本特征。竞争所在的高密度区，建筑空间的获利性增长导致交通空间、停车空间的巨大压力，公共活动空间锐减，绿地空间严重不足，进而逐渐引发人与城市的生存与健康危机，而不健康的生存环境反过来又制约高密度区经济的活力。基于此，只有共赢可以消解竞争所带来的负面影响并持久获利。在城市竞争的术语中，人们常常把激烈的城市竞争领域称为“红海”，竞争不太激烈的领域称为“蓝海”，而未来的城市发展，必须走“绿海”线路，只有实现人与绿的共生，才能长久发展。微型绿道空间体系就是基于“绿海”线路，通过人、车、绿的共生，实现在城市中经济与生存的互补共赢。

1 潘飞. 生生与共：城市生命的文化理解［D］. 北京：中央民族大学，2012.
2 王充. 论衡·自然篇.
3 老子. 道德经.

### 3. 刚柔并济

城市空间组成的基本要素中如建筑、道路、广场等硬质要素占了绝对优势，而软质要素如树木、草坪等则比例不足。因此城市空间品质的提高需要大量软质要素的补充，城市的发展也需要做到刚柔并济。微型绿道空间体系是城市的柔性空间，体量小但是总量多的绿化设施可以为城市补充大量软质要素。

## 2.2.3 微型绿道空间体系与城市空间结构

城市空间结构由内部和外部组成，表现为密度、布局和形态三个方面。微型绿道空间体系与城市空间结构的关系可以从这些方面进行分析，如表2.4所示。

微型绿道空间体系与城市空间结构的关系　　表2.4

| | | 微型绿道空间体系 | | |
|---|---|---|---|---|
| | | 作用功能 | 介入前 | 介入后 |
| 城市空间结构 | 城市密度 | 增加开放率 |  |  |
| | | 增加绿化率 | 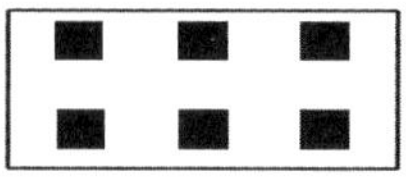 | 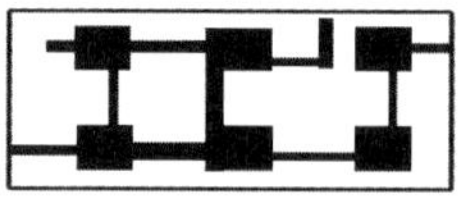 |
| | | 降低感觉密度 |  | 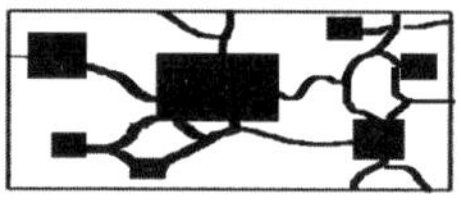 |
| | 城市布局 | 提高土地利用效率 | 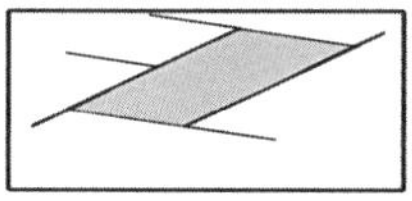 | 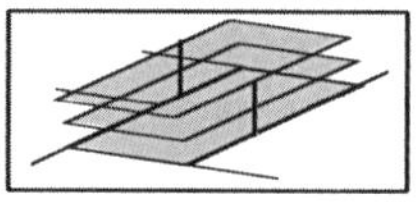 |
| | | 衔接不同功能分区 | 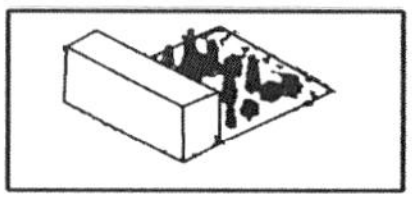 | 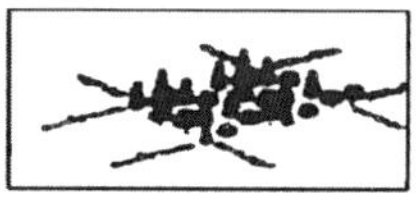 |
| | | 优化内部空间结构 | 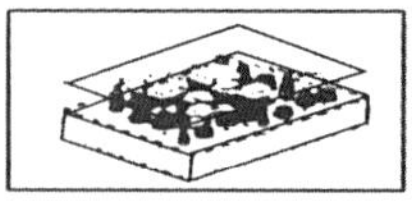 |  |

续表

| | | 微型绿道空间体系 | | |
|---|---|---|---|---|
| | | 作用功能 | 介入前 | 介入后 |
| 城市空间结构 | 城市形态 | 开放式多核心 | 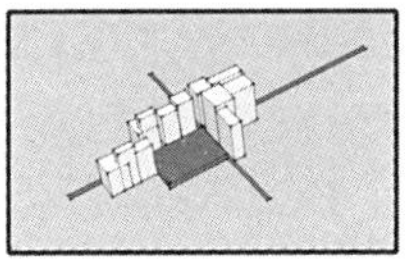 | 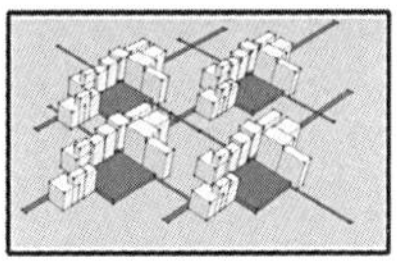 |
| | | 立体化多层次 | 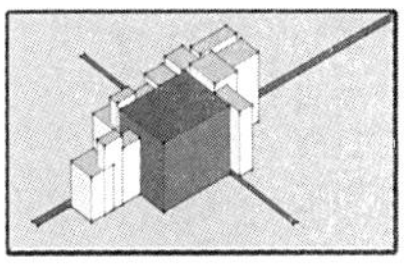 | 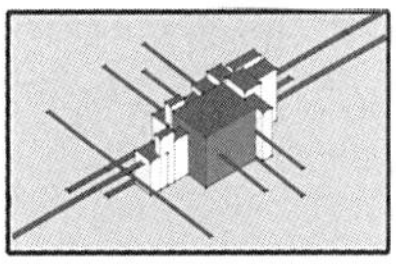 |
| | | 一体化网络式 | 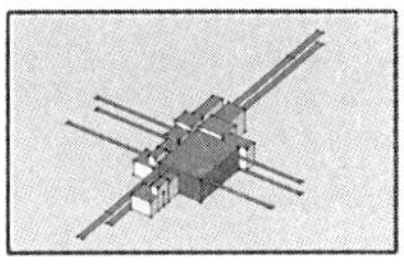 | 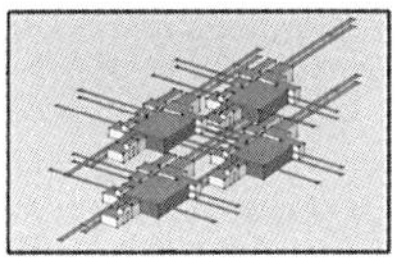 |

## 2.3 创新与发展

微型绿道属于绿道的范畴，是绿道在土地资源极其有限情况下的一种特殊形式，是高密度城市慢行系统与城市绿地系统相结合的产物，绿道以自然廊道为主，而微型绿道以人工廊道为主，这是绿道与微型绿道最本质的差异。微型绿道对绿道理论的创新与发展主要有以下几个方面：

### 2.3.1 对城市长效健康的强调

“健康城市”缘起世界卫生组织的健康促进活动，全面的健康城市建设离不开健康人居环境、健康城市场所空间的营建。因此，健康城市不但需要多学科的共同努力和探讨，而且需要从建筑和城乡规划学科的视角进行研究。因其与人居环境的密切关系，城市规划对健康城市建设全过程的介入显得很有必要。面向健康的城市规划既可以从多学科的角度进行突破，也可以从本学科具体的、普遍的角度入手，寻找一些具体的运作技巧。

随着健康城市理念和实践的深入，城市公共开放空间面对健康环境、健康群体、健康社会的营造也应作出相应的调整与改善，而绿道作为一种线性公共开放空间，在这方面的作用显得尤为突出。在以“数字”和“速度”为衡量指标的今天，“慢生活”将是历史发展的趋势，让人们在生活中找到平衡。绿道为居民带来便捷，为人们提供安全、健康的聚集活动的机会，靠近家门的游憩设施让居民尽享绿道带来的健康生活方式。

### 1．微型绿道的个体健康效应

1）微型绿道与身体健康

城市中人们的亚健康问题不容忽视，包括肥胖、心脑血管疾病、骨质疏松等。户外阳光环境和体育锻炼可以有效地改善亚健康问题。从健康角度来说，步行与骑行是最常规的户外体育锻炼方式，能够大幅度提高机体免疫力和创造力。研究人员已经发现，半个小时的中等强度运动如步行或骑自行车，对长期健康有利，但是只有四分之一的人做到了这一点[1]。据统计，每天步行30分钟以上，能使糖尿病的发病率下降50%，每天15分钟的中速或快步走，或者30分钟的慢走，可以预防体重增加[2]。同样骑行也能提高人们的敏捷性，改善心肺功能，预防大脑老化，增强全身耐力。我国城市居民亚健康状况不容忽视。“城市居民健康生活”网络调查结果显示，大多数受访者知道适量运动有助于预防城市生活常见疾病，但仍有高达25.91%的受访者在其日常生活状态中选择了不运动，31.19%的受访者作息不规律（包括晚睡晚起、加班熬夜等），还有19.50%的受访者表示压力大[3,4]。美国疾病控制中心和预防中心对社区的疾病预防工作进行的相关调查显示，全美每年有20～30万人因为日常活动不足而过早去世，保守估计，因缺乏运动直接导致的健康护理费用占到了全美健康护理费用的2.4%。最佳的运动频率为每周5次或更多次的中等强度运动，每次30分钟。

表2.5为美国伊利诺伊州诺默尔住宅重建规划中的绿色集会场所设计调查，证明了街区的二次城市设计对环境的改善能促进体育活动，进而促进生活方式的改善。因此，通过微型绿道的介入，可以促进人们的步行、骑行运动，将人们从室内、车内等封闭环境，引入健康阳光环境中。

2）微型绿道与心理健康

近年来，城市生活和职业的压力，在很多情况下导致人们处于身体健康而心理不健康的亚健康状态。而慢行可促使大脑血液循环顺畅，使紧张的肌肉和神经逐渐舒缓，有助于减轻紧张和焦虑等负性情绪，预防抑郁症等心理疾病

1　迈克尔·索斯沃斯，许俊萍．设计步行城市［J］．国际城市规划，2012（5）：54-64+95.

2　同上。

3　六成人认为城市生活不健康——环境、压力等问题凸显．新闻-携手健康新闻频道，http://news.xsjk.net.

4　http://health.sohu.com/20100512/n272070974.shtml.

街道尺度的城市二次设计和体育活动[1]　　表2.5

| 有效的街道尺度的城市重新设计 | 结果 |
| --- | --- |
| 绿化：根据性别、年龄、社会经济状况沿街道、公共场地、私人场地、公园种植相应的植物，在建筑立面、窗扇和阳台布置相应的绿化 | 在绿化率较高的社区中居民锻炼的次数会比在绿化率较低的社区高3倍 |
| 适于步行：便于步行的社区，独立住户或多户住宅的非住宅用地以高密度混合布局，多数路网相互贯通连接 | 便于步行的社区，居民进行一般强度锻炼的概率要比不便于步行的社区高50% |
| 连通性：住户居住在步行尺度的环境下，这样的环境包括能便捷穿越的街道、连续的人行道、有特色的当地街道，此外，街道还要与地形相结合 | 在连通性高的地区，当地居民更愿意步行前往公共交通站点，而且愿意步行或骑行前往其他地方 |
| 照明：光线昏暗的地方，人们不愿意多停留，可以改善照明条件，对比改善前后人们进行体育活动的状况 | 当照明条件改善后步行人数增加了51% |
| 适于骑行：改善自行车道，将四车道转变为两车道，将剩下的两车道改为停车和自行车道，将街道变窄并种植树木 | 街道重新设计后，骑自行车的人数增加了23% |
| 审美：住宅周边环境应充满活力且适于步行，使居民感到友好愉悦，同时要适合不同性别、年龄、教育程度的人们 | 令人愉悦的社区中步行人数增加了70% |
| 舒适性：将社区根据舒适性进行对比，舒适性好的社区中有商店、公园、海滩或者在步行距离内的自行车道。配套设施要符合人们的性别、年龄、教育程度 | 舒适性好的社区步行人数增加了56% |
| 节省的医疗护理费用计算 | |
| 一般强度的锻炼使居民每年每人从直接医疗护理费用中节省586美元（根据2006年物价） | |
| 进行运动的人数改变：进行一般强度的体育活动人数增加了35% | |
| 158人达到了建议的身体锻炼强度×每人医疗护理费节省586美元=医疗护理费用节省总额，为92588美元 | |
| 对街区进行有效的街道尺度的城市二次设计，在社区（选定的街区内小范围区域）中，每年人的健康护理费用节省了42192～163494美元 | |

表格来源：（美）道格拉斯·法尔著．可持续城市化——城市设计结合自然［M］．黄靖，等译．北京：中国建筑工业出版社，2013.

的发生[2]。微型绿道尺度灵活，可以布置在人们日常熟悉的环境中，营造亲切感，可以消除人们心理上对于环境的陌生感和紧张感，帮助人们在慢行的过程中互动交往，释放压力，促进心理健康[3]。

## 2．微型绿道的群体健康效应

邻里关系淡漠、社区活力缺乏、老人孩子无处玩耍……这些现象随着高楼大厦的崛起伴生而来。不合理的环境设计会给人类的生理、心理和行为带来很

1 （美）道格拉斯·法尔著．可持续城市化——城市设计结合自然[M].黄靖等译.北京：中国建筑工业出版社，2013.

2 向剑锋，李之俊，刘欣．步行与健康研究进展［J］．中国运动医学杂志，2009（5）：575-580.

3 郭湘闽，王冬雪．健康城市视角下加拿大慢行环境营建的解读［J］．国际城市规划，2013（5）：53-57.

大的影响，直接威胁人类的身心健康。美国一项研究认为居民健康与城市形态之间有一定的联系。因为“都市区蔓延指数[1]”、居住区密度、土地利用形式、开发强度、街道可达性等影响城市形态的因素都会影响人们的锻炼形式，进而影响人们的健康效果。这项研究认为住在“蔓延”发展地区的人步行更少、体重增得更快，比住在发展密集地区的人更容易患高血压。住在蔓延最严重地区的人要比住在最密集地区的人平均重6.3磅。相比蔓延地区的居民，更密集地区的居民更容易有机会去休闲散步[2]。

## 3. 微型绿道的城市系统健康效应

### 1）提升城市开放空间的生态功能

从景观生态学和生物保护学的角度来看，绿道的建构可以提高生境之间的关联度，使城市景观从破碎化走向整体化。借助绿道将生态敏感区域连接起来可以为动物的繁衍和迁徙提供场所，增加种群间基因交换的可能性，为促进物种多样性作出贡献。相关绿道的研究表明[3]，哺乳动物的数量随着绿道的宽度变窄而减少，同时随着绿道四周的建筑密度降低而增加。动植物的生存环境随着景观的连贯性增强而得到优化，它们的生存空间和生存机率也会加大。如图2.3所示，沃洛特自行车桥位于数种蝙蝠的飞行路线上，合理的桥体形态及材料选择不仅能为步行和骑行提供道路，也为各种蝙蝠提供了理想的栖息地，具

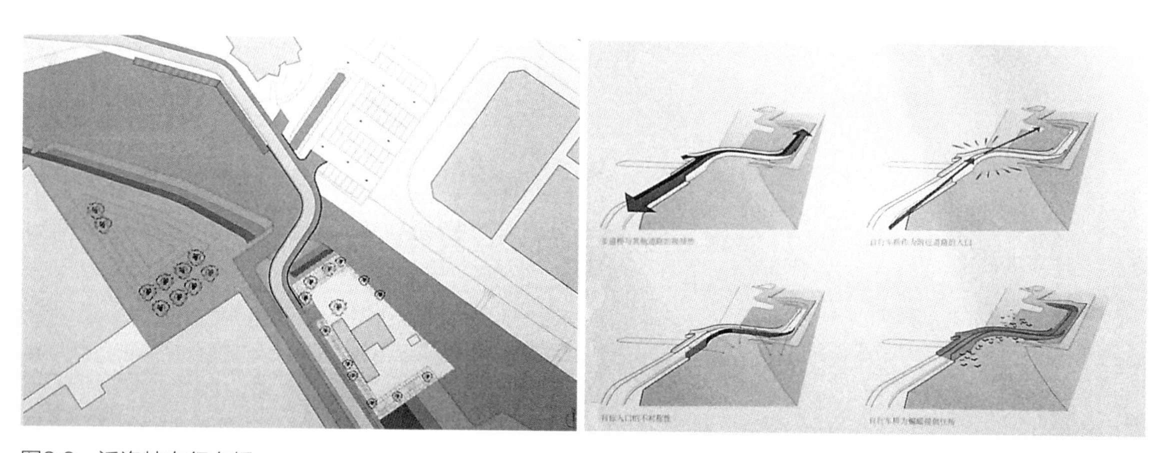

图2.3 沃洛特自行车桥

图片来源：恩・劳拉・詹皮莉编. 慢行系统——步道与自行车道设计［M］. 贺艳飞译. 桂林：广西师范大学出版社.

1 肖莹光. 洛杉矶城市空间特征浅析［J］. 国际城市规划，2015（4）：79-87.

2 迈克尔・索斯沃斯，许俊萍. 设计步行城市［J］. 国际城市规划，2012（5）：54-64+95.

3 ANDREW SCHILLER* and SALLY P. HORN，Wildlife conservation in urban greenways of the mid-southeastern United States ，*Urban Ecosystems,* 1997，1，103－116.

有实用功能的同时也可以服务自然。

2）引导和控制城市公共开放空间形态

在城市的生长和扩张过程中，根据城市绿道空间规划布局城市开放空间，有利于引导与控制尚未开发区域中的结构性开放空间，寻求最优的城市发展模式，建立良好的城市公共空间与城市绿地系统的呼应关系，形成城市开放空间保护体系，达到土地利用集约化。

3）改善城市公共开放空间物理环境

（1）微型绿道的遮阳功能

人们的身心健康与气温和湿度的高低有着密切关系。通常人体能够感觉到的最舒适的气温为15～25℃，空气相对湿度为30%～60%。绿道具有很强的遮挡太阳辐射的功能，且绿道中的植物群落越丰富，其降温效果越好。构筑具有良好遮阳功能的绿道空间可以有效调节城市公共开放空间的微气候，微型绿道的降温效果参见第三章表3.2。

（2）微型绿道的风道功能

城市绿道的风道功能包括通风道和防风道。就通风方面来讲，绿道分隔居住区与工业区、商业区以及道路，可以缓解城市夏季热岛现象与城市空气污染。从城市气候的角度来看，绿道是城市的自然路径基于风气候合理规划的绿道，根据需要可以降低风速、滞尘、降尘，降低污染物浓度，也可以增加风速，降低热岛效应。德国斯图加特市的"风道计划"依托绿色网络的设置，即沿顺风向而设的道路和主要公园绿地系统绿地相互连接形成风道，甚至将部分铁路和公路地下化以保证风道的连续性。

（3）微型绿道的滞尘功能

微型绿道的绿色植物配置可选择滞尘效果较好的植物，通过吸收、阻滞、覆盖等方式净化城市空气，更好地发挥绿道的美学和生态功能，部分植物的滞尘能力如表2.6所示。

（4）微弱绿道的降噪功能

城市的噪声污染主要包括交通噪声、生活噪声、工厂噪声等。植物的叶片可以通过吸收、反射和衍射声波来降低噪声[1]，合理的绿道设置可以起到良好的降低噪声和吸收噪声的效果。

---

1 戴菲，胡剑双. 绿道研究与规划设计［M］. 北京：中国建筑工业出版社，2013. 53.

植物滞尘能力一览表[1,2]　　表2.6

| 滞尘能力 | 常绿乔木 | 落叶乔木 | 常绿灌木 | 落叶灌木 | 草坪地被类 |
|---|---|---|---|---|---|
| 强 | 桧柏<br>侧柏<br>洒金柏 | 槐树<br>元宝枫<br>银杏<br>绒毛白蜡<br>构树<br>毛泡桐 | 矮紫衫<br>沙地柏<br>大叶黄杨<br>小叶黄杨 | 榆叶梅<br>紫丁香<br>天目琼花<br>锦带花 | 早熟禾<br>崂峪苔草<br>麦冬 |
| 较强 | 油松<br>华山松<br>雪松<br>白皮松<br>女贞 | 栾树<br>臭椿<br>合欢<br>刺楸<br>榆树<br>朴树<br>重阳木<br>刺槐<br>悬铃木等 | | 金银木<br>珍珠梅<br>紫薇<br>紫荆<br>丰花月季<br>海州常山<br>太平花<br>鸡麻<br>迎春 | 野牛草 |

表格来源：戴菲，胡剑双．绿道研究与规划设计［M］．北京：中国建筑工业出版社，2013；杨守国．工矿企业园林绿地设计［M］．北京：中国林业出版社，2001.

## 2.3.2　角度与切入点的不同

### 1．微型绿道贴合城市高密度区现实问题探讨绿道设计的方法

人们对良好自然环境的需求并不因所在区域的不同而有所区别。既有绿道的理论及案例实践主要集中于景区、郊区及低密度区，这些地方尺度较大，其中缺乏绿道应对城市高密度区集约化发展策略的研究，难以对我国高密度区绿道建设实践形成有效的理论支撑。

### 2．微型绿道是绿道与城市居民利用碎片时间近地健身相结合的产物

既有研究在绿道的生态廊道效应、游憩效应、网络效应等方面较为完善，但缺乏结合使用者行为活动的预测研究，不能满足当前快节奏城市生活中人们利用碎片时间近地健身的需求。

1　戴菲，胡剑双．绿道研究与规划设计［M］．北京：中国建筑工业出版社，2013．55.
2　杨守国．工矿企业园林绿地设计［M］．北京：中国林业出版社，2001．7，9.

#### 3．微型绿道探讨微型生态基础设施与立体步道系统的共同作用机理

德国规划师希尔伯塞莫的双层城市构想、美国明尼阿波利斯市的空中步道系统、瑞典马尔默市的带状城市试验等都是对建成区步行系统立体改善的思考。但既有立体步道系统研究较少结合生态基础设施的廊道效应与作用机理。

#### 4．微型绿道将长度视作比面积更重要的因素

在健康城市、生态城市、宜居城市的诸多衡量指标中，人均道路面积是最常用的一个指标，但从该指标的算法来看，人均道路面积＝城市道路面积／城市人口，既不能反映高密度区和低密度区的差异性，也不能反映城市步行环境的状况。而步行作为人们日常生活的基本方式之一，步行道及步行环境质量的提高是生态、健康、宜居城市的基本目标，其长度的康体作用常常比面积更为重要。基于此，可以认为，绿道在城市内部尤其是高密度区衡量其康体作用的发挥方面，长度因素比面积因素更为关键。

### 2.3.3　组成、分类与参数的差异

#### 1．微型绿道的组成

1）绿道的组成

绿道就是“沿着诸如河滨、溪谷、山脊线等自然走廊，或是沿着诸如用作游憩活动的废弃铁路线、沟渠、风景道路等人工走廊所建立的线性开敞空间，包括所有可供行人和骑车者进入的自然景观线路和人工景观线路。它是连接公园、自然保护地、名胜区、历史古迹，及其他与高密度聚居区之间的开敞空间纽带”。（查理斯·莱托，《美国的绿道》）[1]

2）微型绿道的组成

微型绿道属于绿道的范畴，是绿道在土地资源极其有限情况下的一种特殊形式，是高密度城市慢行系统与城市绿地系统相结合的产物，以尺度的灵活性和形式的可变性适应高密度区生活时空的快速变化，满足健康城市居民就地健身的现实需求，实现城市生态、游憩、交通性能指标的优化，微型绿道在大数

---

1　刘畅，孙欣欣，谭艳萍，郭崇．绿道的发展及在中国的实践研究［J］．中国城市林业，2015（6）：49–54．

据时代对绿道及使用者数据的搜集与交互利用等方面本身也是绿道与时代发展相结合的必然产物。在健康城市建设过程中，微型绿道作为城市公共开放空间的日常性作用意义重大，应能够为必要性活动、自发性活动和社会性活动提供适宜的场所。微型绿道应以步行道及自行车、低速环保型助动车（最高车速不大于20公里/小时）道为主体，结合城市公共自行车服务系统、公共交通系统及非机动车停车场、休息站、口袋公园、商店、开放式健身空间等配套设施，组成微型绿道环境所必要的绿化植被（表2.7）。

微型绿道组成要素　　表2.7

| 系统名称 | 要素名称 | 备注 |
|---|---|---|
| 绿化系统 | 绿化隔离带 | |
| 慢行系统 | 步行道 | |
| | 自行车道 | |
| | 综合慢行道 | |
| 衔接系统 | 衔接设施 | 人行天桥、台阶坡道、楼梯电梯 |
| | 停车设施 | 公共停车场、公交站点、出租车停靠点 |
| 服务设施系统 | 管理设施 | 管理点、服务点 |
| | 商业服务设施 | 小商品售卖点、公共自行车租赁点、饮食点 |
| | 游憩设施 | 康体活动设施、休憩点 |
| | 科普教育设施 | 健康宣教设施、解说设施、展示设施 |
| | 安全保障设施 | 消防点、医疗急救点、无障碍设施、安全防护设施 |
| | 环境卫生设施 | 公厕、垃圾箱、雨水污水收集设施 |
| 健身系统 | 开放式操场 | |
| | 散步道 | |
| | 公共运动场地 | |
| 标识系统 | 信息墙、块、条 | |

表格来源：参照珠三角绿道网络编制。

面向健康城市的微型绿道开放空间依据使用功能不同可以划分为：

（1）绿化空间：指以自然植被为主体形成的微型绿道空间，包括居住小区及以上级别的免费向所有市民开放的提供游憩活动的公共绿道。

（2）广场空间：指以硬质铺装为主（绿地率不超过50%），非紧急情况下汽车不得进入，主要提供综合性和多样性活动的公共开放空间。

（3）运动空间：指专供市民从事休育活动的公共开放空间，包括户外健身场地（包括室外器械场地）、慢跑道、排球场、篮球场、乒乓球场、网球训练墙壁、儿童活动场地等。

## 2．微型绿道的分类

依据健康城市对现代城市规划所提出的共融性、连续性、混合性的要求，结合健康城市发展趋势中关注弱势群体、注重生态基础设施、引导良好的生活方式、着重发展城市开放空间等方向。

1）基于主要功能的微型绿道分类

（1）基于健康出行的微型绿道

该类型微型绿道结合城市轨道交通系统和公交系统，实现慢行交通与公共交通“无缝对接”，满足居民多层次的短距离出行以及不同出行目的的交通需求，解决城市1～5公里的短途出行需求，集中缓解城市公共交通末端“最后1公里[1]”难题，提高城市交通的整体运行效率。

（2）基于健康游憩的微型绿道

该类型微型绿道结合城市旅游规划，以户外生活空间为对象，结合城市公园、风景名胜区、自然保护区、旅游区、购物中心、娱乐场所、历史性街区等对环境品质有特定要求的空间优化生活结构，形成相互连接的游憩通道，组织城市游憩空间网络，发展游憩活动。

（3）基于康体复健的微型绿道

微型绿道的健康景观效应是提高和保持居民身心健康行之有效的方法之一，已经引起了越来越多的对健康景观设计的探讨。该类型微型绿道结合城市体育设施空间布局规划，创造居民近地健身环境，结合景观的生理生态保健功能，消减压力，调节使用者心理情绪，强壮骨骼，控制体重以及提高机敏度和创造力的同时增进邻里关系。

2）基于城市高密度区可利用城市用地性质，微型绿道分类

（1）社区微型绿道；

（2）公园与广场微型绿道；

（3）沿机动车道路微型绿道；

（4）水域微型绿道；

（5）商业服务业区微型绿道；

1　丘忠慧，梁雪君，邹妮妮，谢春荣．融合性慢行交通系统规划探析——以海口绿色慢行休闲系统规划为例［J］．规划师，2012（9）：49-56.

（6）公共管理与公共服务用地——行政办公、文化设施学校、教育科研、体育场馆等用地内微型绿道；

（7）非建设用地微型绿道。

此外，微型绿道的分类还可以根据行政区划分为四级：市级、区级、街道级、社区级；根据开发主体分为两类：政府开发、市场开发；根据性质的不同可以划分为八类：政治性、商业性、休闲性、观赏性、交通性、宗教性、文化性、综合性；根据空间形态分为三类：点状、面状、线状等。

### 3．微型绿道的特征参数

因为分类方式的差异性大、灵活且无具体标准，为了便于设计沟通及在设计过程中形成相对统一的标准，这里建构了微型绿道的特征参数模型（图2.4），以明确其分类和特性界定。

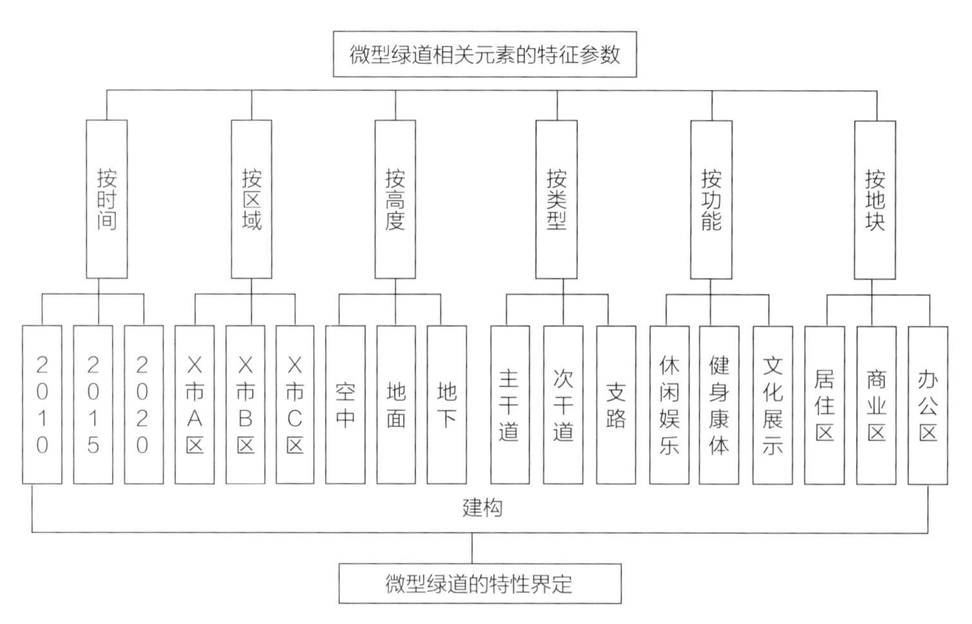


图2.4 微型绿道的特性界定

### 4．微型绿道的设计重点

常规绿道作为一种生态廊道，其设计重点应以生态系统的生态性、生态廊道的连通性及不同生态基质的差异性原则为基础，而微型绿道的设计重点则因其主旨功能及设置区域的不同而以公平性、高效性、便捷性为基础，其差异性原则及具体区别如表2.8所示。

绿道与微型绿道主要设计重点的差异性 表2.8

| 绿道 | | 微型绿道 | |
|---|---|---|---|
| 生态性 | 绿道是具有生物栖息、生物迁徙、防护隔离等功能的生态型廊道。因此为发挥绿道控制区的作用，保障绿道的基本生态功能，绿道设计与规划应首先体现生态性原则。应按照绿道生态控制要求，结合当地地形地貌、水系、植被、野生动物资源等自然资源特征进行。从生态角度讲，一般原则的生态标准：最小的线性廊道宽度为9米，最小的带状廊道宽度为61米[1] | 公平与高效性 | 微型绿道是一种公共体育空间，其选址与布局应从服务全民的角度出发，坚持公平性原则，比较均衡地分配给不同社会群体使用。公平和效率是构建城市康体空间网络的主要原则，也是微型绿道建构的主要原则。城市高密度区微型绿道的建构，要合理利用有限的空间资源，高效地配置城市公共体育空间资源，具体要做到：<br>（1）基于城市公共康体空间等级划分微型绿道的级别类型；<br>（2）根据各级体育空间的可达性确定合理的微型绿道服务半径；<br>（3）根据城市居住空间、交通空间、人口数量及密度布局微型绿道结构、尺度及规模 |
| 连通性 | 绿道网络设计的关键点在于如何在高密度城市人工环境体系中保护和重建自然廊道的网络连接性，强化其对城市环境的生态支撑效应，梳理城市轨道交通系统，各级路网系统，公园、广场等绿地系统，历史文化遗产，游憩路径等各种廊道体系，并进行叠加选线设计，建立起完善的符合多目标要求的高密度区微型绿道网络体系 | 连通性 | 城市高密度区是一个极端人工化的区域，生态斑块破碎、环境破坏较为严重。微型绿道网络的连通性显得更为重要。通过微型绿道规划调整和优化区内的生态环境，充分利用旧城改造与功能更新契机，修复退化受损土地，修复破碎化生境，连接城市不同功能分区，联系城市开放公共空间，将分散的绿色空间进行连通，构建基于使用者需求的微型绿道网络，使其充分发挥就地健身、休闲娱乐、社会文化、环境保育、低碳出行等功能，成为健康城市的绿色实用空间 |
| | | 可达性 | 微型绿道作为线性空间串联城市中其他公共体育空间形成系统，促进城市公共体育空间资源的高效配置，提高场地空间的可达性，激发和引导城市居民健身活动 |
| 衔接性 | 绿道规划作为城市专项规划，其控制区划定应落实相关规划要求，并与绿地系统规划、蓝线、绿线、紫线等规划相互衔接 | 衔接性 | 微型绿道的发展考虑城市绿地之间、社区之间、不同功能用地之间的构成关系的衔接。统筹微型绿道网络与城市轨道交通、城市公交系统、城市慢行系统的"无缝衔接"，并对交叉口进行重点处理，完善交通换乘点、自行车租赁及停放设施，升级改造可搭载自行车的交通工具，建立高效衔接绿道网络及其他交通方式的"零距离"换乘系统，确保绿道使用者的安全性。微型绿道的设置应主要根据城市的居住空间结构进行规划和布局，做到线路布局的集中与分散相结合，在人口密度高的地方集中设置，形成不同类型的绿道空间的功能互补，在人口密度低的地方分散设置 |
| 差异性 | 绿道控制区划定应根据绿道不同类型采用差异化的划定方法。对不同地区、类型、主题的绿道控制区宽度区别要求。微型绿道网络建构的总体空间布局要考虑的主要因素包括环境资源、政策法规、城市结构布局等要素 | 便捷性 | 微型绿道的首要目的是方便居民近地健身或者近地接入城市健身空间系统。因此微型绿道的设置应基于三个尺度层级，其选址及出入口的选择应设置在居民容易到达的位置，即选址在居民方便接受服务的区位 |

## 2.3.4 调查方法内容侧重点的不同

现状调研是微型绿道规划的基础，可采取绿道设计常用的调研方法，如现场踏勘、问卷调查、访谈调查等多种形式，对规划编制范围内微型绿道建设的环境资源和使用者需求情况进行调查，调查的主要内容应包括生态本底、景观资源、交通设施、土地利用与权属、经济社会等方面（表2.9）。

1 李敏. 绿道改变生活——适应低碳时代的绿道建设概观［J］. 园林，2011（7）：14-18.

绿道设计常用现状调研基本内容　　表2.9

<table>
<tr><th>调研内容</th><th>项目</th><th>类型</th><th>种类</th><th>常用方法</th></tr>
<tr><td rowspan="27">现状情况整理</td><td rowspan="7">生态本底</td><td rowspan="3">地形地貌</td><td>坡度</td><td rowspan="7">结合调查区域的地形图、航空照片、卫星照片等资料综合研究</td></tr>
<tr><td>高程</td></tr>
<tr><td>山体</td></tr>
<tr><td rowspan="2">河流水系</td><td>河流</td></tr>
<tr><td>湖泊、水库</td></tr>
<tr><td rowspan="2">海岸岛屿</td><td>岛屿</td></tr>
<tr><td>海岸线</td></tr>
<tr><td rowspan="12">景观资源</td><td rowspan="9">自然资源</td><td>综合公园</td><td rowspan="9"></td></tr>
<tr><td>社区公园</td></tr>
<tr><td>专类公园</td></tr>
<tr><td>带状公园</td></tr>
<tr><td>街旁绿地</td></tr>
<tr><td>生产绿地</td></tr>
<tr><td>防护绿地</td></tr>
<tr><td>附属绿地</td></tr>
<tr><td>其他绿地</td></tr>
<tr><td rowspan="3">人文资源</td><td>遗址公园</td><td rowspan="3"></td></tr>
<tr><td>文物古迹</td></tr>
<tr><td>历史街区</td></tr>
<tr><td rowspan="3">交通设施</td><td colspan="2">轨道交通</td><td rowspan="3"></td></tr>
<tr><td colspan="2">城市道路</td></tr>
<tr><td colspan="2">景区、社区等内部道路</td></tr>
<tr><td rowspan="5">土地利用与权属</td><td colspan="2">居住用地</td><td rowspan="5"></td></tr>
<tr><td colspan="2">商业用地</td></tr>
<tr><td colspan="2">教育用地</td></tr>
<tr><td colspan="2">市政用地</td></tr>
<tr><td colspan="2">文化展示用地</td></tr>
<tr><td rowspan="5">使用者需求调查</td><td rowspan="5">经济社会</td><td colspan="2">收入水平</td><td rowspan="5"></td></tr>
<tr><td colspan="2">人口分布</td></tr>
<tr><td colspan="2">健身需求</td></tr>
<tr><td colspan="2">休闲需求</td></tr>
<tr><td colspan="2">旅游需求</td></tr>
<tr><td rowspan="4">规划要求</td><td rowspan="4"></td><td colspan="2">城市发展</td><td rowspan="4"></td></tr>
<tr><td colspan="2">空间结构</td></tr>
<tr><td colspan="2">绿地系统</td></tr>
<tr><td colspan="2">生态廊道</td></tr>
</table>

微型绿道因新增城市康体空间体系的基本功能，在绿道设计常用现状调研基本内容的基础上，使用者需求及现状情况整理的基本内容也有增加，增加内容如表2.10所示。

微型绿道设计新增现状调研基本内容 表2.10

| 调研内容 | 项目 | 类型 | 内容 | 常用方法 |
| --- | --- | --- | --- | --- |
| 现状情况整理 | 康体空间 | 组团公共健身点 | 面积<br>尺度<br>环境<br>设施<br>功能<br>绿化<br>…… | 1. 结合调查区的地形图、航空照片、卫星照片等资料综合研究<br>2. AHP法（Analytic Hierarchy Process）<br>3. 历史文献法<br>4. 田野调查法 |
| | | 小区公共健身场地 | | |
| | | 居住区公共健身场地 | | |
| | | 城市级公共体育活动中心 | | |
| | 绿地空间 | 综合公园 | 休息场地<br>游步道<br>公共服务设施<br>出入口<br>停车场<br>…… | 1. GIS可达性评价方法<br>2. 基于GIS系统的数据空间关联和可视化<br>3. 利用智能手机和平板电脑 |
| | | 社区公园 | | |
| | | 专类公园 | | |
| | | 带状公园 | | |
| | | 街旁绿地 | | |
| | | 生产绿地 | | |
| | | 防护绿地 | | |
| | | 附属绿地 | | |
| | | 其他绿地 | | |
| | | 遗址公园 | | |
| | | 文物古迹 | | |
| | | 历史街区 | | |

续表

<table>
<tr><th>调研内容</th><th>项目</th><th>类型</th><th>内容</th><th>常用方法</th></tr>
<tr><td rowspan="8">现状情况整理</td><td rowspan="3">交通设施</td><td>轨道交通</td><td rowspan="3">线路<br>道路断面<br>交通站点<br>过街设施<br>慢行道<br>公共自行车服务点<br>……</td><td rowspan="12">1. APP记录调研图文信息<br>2. 利用开源地图和POI数据<br>3. 利用公交刷卡、出租车GPS<br>4. 轨迹数据分析人口的通勤数据<br>5. 移动通信定位数据分析<br>6. 来自公众参与平台与社交网络的数据</td></tr>
<tr><td>城市道路</td></tr>
<tr><td>交通服务设施</td></tr>
<tr><td rowspan="5">现状建筑</td><td>居住建筑</td><td rowspan="5">出入口<br>可利用屋顶<br>可利用墙面<br>可利用接口<br>可利用服务设施<br>……</td></tr>
<tr><td>公共建筑</td></tr>
<tr><td>商业建筑</td></tr>
<tr><td>教育建筑</td></tr>
<tr><td>工业建筑</td></tr>
<tr><td rowspan="4">使用者需求调查</td><td rowspan="4">使用人群</td><td>出行需求</td><td rowspan="4">年龄<br>职业<br>收入<br>健康状况<br>生活习惯<br>……</td></tr>
<tr><td>健身需求</td></tr>
<tr><td>休闲需求</td></tr>
<tr><td>娱乐需求</td></tr>
</table>

# 3

# 微型绿道空间形态研究

城市的连接体是一个现代城市的灵魂和心脏，
人们从中可以感受到这个城市的脉搏。

——严迅奇[1]

1 严迅奇，庄元莉．联系的美学［J］．世界建筑，1997（3）：23-25.

# 3.1 微型绿道空间特征类型学研究

## 3.1.1 空间要素

微型绿道的功用和分布决定了其空间特征。基于健康城市的微型绿道空间设计，其空间特征应充分满足使用者的心理及生理舒适度。设计良好的微型绿道空间形态应充分考虑场地地理条件、文脉特征、气候条件等多方面因素，以及微型绿道的美学特性、空间关系等要素。

### 1．非物质要素

1）使用者知觉要素（表3.1）

使用者知觉要素　表3.1

| 景观感知 | 景观作用 | 景观处理方法 | 参考案例 |
|---|---|---|---|
| 视景观 | 起到视觉吸引的作用。步移景易的步行环境更容易让人重复行走 | 微型绿道植被绿化、色彩搭配、路径设计、街道设施等都是影响视景观的重要因素 | 新加坡南部山脊绿道 |
| 声景观 | 契合城市高密度区现实问题的声景观设计，最主要的是要降低城市噪声，扩大城市安静区域 | 正向（扩声）设计 | 布雷的海湾前滩公园 |
| | | 负向（消声）设计 | 迈阿密吸声墙 |
| | | 零（保持）设计 | 杭州西湖的“柳浪闻莺” |
| 嗅景观 | 利用植物花期和气味的不同带给人们不同的嗅觉感受 | 可利用芳香植物设计微型绿道嗅觉景观 | 拙政园的“藕香榭”、沧浪亭的“闻妙香室”、留园的“闻木樨香轩” |
| 触景观 | 能够激发感知退化、缺失的城市特殊群体的感知能力 | 微型绿道可利用材料学、人体工程学、心理学等基本原理进行综合设计，提升场所的触觉感知 | 克利夫兰植物园的恢复花园 |
| 味景观 | 味觉景观的变换可以增加微型绿道的趣味性，提高其使用频率和效率 | 在微型绿道设计中，选种地域性野菜、香料作为微型绿道的常见植被 | 新加坡福康宁公园的香料园 |

2）使用者环境心理要素

（1）私密性与公共性

高密度区微型绿道的私密性与公共性可以从其影响周边非公共建筑的私密性和绿道空间的公共性两个方面来分析，把微型绿道空间分为积极空间和消极空间两类。积极空间具有内聚性、收敛性、向心性，消极空间具有扩张性、离散性、离心性。设计应强化微型绿道内部空间的积极性，对微型绿道与周围非公共建筑之间的外部环境应强调其消极性。

（2）领域性与安全感

领域性是使用者对空间范围的认同感和安全感。领域感通常来自空间的完整性，有明确界限的空间可提供较高安全感。通过对微型绿道方向感的强调如出入口的引导、暗示等处理可以增强人们的领域性和安全感，也可以通过微型绿道环境自然的监视作用增强空间的安全感。

（3）场所空间与归属感

环境的主角是空间，空间的主角是人，而场所的主角是人在空间中的行为活动。微型绿道场所空间的塑造需要调查了解使用者对空间的各种不同需求，其中对地域性生活行为习惯的考虑和对不同使用群体差异性的考虑是不可或缺的。归属感是人们对环境的知觉依赖性，来自于文化上的认同，包括社会、经济、文化、卫生、家庭、教育、宗教信仰等各个方面，也包括人与人之间在相互交往、相互联系与相互影响过程中形成的邻里关系、家庭关系、朋友关系、同事关系等。微型绿道环境设计应满足使用者的基本社会心理需求。

（4）拥挤感

拥挤感的消除是高密度区微型绿道设计必须考虑的因素。但高密度并不是导致使用者拥挤感的充分条件。从社会学家的实验可以发现，物质空间不变，改变使用空间的人数，如人们进入或离开同一个大厅；改变空间密度，即使用空间的人数不变，改变个人物质空间的大小，如同100个人处在一个大厅和100个人处在100个小房间，对两种不同密度的操作所造成的情境变化会引起截然不同的情感和行为反应[1]。因此，高密度区微型绿道的设计可以采用必要的环境分隔方法来缓解视觉过载。

①利用空间分隔，增加小空间，减少互相接触

对密度的感知会让人产生拥挤感，这是一种因私密性受到侵犯所产生的恐慌心理，密度越小拥挤感越弱。需要强调的是，同样密度下陌生的环境、陌生的人群比熟悉的环境、熟悉的人群更容易产生拥挤感。因此，减少接触的空间分隔手法和增加交往的相对开敞空间都是减少空间拥挤感的有效手段。

②减少流向限制，提供多向选择

当行人行为受到限制如无法越过前面慢行的人或不能用正常步长行走就会感到拥挤。微型绿道设计应尽量为人流的方向提供多种选择的可能性，避免停

1　左冕，熊莹，俞书伟. 设计心理学［M］. 合肥：合肥工业大学出版社.

滞与人流堵塞，尺度的设计避免使用者之间的接触和碰撞，使用者心理上就会感到比较宽敞。

## 2. 物质空间要素

1）道路

微型绿道使用者的主要活动是以步行、慢跑、骑游、滑板等方式进行，因此微型绿道道路的组成要素包括步行道、骑行道、混行道、交叉口、过街设施等。道路的设置方式与人们对微型绿道的使用有重要关联。应贯彻以下原则：

（1）步行优先。这一思想具体在微型绿道设计中，就是强调步行在微型绿道环境中的优先地位，在人车混行的情况下，应首先保证步行者的安全宽度，给步行者以优先权。

（2）环形步道原则。微型绿道的主要康体功能是让使用者通过运动减缓生理和心理上的压力[1]。高密度区微型绿道的主要功能之一是康体健身，因此在有限的用地内增加步道长度可以达到运动效果，提高使用频率。因此设计应从使用者的行为特点出发，尽量多设置环形游步道。

2）公共服务设施

（1）休息设施

微型绿道的设计应结合空间节点合理布置休息设施，也可以进行局部拓宽以满足休息者与行进者空间隔离的需要。阳光充足的地段，休息座椅应舒适有依靠，以适应老年人、残障人、儿童等较长时间的休息。休息设施还应配套饮水机、垃圾桶、卫生间等其他公共服务设施，其材质应以较亲和的自然材料为主，造型及摆放方式应考虑使用者休息、交流及安全等方面的需求。

（2）景观雕塑小品

在微型绿道宽度有限、长度很大的景观空间中，沿线雕塑小品的布置要节省空间，造型别致，以缓解人们的视觉疲惫，并对行进中的使用者起到参考标志的作用，同时，要表现地域性的文化风貌和积极向上的主题。

（3）无障碍设施

无障碍设施是残疾人、老年人等人群的专用设施，包括坡道、路面专用铺装、专用电话亭、专用厕所等。无障碍设计是微型绿道设计的一个重要方面，应注意扶手、坡道的设置及道路铺装的引导性，栏杆扶手上也应该设置盲文提示信息。应设置抬升种植床和低矮的植物，方便无障碍使用者的接触。

1 袁芳. 社区公园健康景观设计研究［D］. 南昌：江西农业大学，2011.

（4）照明设施

微型绿道照明系统设施包括草坪灯、高杆灯、地埋灯、嵌入式脚灯、水下灯等。为保证夜间和凌晨使用的安全性，应合理搭配照明设施，形成空间引导，并能够增强绿道空间在傍晚及夜间的趣味性。

（5）标识系统

微型绿道标识系统是线路信息的集中展示点，对标识系统中字体大小、颜色、对比度等设置应考虑步行、骑行的运动方式和速度，尽可能配合地区性代表图案，采用单纯或醒目的设计，此外也必须考虑无障碍标识系统设计，统一的标识系统将极大地提高公众对微型绿道的使用频率。

（6）基础设施

微型绿道的基础设施是指保障游憩休闲活动能够正常进行的一般物质条件，包括出入口、停车场、环境卫生、照明、通信、防火、给排水、供电等，环境卫生设施包括固体废弃物收集、污水收集处理、公共厕所等各种设施[1]。微型绿道出入口应结合道路及公共交通综合考虑，以方便使用者进出为基本原则，如设立在已有道路或景观节点附近。此外，绿道的公共服务设施还应有游乐设施、运动设施等。各项设施的设计都应考虑人体工程学尺度需求，场地及设施使用的安全性、便捷性，以及符合地域景观风貌的设计细节。

3）绿化植被

城市微型绿道应根据所经过区域的景观资源特点以及周边建成区的情况来配置。绿化植被的设计应遵循“立体绿化（空中花园、屋顶草坪、墙体绿化、地下车库顶部绿化等[2]）为主、绿量增加优先”的原则，在保护利用场地内现有植被的基础上，充分利用空间进行立体绿化。绿道空间植物的设计可分为有意为之的设计和无意为之的设计两种风格，但植物的搭配应根据使用者的空间需求和绿道的功能进行仔细考量。人们在绿道中的通行速度对植物的要求是不同的，对于快速通过者需要满足遮日庇荫、隔声防尘等需求，而对于散步游憩者则要求有层次丰富而连续的植被景观。

（1）无意为之的设计

微型绿道树种选择原则以乡土树种为主，选择抗性强、易于管理、病虫害少的树种。无意为之的微型绿道植被设计可采用有特殊观赏景观效果的地域性“杂草”，给城市高密度区注入野趣，如花叶燕麦草、细叶芒、金叶苔草、风

1 珠三角区域绿道（省立）规划设计技术指引（试行）-《建筑监督检测与造价》，2010-03-26.

2 http://ylj.nanjing.gov.cn/yldt_69311/xyzx_69313/201606/t20160622_3992964.html.

车草、狗尾草、假高粱、矮蒲苇和针茅等，形成其他观赏植物所不具备的乡野自然的效果，如图3.1所示。

（2）有意为之的设计

根据微型绿道利用方式的不同配置不同功效的植物，可以达到生态、景观、保健、降噪遮阴、防尘减毒并重的效果。

①保健型。利用植物散发的香气，达到清心保健的效果，如松树有舒筋通络、祛风燥湿等作用；柏科及罗汉松科植物有安神凉血、消肿、舒筋活络、温中行气等功效。常用乔木有白玉兰、鹅掌楸、广玉兰、樱花等，常用灌木有月季、棣棠、含笑、珍珠、丁香、梅花等，常用草本有麦冬、沿街草、酢浆草等，具有景观与保健并重的效果[1]。微型绿道保健型绿化植被的配置也可以按照儿童保健植物群落、中青年保健植物群落、老年保健植物群落等方式进行设置[2]。上海闵行体育公园有保健型芳香植物园“助睡眠”种植区和“降血压”种植区。“助睡眠”区主要种植西洋甘菊、薰衣草、薄荷、香叶天竺葵和迷迭香，这些植物含有单萜、樟脑、龙脑、柠檬烯、薄荷醇等[3]；“降血压”区主要种植甜罗勒、百兰香、薰衣草、薄荷、香叶天竺葵等植物[4]。

②减毒型。通过景观植物叶片的代谢作用净化空气，减少空气中的有害物质如有害气体的含量，吸收和净化空气中的重金属成分，滤菌或杀菌。根据南京市绿化园林局联合中科院植物研究所和南京信息工程大学针对33种常见城市园林绿化树种对空气$PM_{2.5}$及污染气体的消减作用实验显示，园林绿化树种对空气$PM_{2.5}$颗粒物具有很强的消减作用[5]。

③降噪型。城市的噪声污染主要包括交通噪声、生活噪声、工厂噪声等。植物的叶片可以通过吸收、反射和衍射声波来降低噪声，合理的绿道设置可以起到良好的降低噪声和吸收

图3.1　微型绿道野草组合效果图
图片来源：http://www.lvtlvt.com/news/show-776.html.

1 许军，袁芳，王召滢. 社区公园健康景观设计初探［J］. 江西林业科技，2011（5）：57-61.

2 王宇. 福州市保健植物资源及其在公园绿地中的应用研究［D］. 福州：福建农林大学，2012.

3 郑琴. 芳香植物在广州园林绿化中的应用［J］. 南方农业，2015（9）：62-63.

4 http://www.jkyc.com/zt.asp?id=3960.

5 http://ylj.nanjing.gov.cn/yldt_69311/xyzx_69313/201606/t20160622_3992964.html.

噪声的效果。根据祝遵凌等的研究，乔木降噪能力强弱分为四类，第一类为雪松、圆柏、白玉兰；第二类为女贞、马褂木、广玉兰；第三类为枫香、石楠、紫薇；第四类为无患子、木莲[1]。

④防尘型。绿色植物可以通过吸收、阻滞、覆盖三种方式净化城市空气。吸收是指植物吸收空气中的气态污染物并转化为自身营养物质；阻滞是指植物吸附空气中的气溶胶状污染物；覆盖是指植被填充地面，防止沙尘飘起。

⑤遮阴型。人们的身心健康与气温和湿度的高低有着密切关系。通常人体能够感觉到的最舒适的气温为15～25℃，空气相对湿度为30%～60%。微型绿道植物可以为使用者遮挡太阳辐射，且植物群落越丰富，其降温效果越好。构筑具有良好遮阳功能的绿道网络可以有效调节城市公共开放空间的微气候，表3.2是不同树种的降温效果。

不同树种的降温能力一览　　表3.2

| 树种 | 阳光下空气温度（℃） | 树荫下空气温度（℃） | 温差（℃） |
|---|---|---|---|
| 银杏 | 40.2 | 35.3 | 4.9 |
| 刺槐 | 40.0 | 35.5 | 4.5 |
| 枫杨 | 40.4 | 36.0 | 4.4 |
| 悬铃木 | 40.0 | 35.7 | 4.3 |
| 梧桐 | 41.1 | 37.9 | 3.2 |
| 旱柳 | 36.2 | 35.4 | 2.8 |
| 槐 | 40.3 | 37.7 | 2.6 |
| 垂柳 | 37.9 | 35.6 | 2.3 |

表格来源：来源于戴菲、胡剑双等人的工作。

4）口袋公园

口袋公园来源于新城市主义提出的“袖珍步行”（Pedestrian pocket）理念，是微型绿道系统中非常重要的一部分，可以是小型绿地、建筑前广场、道路转角公园、社区运动场地、街心花园、交通环岛公园等多种不同形式，选址机动灵活、占地面积小。口袋公园多存在于高密度的建成区，功能相对简单、尺度人性化、场所多样化，承担日常交往和社会活动功能。

1 祝遵凌，韩笑，刘洋．植物在不同声源环境中的降噪效果比较［J］．中南林业科技大学学报，2012（12）：187-190.

美国宾夕法尼亚州的口袋公园Shoemaker Green位于Walnut街和Spruce街之间的东33街，占地面积约3.75英亩，周围有宾夕法尼亚大学最具标志性的体育设施：Palestra和Franklin运动场，它将作为这些历史建筑的门前景观。Shoemaker Green的设计预期并不是供大家消遣娱乐，而是举办各种大规模活动如毕业典礼、入学典礼等的合适场地，里面设计有大型的集体就餐区，就餐区不会占用太多的空间。该项目是校园和公园之间的连接体，是步行街的延续，因其公共绿色职能而成为宾夕法尼亚大学东部区域的核心，并成为可持续校园设计的典范。使用多种策略和技术创新，来控制该地和周边屋顶的雨水，为本地植物和动物提供栖息地。场地的建设尽量减少材料的运输，是大型大学可持续发展维护战略发展的典范（图3.2、图3.3）。

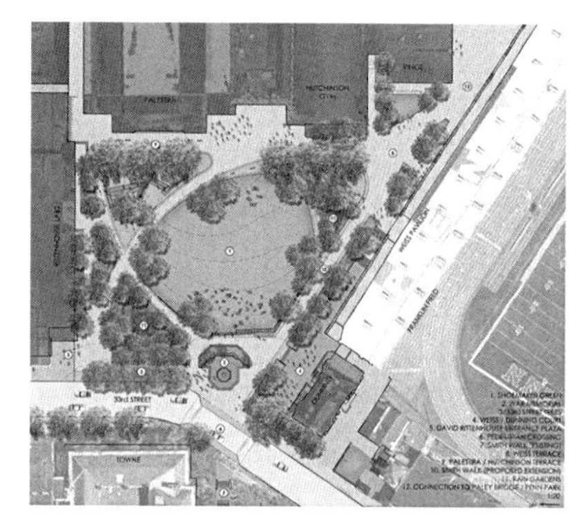

图3.2 美国宾夕法尼亚大学口袋公园设计（一）
图片来源：http://news.zhulong.com/read185255.htm.

图3.3 美国宾夕法尼亚大学口袋公园设计（二）
图片来源：http://news.zhulong.com/read185255.htm.

## 3.1.2 空间尺度

空间的形式由空间的组成、界面、序列和必要的设施构成，基于此，根据微型绿道的相关空间属性，可以建构微型绿道的三维空间模型（图3.4）。

绿道的尺度表现为步行尺度空间、非机动尺度空间和休息尺度空间。

### 1. 长度

步行、骑车等不同运动方式的自发性活动范围取决于人们的疲劳临界点。这一活动范围是对人们锻炼方式的一种量化处理，也是设置微型绿道长度的科学依据。5分钟路程即5公里/小时步速行走416米是普遍认为较舒适的步行

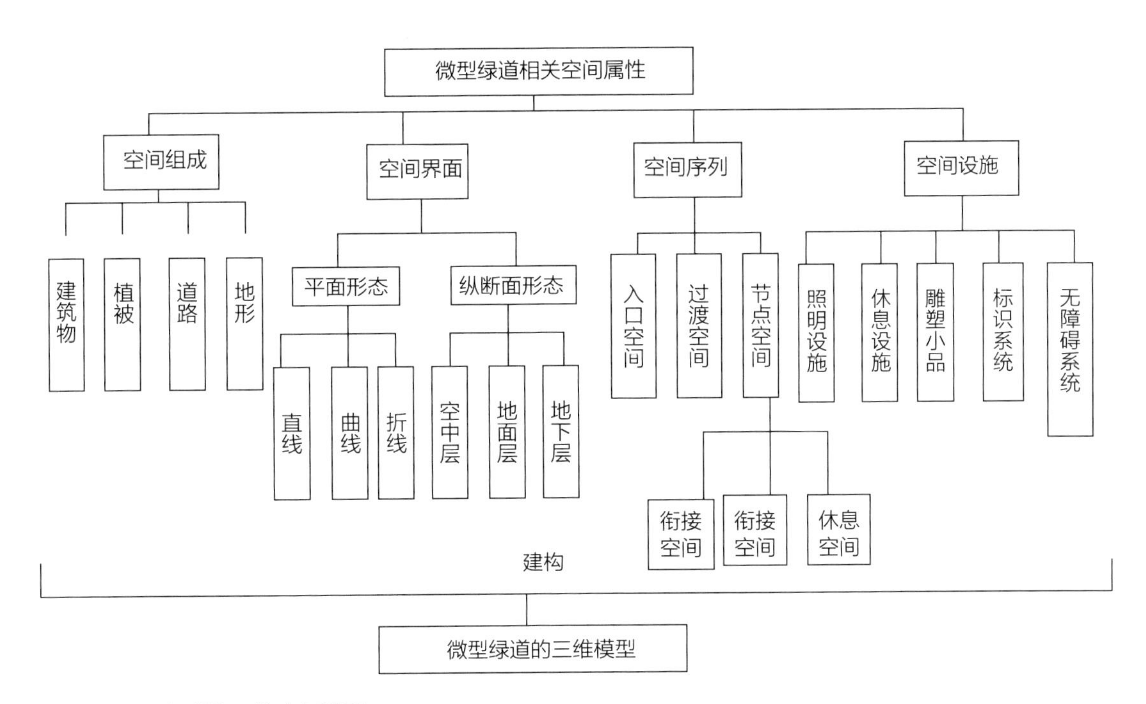


图3.4 微型绿道的三维空间模型

距离，日常合宜的骑车距离则在1公里左右。为了促进邻里交往，新城市主义者也提出“5分钟步行区”的邻里规划模式[1]。日本学者认为，成年人每天应步行5000步，约4公里。不少国家提出，每天要走6000步或10000步[2]。美国哈佛大学研究发现每天的走路时间加起来最好不要低于1个小时[3]。以中等速度（每分钟90～120步）来算，走1个多小时，路程在10000步左右、5～10公里之间比较合适。因此可以通过400～500米步行圈引导居民健康行为，增加居民日常活动量。400～1000米的范围是高效发挥微型绿道作用的重点区域，而每个微型绿道支网应能串联不少于4公里的路程，这是促进居民日常健康行为的基本需求。

## 2．宽度

绿道的宽度因功能和类型的不同存在很大差异，相关绿化缓冲区宽度的研究如表3.3所示，可见常规绿道的功能宽度与高密度区用地紧张的现状形成明显

1 董晶晶．论健康导向型的城市空间构成［J］．现代城市研究，2009（10）：77-84.

2 王黎洋．怎么走路才算锻炼［J］．决策与信息，2013（8）：76.

3 “世界上最好的运动”——走路［J］．江西食品工业，2011（1）：60-61.

矛盾。而微型绿道以居民近地健身和城市健康空间系统构建为目的，将其宽度从生态的功能要求中解放出来，主要取决于居民日常行为特征和使用效率，其与常规绿道绿化缓冲区及步行骑行道路宽度要求的差异性见表3.4、表3.5。

微型绿道中步行道和自行车道的宽度设置应根据流量、人群类型、活动规律等综合考虑确定其最小宽度。

不同功能类型绿道的宽度要求　表3.3

| 类型 | 功能 | 宽度 |
|---|---|---|
| 沿河型 | 增加河流生物食物供应、有效过滤污染物 | >30 米 |
| | 控制沉积物及土壤元素流失 | 80 ~ 100 米 |
| 生物保护型 | 当绿道宽度界于之间时，绿道宽度与物种多样性之间的相关性微弱 | 3 ~ 12 米 |
| | 草本植物的物种多样性平均为狭窄绿道的两倍以上 | >12 米 |
| 降温保湿型 | 有效地改善城市小气候，需要达到30%的绿地覆盖率。因此，从降温保湿角度而言，将总面积减去集中绿地面积后除以绿道总长度就是绿道所需要达到的最小宽度 | ≥ 20 米 |
| 净化空气型 | 过窄的林带防护效果不显著，若条件不允许达到上述宽度时，要尽可能用乔灌木和常绿树组成的复层植被 | 30 ~ 40 米 |

微型绿道绿化缓冲区的宽度表　表3.4

| | 郊野型绿道 | 生态型绿道 | 微型绿道 |
|---|---|---|---|
| 绿化缓冲区（以绿道游径边线为基准向两侧建立绿化缓冲） | 两侧绿化缓冲区总宽度不小于100米，其中单侧绿化缓冲区不小于10米 | 两侧绿化缓冲区总宽度不小于200米，其中单侧绿化缓冲区不小于15米 | 绿化隔离带在新城地区的宽度不宜小于3米，在旧城不宜小于1.5米，在旧城中心或改造难度较大的地区不宜小于1米 |
| 绿化缓冲区开发强度 | 允许在限定条件下进行与其功能不相冲突的低强度开发建设 | 禁止一切对生态环境有破坏的建设行为 | 允许已有设施依据微型绿道建设要求进行改造完善 |
| 计算依据 | 《广东省省立绿道建设指引》《珠三角绿道规划设计技术指引试行》 | | |

微型绿道与绿道道路宽度要求差异比较　表3.5

| | 郊野型绿道 | 生态型绿道 | 微型绿道 |
|---|---|---|---|
| 步行道 | 不小于 1 米 | 不小于 1 米 | 单独设置不小于 2 米 |
| 自行车道 | 单车道 1.5 米 | 单车道 1.5 米 | 单车道 1.5 米 |
| 混合慢行道 | 3 米 | 2 米 | 4 米 |
| 计算依据 | 城市道路设计规范37-90；北京市健康绿道建设工程技术规范绿道旅游设施与服务规范；《广东省省立绿道建设指引》《珠三角绿道规划设计技术指引试行》 | | |

### 3. 面积

（1）“抢”面积。2014年年末，我国城市道路长度35.2万公里，道路面积68.3亿平方米，其中人行道面积15.0亿平方米，人均城市道路面积15.34平方米，据此可以测算出人均人行道面积只有3.37平方米。步行是健康生活的基本需求，健康城市人居环境建设需要大幅提高城市人均人行道路面积，但对高密度区来讲，在极端人地矛盾的现实情况下，提高人行道路面积与城市拥堵对提高车行道路面积的需求无法平衡，因此，微型绿道的立体建构可大幅增加城市高密度区的步行空间面积。

（2）“找”面积。另一个数据显示，我国城市建成区绿化覆盖率达到40.10%[1]，建成区绿地率36.34%，人均公园绿地面积13.16平方米[2]。因此通过微型绿道的联通作用，可以将城市公园绿地中的步行道纳入总的人行道路计算中，大幅度提高人均步行道路面积。

（3）“算”面积。按照我国《全民健身计划（2016—2020年）》，至2020年，实现城市社区15分钟健身圈，人均体育场地面积将达到1.8平方米。以此为依据，城市体育空间面积之和除以城市服务人口总数，应等于或大于1.8平方米/人。而微型绿道面积应大于等于城市总体育空间面积减去其他体育空间面积，据此，计算方法如下，其中$S_w$是微型绿道面积，$S_i$是各级体育空间的面积，$P$为人口数量。微型绿道面积推算公式为（单位：$m^2$）：

$$S_w \geqslant 1.8 \times P - \sum S_i$$

## 3.1.3 空间维度

### 1. 二维图底空间

城市是由街道、建筑物和公共绿地等组成规则或不规则的几何形态。由这些几何形态组成的不同密度、不同形式以及不同材料的建筑形成的质地所产生的城市视觉特征称为城市肌理[3,4]。时代的变化，技术的进步，人们的日常生活及记忆都沉淀在城市肌理中。视线联系不畅、有活力的公共活动空间不足、尺

1 住房和城乡建设部．2014年城乡建设统计公报．

2 全国绿化委员会办公室．2015年中国国土绿化状况公报，2016．

3 王挺，宣建华．宗祠影响下的浙江传统村落肌理形态初探［J］．华中建筑，2011（2）：164-167．

4 齐康．城市建筑［M］．南京：东南大学出版社，2001．

度层级缺乏、小尺度空间锐减等是现代城市高密度区城市肌理折射出的城市问题。步行是城市居民最为基本的生活方式，未来城市的发展是从汽车城市向步行适宜城市的回归，微型绿道以小尺度步行和骑行空间的方式串联着一些生活场所、康体健身场所、城市标志物、交通节点等意象元素，与人们的各种活动环境和活动空间有着良好的“共生关系”，能够帮助人们强化对城市空间的认知，增强城市归属感，同时可以织补高密度区城市肌理在视觉上的分裂，将不同速度影响下的城市生活相结合。

微型绿道对城市肌理的局部调整应体现在材料、细部、建筑内外部空间、地块、街道与街区等城市肌理的每一尺度层级，实现城市步行空间从建筑尺度到城市尺度的逐级支持。如图3.5、图3.6为美国俄亥俄州特拉华县的绿道网络设计对城市形态、街区形态、路网形态的连接作用。

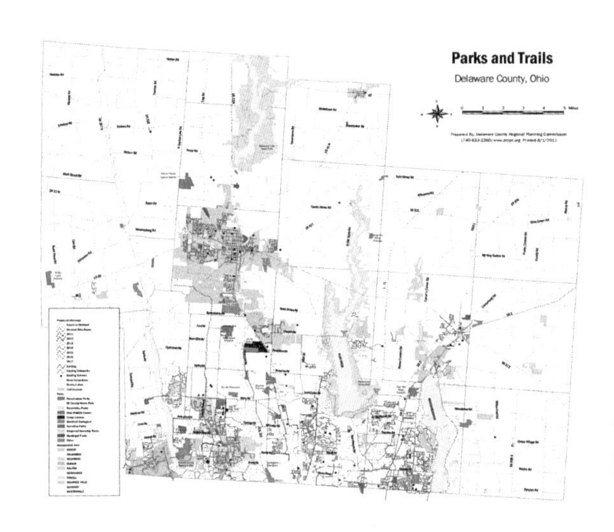


图3.5　美国俄亥俄州特拉华县绿道网络规划总平面图
图片来源：Parks and multi-purpose trail plans，DRAFT，August 1，2011.

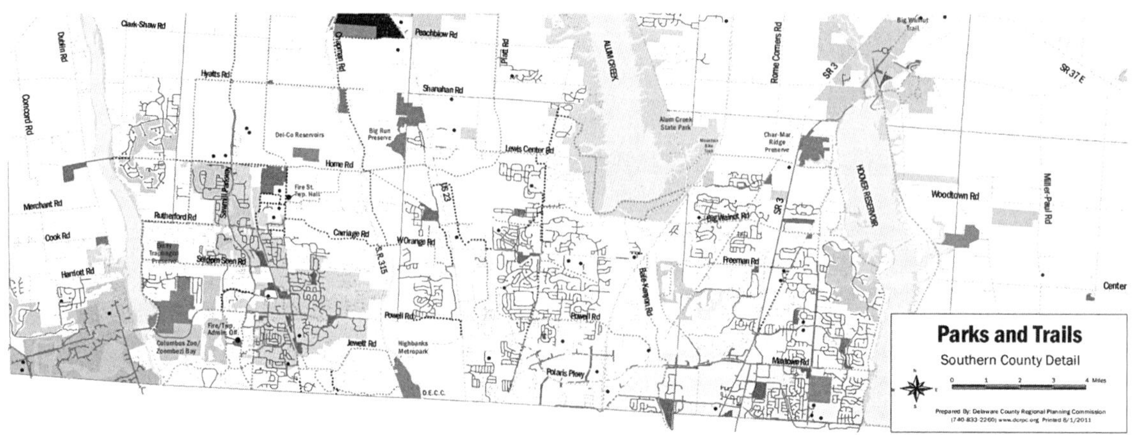


图3.6　美国俄亥俄州特拉华县绿道网络规划街区放大图
图片来源：Parks and multi-purpose trail plans，DRAFT，August 1，2011.

## 2. 三维微型绿道立体空间

城市空间形态特征反映城市空间的内在属性及发展规律。微型绿道立体空间形态考虑其高度对周围空间的影响，可以从空间场所、空间轴线、空间核心三个层面进行分析。

1）空间场所（面状要素）

（1）积极空间与消极空间

积极空间具有内聚性、收敛性、向心性，消极空间具有扩张性、离散性、离心性。对于微型绿道空间而言，以微型绿道为参照中心，可以看出微型绿道对周围空间特征的调整和改变。如图3.7所示，拉菲特绿廊通过动态体验性空间设计，连接街区要道，通过积极空间将消极的棕色地带街区融为一体，融生态恢复、生活情境设计于一体。

（2）“硬质”空间和“柔质”空间

“硬质”空间是由人工界面围合营造空间，吸引人的活动，如休息小广场、道路等。“柔质”空间是由自然环境主导的场所，如公园、绿色廊道等。微型绿道是硬质空间和柔质空间的组合，应合理规划硬质和柔质空间的比例。纽约高线公园提出“植—筑”（Agri-Tecture）的概念——地面铺装和种植

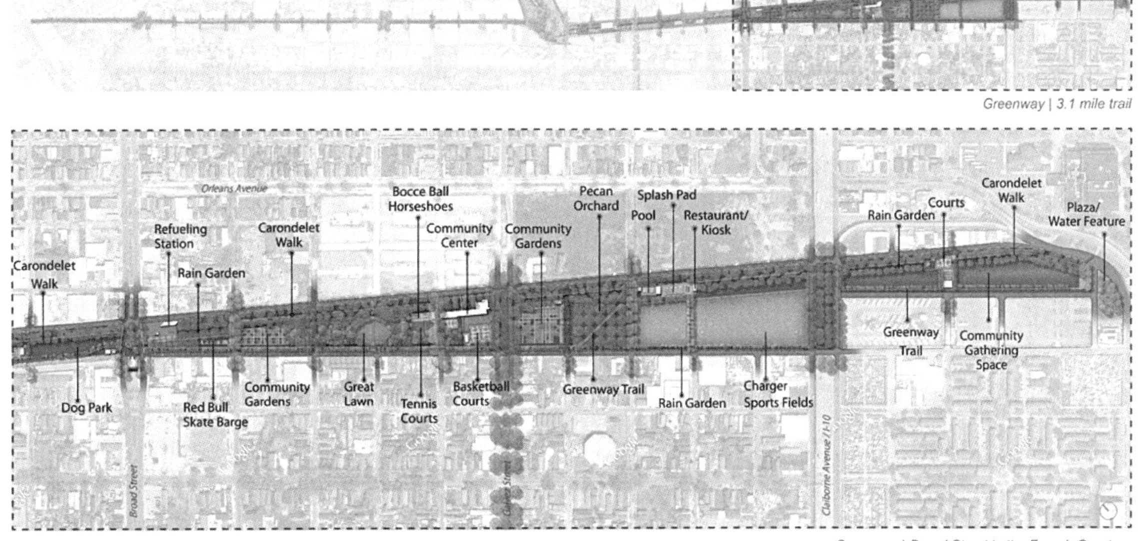


图3.7 拉菲特绿廊局部平面图

图片来源：http://www.gooood.hk/Lafitte-Greenway.htm.

体系的设计呈现软硬表面不断变化的比例关系，从高使用率区域（100%硬表面）过渡到丰富的植栽环境（100%软表面），为使用者带来了丰富的体验[1,2]。《广东省省立绿道建设指引》对绿道控制区内柔质空间和硬质空间作了比例要求，如表3.6所示。

（3）动态空间和静态空间

动态空间强调导向性、连续性和节奏性，静态空间强调限定性、稳定性和明确性，一般的处理方法是将视线吸引在某一个固定点或固定方位上，如图3.8所示。

绿道控制区各类用地比例（%） 表3.6

<table>
<tr><th rowspan="2">用地类别</th><th colspan="5">绿道类型</th><th rowspan="2">备注</th></tr>
<tr><th>都市型</th><th>郊野型</th><th colspan="3">生态型</th></tr>
<tr><td>园路及铺装场地</td><td>10 ~ 28</td><td>2 ~ 5</td><td colspan="3">1 ~ 3</td><td>含慢行道、园路和各类铺装场地</td></tr>
<tr><td>建筑用地</td><td><1.3</td><td><0.7</td><td colspan="3"><0.3</td><td>含管理、商业、游憩、科教、安全、环卫等服务设施</td></tr>
<tr><td colspan="3">绿化用地</td><td>>70</td><td>>95</td><td>>97</td><td>自然和人工</td></tr>
</table>

图表来源：《广东省省立绿道建设指引》，广东省住房和城乡建设厅，2011.05.

图3.8 美国纽约高线公园动态空间和相对静态空间的效果对比图

图片来源：http://www.iarch.cn/thread-9713-1-1.html.

2）空间轴——廊道类景观（线状要素）

微型绿道作为高密度区的线状景观空间，可以作为高密度区的景观空间轴

1 王琰，张华. 城市废弃工业高架铁路桥的重生——纽约高线公园更新改造及启示［J］. 四川建筑科学研究，2016（4）：111-115.

2 http://www.iarch.cn/thread-9713-1-1.html.

连接城市街区，使高密度区城市空间系统成为一个景观网络系统，微型绿道作为景观空间轴的意义有如下几个方面：

（1）自然景观轴：微型绿道可以与城市绿道结合起来，成为从城市外围由宽逐渐变窄楔入城市高密度区的线性微型景观廊道，对缓解城市热岛效应、形成城市风道、提高生态环境及高密度区景观质量有显著作用。

（2）人工景观轴：微型绿道作为一个步行、骑行廊道，其本身也可以是作为构筑物的人工景观，通过其独特的视觉美学效果，改善高密度区的景观品质。

（3）视觉景观轴：微型绿道是观赏城市景观的视觉通道，是城市意象的突出地带，通过合理定位和设计可以提升高密度区邻里的生活空间质量，复兴已经失去景观品质的街区。

3）空间核心（点状要素）

微型绿道的空间核心从空间序列安排的角度可以是空间节点、标志物等，从人的活动特性上讲，空间核心也可以理解为视觉焦点、视觉俯视点、视线交织点等。

（1）视觉焦点——可以是有突出高度和开阔视野的观景点，也可以是对城市空间质量有重要作用的对景点。

（2）视觉俯视点——有一定视线范围的可以鸟瞰城市空间的自然或人工景点。

（3）视线轴的交织点——既是视线的变换点，又是视线的交点。

## 3．时间影响下的四维微型绿道空间

1）时间过程下景观的变化

一个城市就像一张三维拼图，它的每一片空间都独一无二，有自己的作用并各自承担一份责任。但是，归根结底，建筑物只是舞台的背景——城市的连接体是一个城市的现代灵魂和心脏，人们从中可以感受到这个城市的脉搏[1]。微型绿道作为城市连接体应能够在不同时间因不同需求而改变其作用、环境和视觉场所。

2）时间过程下使用者的感受

使用者对微型绿道场所的空间感受可以分为历时感受和瞬时感受两种。刘滨谊[2]等的研究发现：假定景观不变，人们对环境的感受时间越长，历时感受量越大；反之假定感受时间不变，景观变化越大，瞬时感受量越大。由此可以得

1 严迅奇，庄元莉．联系的美学［J］．世界建筑，1997（3）：23-25.

2 刘滨谊，张亭．基于视觉感受的景观空间序列组织［J］．中国园林，2010（11）：31-35.

出，景观变化量和使用者的游览时间是影响人们空间感受的主要因素。因此在微型绿道景观环境设计中，应该尽可能增加空间变化，延长人们游览的时间。

## 4. 速度影响下的五维微型绿道空间

在动态景观中，人们的视觉反应快慢决定了信息量的获取程度，视觉反应快则对外界的信息捕获量大；反之，视觉反应慢，则获取的信息量减少。要使快速运动的人看清景物，就要增加感知时间，可以将速度放慢，如果保持速度不变就要改变景物。一方面是将景物的形象拉大，增加对物象的识别性；另一方面是将景物重复设置，通过时间上的重复出现增加对景物的印象[1]。因此，景物设计的原则一般是速度越快越强调形体轮廓，速度越慢越强调设计细节。

在影视动画中，电影胶片每秒24帧，人眼的反应能力只能达到1/24秒，即每秒刷新24次画面，在视觉残留作用下人眼即可感觉画面是连续的[2]。一般来说，正常人的步行速度大约为4～6公里/小时，即为1.11～1.67米/秒，叠合人眼的反应速度1/24秒，那么在步行状态下人眼可以反应的最小空间尺度是4.6～7.0厘米，这决定了步行道较小的景观尺度需要更多的细节。中国园林自古追求自然山林之趣，可游、可居、可憩、可赏之境，就是指散步运动速度影响下的空间设计要求。骑行、慢跑、中频走、快走的运动速度与人眼在运动中反应到的最小景观尺度之间的关系如表3.7所示。

运动方式与人眼在运动中反应到的最小景观尺度　　表3.7

| 运动方式 | 运动速度（公里/小时） | 人眼在运动中反应到的最小景观尺度（米） |
| --- | --- | --- |
| 骑行[3] | 7.37~14.0 | 0.085 ~ 0.162 |
| 慢跑[4] | 8.5±1.4 | 0.099 ~ 0.115 |
| 中频走[5] | 4.2±0.4 | 0.048 ~ 0.053 |
| 快走[6] | 5.2±0.4 | 0.060 ~ 0.065 |

1 田少朋. 三类速度体验下的城市道路景观设计要点研究［D］. 西安：西安建筑科技大学，2012.

2 同上。

3 http://www.livestrong.com/article/413599-the-average-bike-riding-speed/.
For the average rider, somewhere between 70 and 100 rpm is a good speed to maintain while riding. Your speed may vary throughout a ride as you go up or down hills, but your cadence should remain consistent because that means "you are putting out the greatest amount of power that you are able to sustain efficiently," according to bicycle mechanic Sheldon Brown. 自行车的平均骑行速度是70～100转/分钟，以24～28自行车为例，大约是7.37～13.40公里/小时。我国城市道路交通规划设计规范规定，自行车行程速度宜按11～14/计算。由此可以得出一个自行车速度的上下限值为7.37～14。

4 陈晓荣，李可基. 我国成人步行和慢跑基本特征与代谢当量初探［J］. 营养学报,2010（5）：433-437.

5 同上。

6 同上。

# 3.2 微型绿道空间形态定性研究

## 3.2.1 基于美学视角的微型绿道空间形态

微型绿道的研究将建筑、景观设计与美术、哲学、艺术和环境研究联系起来，使之发展成涉及哲学、艺术和环境研究的跨学科研究领域，具有综合性。鉴于其线性空间特征，有必要从形态美学的角度进行探讨。

### 1．流动性和延展性

线是运动中的点的轨迹，线性空间本质上具有流动性和动态性，线性空间的网状连接可以保证其流动功能的实现。密度在增加空间能量的同时也增加了冲撞与隔阂，在增加集中与方便的同时也增加了停滞和拥堵[1]。城市空间连接体的流动性和延展性是解决高密度负面问题的一个重要因素。微型绿道作为这样的城市空间连接体，其作用是灵活的，边缘状况是可伸缩的[2]。微型绿道的流动性和延展性一定程度上决定了它的可持续性和活力，也决定了它所影响的高密度区是否具有现代城市的生命力。露茨辛格尔步道桥，连接鹿特丹市中心和北部，全长400米，该步道桥与新城市公共空间一起构成一个三维城市空间，其中包括一座办公楼、一个热闹的夜生活区、一个屋顶花园、一个公园和一个屋顶公园，该工程使得鹿特丹的高密度中心区域重新恢复成适于居住的绿色空间，为公众运动提供了一个新的选择。

### 2．实用性与技术性

实用性和技术性是微型绿道空间设计的基础和依托，表现在微型绿道能够在多大程度上有益于步行、骑行者的方便和舒适，有益于各公共功能之间整合，多大程度上可以根据使用时间、使用方式的不同改变其作用、环境和场所。

### 3．审美性与创新性

微型绿道的审美性表现在城市尺度的“造型艺术”或“视觉艺术”。必须遵循形式美的基本规律，如明确的主题、统一与变化、主从与重点、均衡与稳定、对比与微差、韵律与节奏、比例与尺度等，同时也应考虑城市居民求

1 严迅奇，庄元莉. 联系的美学［J］. 世界建筑，1997（3）：23-25.

2 同上。

新、求美、求变的审美心理。微型绿道解决城市问题的方法是通过对旧的形式的改造或者在旧的城市系统中引入新的介入物，从而激发新的城市行为，以解决旧行为所引发的城市问题。在这场新与旧的共生博弈中，微型绿道空间形态的审美性和创新性可以表现为材料、结构、形式等求新求变物质审美的正向创新，也可以表现为消解、融合、共生等精神审美的逆向创新，图3.9中为新材料和金色纹理的运用效果。

图3.9　蒙特利尔金色之舞广场
图片来源：http://www.gooood.hk/dance-floor-by-jean-verville-architect-at-montreal-museum-of-fine-arts.htm.

## 3.2.2　基于健康促进的微型绿道空间形态

### 1. 康体复健为主的微型绿道空间形态（表3.8）

康体复健为主的微型绿道案例分析　　表3.8

| 空间分类 | 案例名称 | 设计概况 | 实施效果 |
|---|---|---|---|
| 医疗空间 | 伯米吉北部国家健康服务中心医疗花园（North Country Health Services in Bemidji, MN.） | 医疗花园将给游客或患者提供一个和平和放松的空间，通过几个半私密的空间，并通过自然植物和水的处理，唤起一种平静祥和的氛围 | |

续表

| 空间分类 | 案例名称 | 设计概况 | 实施效果 |
|---|---|---|---|
| 康复空间 | 帕洛玛医疗中心康复花园（CO Architects Palomar Medical Center Healing Gardens） | 沿诊疗绿化停车场边缘地带而建的漫步花园，由一系列具有不同康复疗效的专业性康复景观空间组成，为病患者创造出专业化的治愈空间体验 | 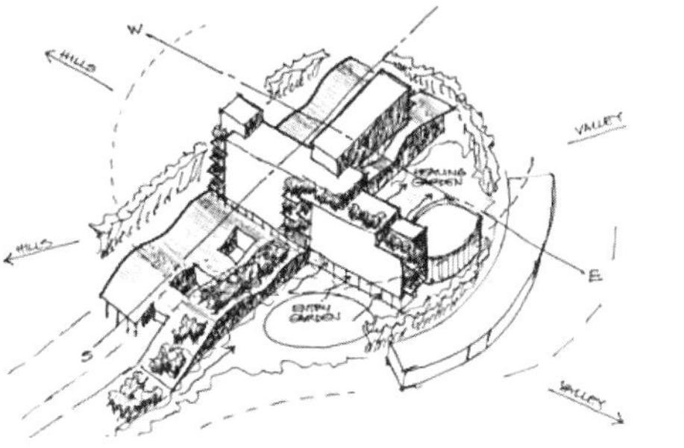 |
| 体验空间 | 比勒体验花园（Buehler Enabling Garden） | 一个手把手地教园艺的花园，通过展示鼓励所有年龄和能力的人进行改造、创造家庭花园 |  |
| | 缅因州五种感官勒纳花园（Coastal Maine Botanical Gardens） | 多姿多彩的食用植物、芬芳植物和质感植物，按摩的迷宫，音石、长椅、走道、花坛、水景，让使用者通过感知和互动恢复健康 |  |

## 2．运动健身为主的微型绿道空间形态（表3.9）

运动健身为主的微型绿道案例分析 表3.9

| 空间分类 | 案例名称 | 设计方式 | 实施效果 |
| --- | --- | --- | --- |
| 散步跑步空间 | 美国路易斯安那州心脏协会步行道 | 散步跑步空间分为一英里、两英里和三英里的路径。这是美国心脏协会的指定步行路径计划，通过提供安全和方便的步行路径，给社区一种资源，可以用来增加心脏健康 | 1 |
| 球类运动空间 | 永立星城都的乐普森游乐场 | 100平方米微型足球场，10米面宽+智能足球墙，可以普及到很多闲置边角用地上 | 2 |
| 骑行空间 | 美国旧金山高密度区市场街共享道路计划 | 旧金山交通改造计划的市场街试点项目，包括高架自行车道、共享车道的改造和建设等 | |
| 器械训练空间 | 鲁能领秀城生态运动公园 | 将运动渗透商业空间、居住空间、户外空间、生态资源和人文资源，提出全民健康“轻运动”生活方式、城市智能互动运动乐园建设 | 3 |

1 http://downtownbatonrouge.org/wpcontent/uploads/2014/12/Walking_Path.pdf

2 周莉．快乐运动城市计划［J］．城市环境设计，2016（4）．

3 同上。

## 3．休闲游憩为主的微型绿道空间形态

微型绿道作为一种城市公共开放空间，其设计并不完全专门针对某一类人群，但应有针对各类人群需求的特殊空间设计，在设计之初，应对可能的使用人群年龄、使用方式、使用时间等进行充分的调查和预估，以合理确定各种类型空间形态的比例及相互的平衡关系（表3.10）。

休闲游憩为主的微型绿道案例分析 表3.10

<table>
<tr><th>分类</th><th>活动需求</th><th>设计要求</th><th>案例</th></tr>
<tr><td rowspan="4">老人</td><td>拳术</td><td rowspan="4">1.路面平整防滑，避免高差，避免炫光眩光；<br>2.导向性和辨认度强；<br>3.坡度纵坡一般不应大于1：20，横坡不应大于2%，坡道与台阶旁应设防跌落的保护设施[1]，如右图所示；<br>4.宽度一般单项不应小于1.5米，双向不应小于2.1米，如右图所示；<br>5.内部空间和出入口空间畅通易达</td><td rowspan="4"> 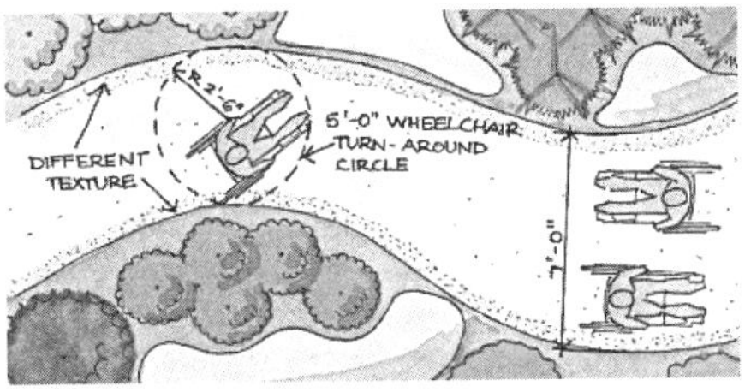2</td></tr>
<tr><td>坐息</td></tr>
<tr><td>园艺</td></tr>
<tr><td>散步</td></tr>
<tr><td rowspan="6">儿童</td><td>自然空间</td><td rowspan="6">1.鼓励游戏开展；<br>2.刺激儿童感官；<br>3.培养儿童兴趣和好奇心；<br>4.提供儿童基本的体能需求；<br>5.增加儿童与其他儿童的互动机会，如图灵魂罗盘儿童中心，成为孩子们探索自然、体验自然的户外学习空间</td><td rowspan="6"> 3</td></tr>
<tr><td>开放空间</td></tr>
<tr><td>街道空间</td></tr>
<tr><td>冒险空间</td></tr>
<tr><td>隐匿空间</td></tr>
<tr><td>游戏设备空间</td></tr>
<tr><td rowspan="3">中年</td><td>运动空间</td><td rowspan="3">1.中年活动空间重要的是减压性空间设计，可以分为运动、交流、静思等类型；<br>2.设计应考虑多种动、静空间，公共与私密空间之间的过渡空间的设计，如右图所示；<br>3.为人们提供各种各样的阳光和阴凉的地方，供不同需求者的使用</td><td rowspan="3"> 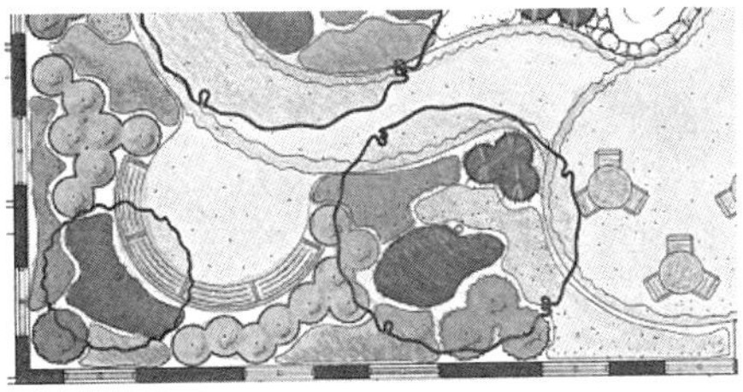4</td></tr>
<tr><td>交流空间</td></tr>
<tr><td>静思空间</td></tr>
</table>

1 张亚萍，张建林．老年人户外活动空间设计［J］．中外建筑，2004（2）：88-91．

2 http://www.extension.umn.edu/garden/landscaping/design/healinggardens.html Illustration by M. Furgeson

3 http://www.gooood.hk/children-utopia-by-peng.htm

4 http://www.extension.umn.edu/garden/landscaping/design/healinggardens.html Illustration by M. Furgeson

### 3.2.3 基于高密度区生态恢复的微型绿道空间形态

法国亚热带森林植物学专家帕德里克·布朗克（Patrick Blanc）提出“垂直花园”的理念，并获得垂直花园系统设计的国际专利，至此垂直花园在欧洲盛行。致力于在高密度区人口稠密、建筑拥挤的现状下进行生态恢复的微型绿道，其绿量的增加方式必然是更为有效地利用空间优势，引入垂直花园的理念和技术，将平面绿化转向墙体绿化、屋顶绿化、自体绿化等立体绿化方式。

#### 1．墙体绿化型

1）围墙绿化

微型绿道周边实体围墙的绿化材料以藤本植物为主，绿化设计要注意墙面的颜色与植物的颜色形成对比，同时，应注意墙面的肌理应为植物攀爬提供条件。在植被质感选择上，精致的墙面宜选用小枝叶的植物，粗犷风格的墙面应选择大枝叶的植物。也可以利用乔灌木的墙面贴植技术进行墙面绿化，让植物向两侧扁平生长[1,2]。

2）相邻建筑墙面绿化

微型绿道相邻建筑的墙面绿化一方面应考虑与微型绿道的隔离效果，所选择的植物一般枝叶较茂密，且为常绿种；另一方面对有采光要求的建筑物，应选择耐修剪的落叶攀缘植物，注意栽植间距不能影响建筑内部的采光要求。

#### 2．屋顶绿化型

城市屋顶约占城市面积的1/5，也是微型绿道可以利用的重要城市空间，利用屋顶绿化可以大幅增加绿量，缓解大气浮尘，净化空气，缓解城市热岛效应，削弱城市噪声，增加空气湿度，改善微型绿道环境（图3.10、图3.11）。

#### 3．自体绿化型

高架微型绿道自体绿化一般通过植物的攀附作用来进行绿化，应选用生命力强、生长迅速、可粗放管理、适合攀爬的植物，如爬山虎、常春藤等。对于桥底和柱体上的植物还应考虑其耐荫性，种植槽内应选用轻质种植土，减轻对微型绿道自身的压力。如图3.12、图3.13所示，巴西圣保罗市中心3公里高架桥

1 刘光立．垂直绿化及其生态效益研究［D］．雅安：四川农业大学，2002.

2 陈瑾．城市道路绿化的垂直设计［J］．城市建设，2009（27）.

图3.10 首尔梨花女子大学（一）
图片来源：http://www.gooood.hk/ewha-university-building-by-dominique-perrault-architect.htm.

图3.11 首尔梨花女子大学（二）
图片来源：http://www.gooood.hk/ewha-university-building-by-dominique-perrault-architect.htm.

图3.12 巴西圣保罗市中心3公里高架桥景观规划（一）
图片来源：http://www.gooood.hk/triptyque-revitalizes-3km-of-urban-marquise-in-sao-paulo.htm.

图3.13 巴西圣保罗市中心3公里高架桥景观规划（二）
图片来源：http://www.gooood.hk/triptyque-revitalizes-3km-of-urban-marquise-in-sao-paulo.htm.

景观规划，通过自体绿化将高架桥下的灰色空间变成宜人的健身交往空间。

## 3.3 微型绿道空间形态定量研究

### 3.3.1 微型绿道几何形态的定量研究

#### 1. 平面形态

微型绿道的平面形态可以分为直线形、曲线形、折线形、混合形四种。直线形微型绿道导向性强，视线集中性好，景观的氛围营造一般有连续性、序列感，整齐简洁，但过长的直线形微型绿道容易显得呆板、乏味。曲线和折线形微型绿道景观导向性和通达性不强，但路线富于动感，活泼有趣，易于让使

直线形

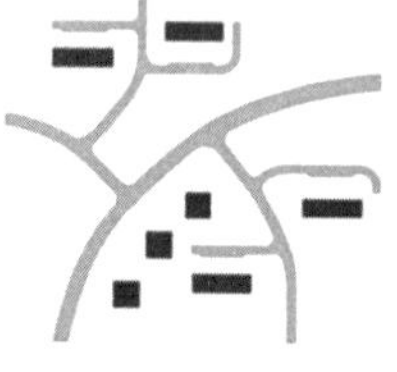
曲线形

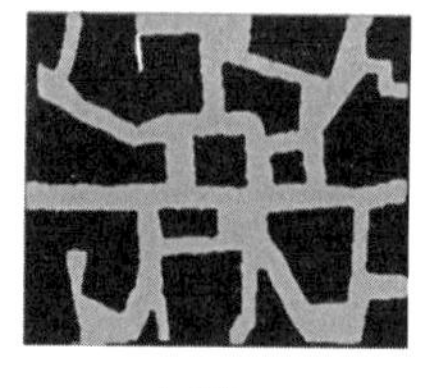
折线形

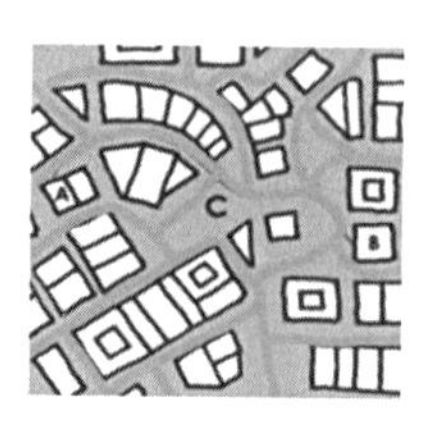
混合形

图3.14　微型绿道平面形态示意图

用者控制骑行、步行速度，提高道路的安全性，其中曲线形态的微型绿道韵律感强，折线形态的微型绿道易布置风格多变的景观，让使用者产生强烈的记忆。而混合形则是城市中最为常见的形态，能够发挥各种形态绿道的优点（图3.14）。

## 2．纵断面形态

1）坡度

根据地形设置灵活多变的微型绿道纵断面线形，可以让其产生丰富的景观变化，强化使用者的运动感受，这一点在纵坡较大或地形起伏较多的情况下最为显著。一般认为，坡度在5%以下（无障碍设计要求坡度纵坡一般不应大于1：20，横坡不应大于2%[1]）的坡道可以视为平坦的道路，5%～6%的坡度可以感到明显的高差变化，而大于6%的坡道在视觉上有一种压迫感，可以充分利用坡道景观特性的设计和造景方法，创造出比平坦道路更具变化的道路空间[2]。对过长的平直坡道应分段处理，以缩短视距，丰富使用者的景观感受。根据国家标准《无障碍设计规范GB 50763—2012》，当轮椅坡道高度超过300mm且坡度大于1：20时，坡道的两侧都需要设置扶手。自行车道应满足城市道路工程设计规范中的纵坡坡长的要求，如表3.11、表3.12所示。

《城市道路工程设计规范》[3]中对自行车纵坡限坡长的要求　　表3.11

| 纵坡坡度（%） | 3.5 | 3 | 2.5 |
|---|---|---|---|
| 限制坡长（m） | 150 | 200 | 300 |

1　张亚萍，张建林．老年人户外活动空间设计［J］．中外建筑．
2　王昊．城市道路景观形态研究［D］．南京：东南大学．2006．
3　中华人民共和国住房和城乡建设部．城市道路工程设计规范．2012．

各类型健康绿道坡度参考值[1] 表3.12

| 类型 | 纵坡坡度参考值 | 横坡坡度参考值 |
|---|---|---|
| 人行道 | 3% 为宜，不超过 8% | 2% 为宜，不超过 4% |
| 骑游道 | 不超过 12% | 不超过 4% |
| 综合游步道 | 3% 为宜，不超过 8% | 2% 为宜，不超过 4% |

2）纵断面线形

地面层常用的空间形态处理手法有如下几种：

（1）抬升——在微型绿道空间设计中，抬升可以产生对隔离、安静的空间感受，为使用者提供服务。一方面可以表现为坡度的抬升，另一方面可以表现为花床、水池和草坪的抬升，让使用者可以近距离地观赏景观，融入自然。

（2）下沉——下沉所形成的空间给人宁静、亲切、含蓄之感。

（3）围合——围合是通过景观要素如构筑物、建筑物、植物等形成空间的导向性或聚合感，是一种最常见的空间限定手法。

3）实现形式

（1）有高差地段微型绿道实现形式

分高差式——在山坡地段或水体岸边的微型绿道，采用分高差式，土方量小，有助于保护基地现有生态环境，也有较好的观景效果。

半下沉式——半下沉式微型绿道使绿道藏于绿化景观中，同时减弱机动车噪声对微型绿道的影响。

（2）无高差地段绿道实现形式

无高差地段绿道一般分为绿化带、人行道、自行车道几个部分。

## 3．横断面形态

1）街道宽高比基本规律[2]

根据卡米洛·西特、芦原义信、阿兰·雅各布斯等对既有街道研究可以发现，设定*D*为街道宽度，*H*为沿街建筑高度，街道宽高比即街道*D*/*H*值是人们感知街道的重要量化指标。当宽高比（*D*/*H*之比）不同时，街道上的使用者会

1 珠江三角洲绿道网总体规划纲要。

2 ［奥］卡米洛·西特著．城市建设艺术——遵循艺术原则进行城市建设［M］．仲德崑译．南京：东南大学出版社，1990：29．［日］芦原义信著．街道的美学［M］．尹培桐译．天津：百花文艺出版社，2006．46−47；
［美］阿兰·雅各布斯著．伟大的街道［M］．王又佳，金秋野译．北京：中国建筑工业出版社，2009．274．

产生不同的心理：

（1）D/H=1：垂直角为45° 时，是空间性质的转折点，街道的高度与宽度之间存在匀称性安定感。街道的宽度与两边建筑的高度因达到一种平衡而让人感到舒适。

（2）D/H<1：短距离的情况下会产生包围感和安全感，但长距离的情况下会产生压抑感和幽闭感，应增加街道空间的变化进行改善。

（3）D/H=2：垂直角为27° 时，街道建筑物起到舞台布景的作用，依旧能产生一种内聚、向心的空间，而不至产生排斥、离散的感觉。

（4）D/H=3：垂直角为18° 时，街道闭合感低，关注不到建筑物的细节。

（5）D/H=4：垂直角为14° 时，空间围合感丧失，建筑物以轮廓的形式充当空间的边界。

2）既有街道宽高比研究缺陷

（1）对D/H<1的情况缺乏细分

既有研究针对传统街道或广场，对D/H<1的情况研究不够深入，也不够细致，而现代城市高密度区高层建筑临街的街道需要解决的更多的问题是D/H<1的情况。图3.15为纽约、芝加哥、上海著名街道。

（2）D/H是一个比值，无法表示宽度、高度数值本身对街道特征的影响

D/H是一个比值，无法从其数值上看出宽度、高度数值本身对街道特征的影响，如同是D/H =1，10米宽、10米高的街道，与50米宽、50米高的街道其舒适度存在很大差异。从视觉和知觉方面来说，20米是可以辨清人的脸部表情的最远距离，因此在幅宽小于20米[1]的街道，路两侧行人的视觉可以相互连

（a）纽约第五大道
图片来源：http://www.kankanews.com.

（b）芝加哥密歇根大街
图片来源：http://www.quanjing.com.

（c）上海南京路
图片来源：http://www.100cct.com.

图3.15 D/H<1的著名街道案例

1 石飞，陈川. 城市街道尺度之辨［J］. 建筑与文化，2014（3）：92-93.

接，对步行者来说是有围合感和亲密感的空间（图3.16）。

（3）*D*/*H*不能表示使用者位置的不同而产生的视觉变化

*D*/*H*的数值不能表示使用者位置如道路中间、中央，道路边界等不同位置对视觉感受的影响。针对*D*/*H*>1的街道，根据使用者站立位置的不同如步行道位置的调整，可以产生*D*/*H*=1的视觉效果（图3.17）。

3）微型绿道对街道宽高比的调整策略

（1）利用微型绿道重构视线范围内道路宽高比

可利用微型绿道侧界面绿化种植、景墙等形式，控制视线范围内道路近地空间高度与街道断面宽高比，保持一定的围合感和安全体验（图3.18）。

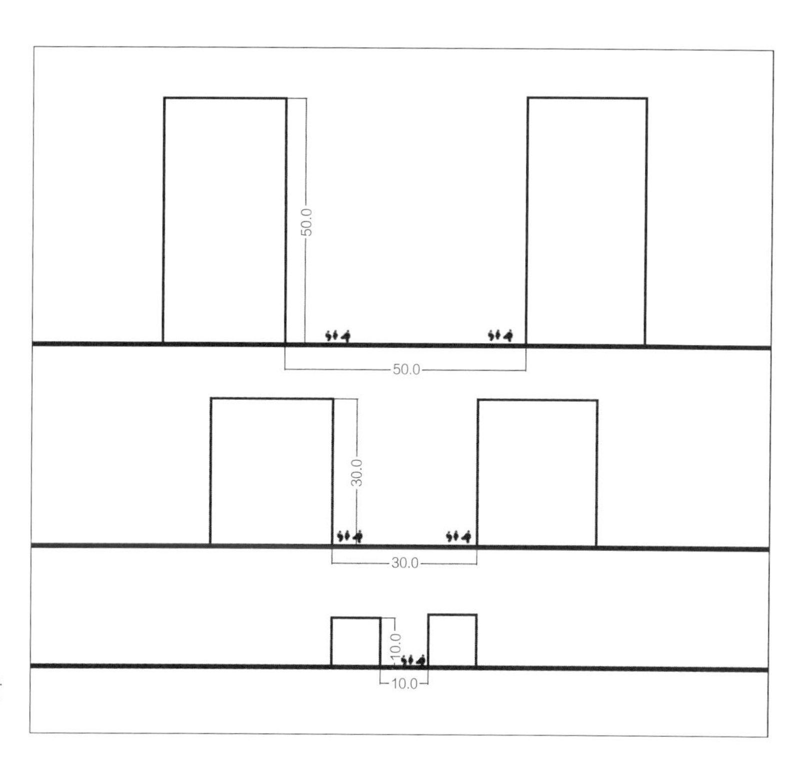


图3.16 *D*/*H*=1时，不同街道宽度对使用者的视觉影响

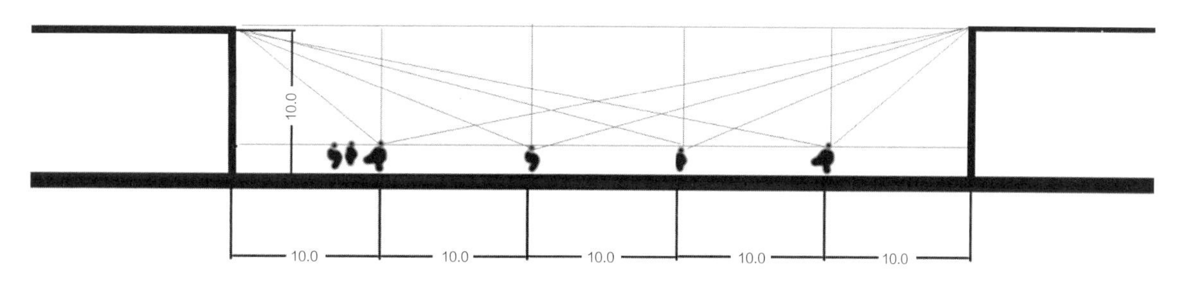


图3.17 人在街道不同位置感受到的不同视觉宽高比*D*/*H*

（2）利用微型绿道缩小道路视觉宽度

可利用微型绿道将过宽的车行道路分隔成适宜步行的人性化尺度（图3.19）。

（3）利用微型绿道改变行人站点

通过微型绿道在道路中布置位置的不同，改变行人站点，形成不同的视觉体验（图3.20）。

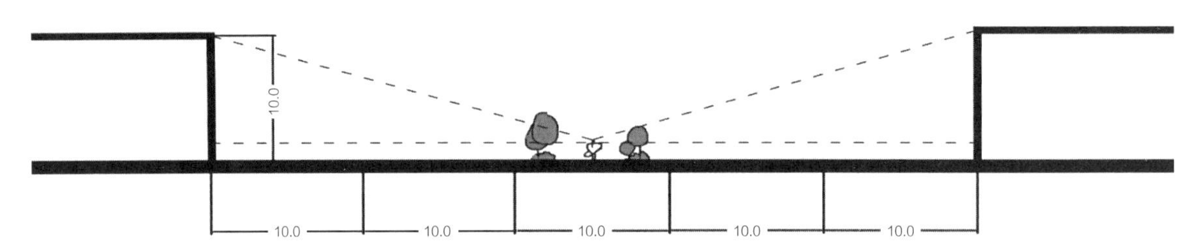


图3.18　微型绿道对街道宽高比的调整策略示意图（一）

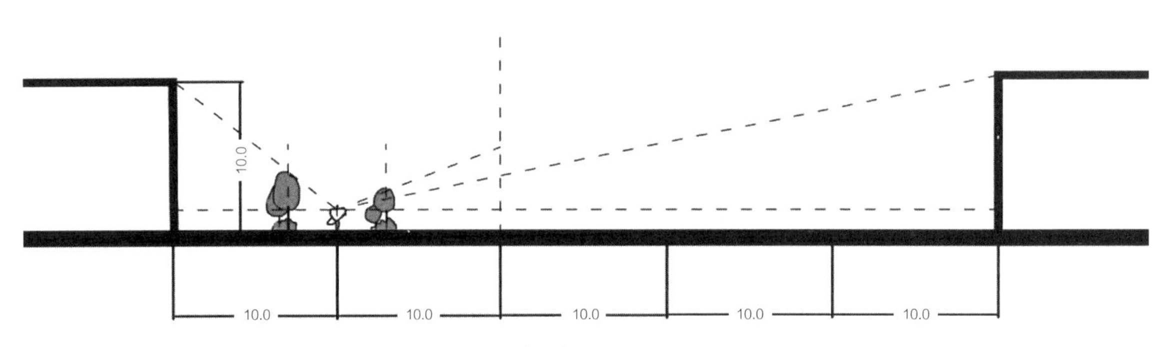


图3.19　微型绿道对街道宽高比的调整策略示意图（二）

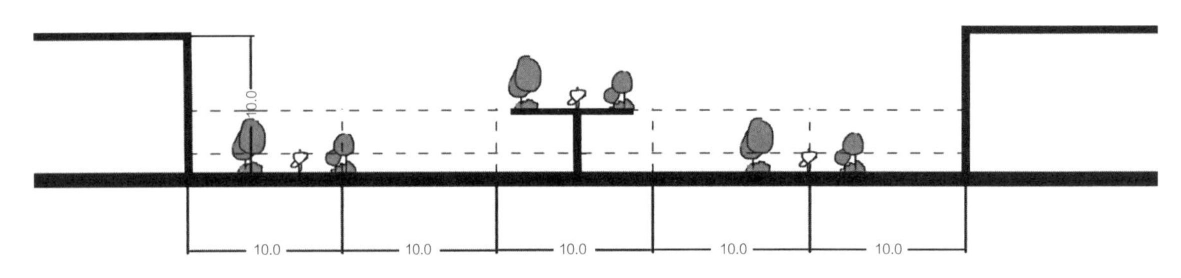


图3.20　微型绿道对街道宽高比的调整策略示意图（三）

## 3.3.2 微型绿道网络形态的定量研究

史蒂芬·马塞尔（Stephen Marshal）曾在《街道形态》（*Streets and Patterns*）一书中将街道的网络形态分为几何形态、拓扑形态和层级形态三种结构，如图3.21所示。微型绿道作为一种新的街道形式或街道的一个组成部分，其网络形态也应符合这三种结构形式。

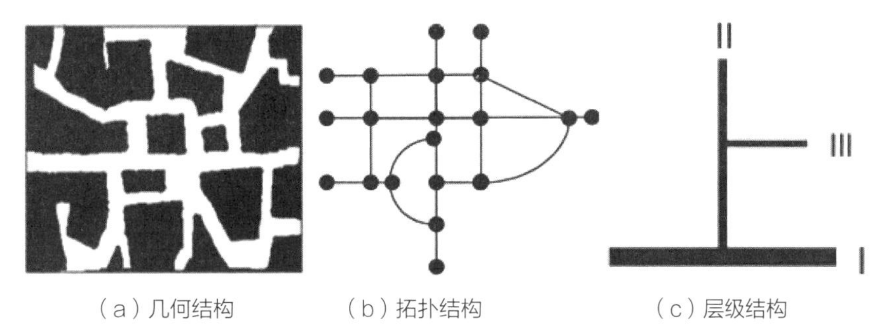


（a）几何结构 （b）拓扑结构 （c）层级结构

图3.21 三种网络结构的道路网络分析图
图片来源：Stephen Marshal，Streets and Patterns，2005.

### 1. 几何形态网络[1]

柯林·罗（Colin Rowe）指出，城市可步行空间的面积规模与可步行性并非呈正比例关系，可见网络密度在步行空间系统建构中的重要意义。街道的网络密度有如下几种计算方式：

微型绿道的网络线密度[2]=路径总长/地块面积，网络线密度的高低代表了地块内路径的疏密和长度。

微型绿道的网络面密度=路径面积/地块面积，网络面密度的高低代表了其对行人、自行车使用者和其他活动人群的承载力[3]。

微型绿道网络的渗透性=线密度面密度，通过渗透性的研究可以探讨步行骑行可达空间在街区内渗透的程度。

当然，《城市道路交通规划设计规范》对自行车道路网密度和道路间距作了表3.13规定，这是微型绿道网络在城市高密度区布局的基本参考值。

由此可以得出，为居民步行、骑车等日常必要性活动以及运动、健身等自发

1 苑思楠．城市街道网络空间形态定量分析［D］．天津：天津大学，2011.
Stephen Marshall. Streets & patterns（M）. New York：Spon Press，2005：89.

2 Meta Berghauser Pont（Author），Per Haupt（Author），Spacematrix：Space，Density and Urban.

3 周钰．街道界面形态的量化研究［D］．天津：天津大学，2012.

性活动提供恰当的空间，是实现利用空间引导居民健康行为、增加居民日常活动量的两个重要方面，是在保障客观环境系统健康基础上对市民健康的进一步提升。

自行车道路网密度与道路间距[1] 表3.13

| 自行车道路与机动车道的分隔方式 | 道路网密度（公里/平方公里） | 道路间距（米） |
|---|---|---|
| 自行车专用路 | 1.5 ~ 2.0 | 1000 ~ 1200 |
| 与机动车道间用设施隔离 | 3 ~ 5 | 400 ~ 600 |
| 路面画线 | 10 ~ 15 | 150 ~ 200 |

表格来源：《城市道路交通规划设计规范》，中华人民共和国建设部，1995.

## 2．拓扑形态网络

美国学者阿兰·雅各布斯指出，步行系统的视觉体验丰富性与其街道交叉口数量成正比，与街道交叉口距离成反比，据此可以认为对街道交叉口数量与距离的定量研究可以量化和衡量步行系统的视觉丰富程度。空间句法理论通过将街道抽象成线段来计算线段之间的连接值（Connectivity）、控制值（Control）、深度值（Depth）、集成度（Integration）、穿行度（Choice）等为街道的定量研究提供了相对科学的研究方法。苏联学者萨拉科夫提出城市可被简化为由线性交通要素组成的网络，涉及的要素有主干、分支、回路和岛屿，表现为单中心、多中心或更为复杂的形态。

## 3．层级形态网络

1）微型绿道在城市道路系统中的层级关系

我国城市路网的层级系统分为快速路、主干路、次干路、支路四类。微型绿道的建构可以依托这四种道路的类型而产生不同的形式，如微型绿道+快速路、微型绿道+主干路、微型绿道+次干路、微型绿道+支路等（图3.22），其形态详见表3.14。

微型绿道网络分析要素 表3.14

| 分支 | 回路 | 主干 | 岛屿 |
|---|---|---|---|
| 不闭合支线 | 不可再分的闭合环线 | 由分支和环路构成的骨架 | 孤立于骨干之外的环线 |

1 中华人民共和国建设部. 城市道路交通规划设计规范［S］. 1995.

2）微型绿道在绿道系统中的层级关系

从目前我国绿道规划研究和各地的绿道规划实践看，对绿道的层次结构有多种划分方式，如按照空间范围可以划分为区域绿道、城市绿道、社区绿道，按照我国行政职能可以划分为省域绿道、市域绿道、县域绿道等，按照功能可以划分为滨水型、山林型、绿地型、道路型、田园型、历史文化型。微型绿道与绿道的层次衔接如图3.23所示。

图3.22　共线道案例——波士顿街道设计

图片来源：Bosto Complete Streets, Mayor Thomas M. Menino City of Boston.

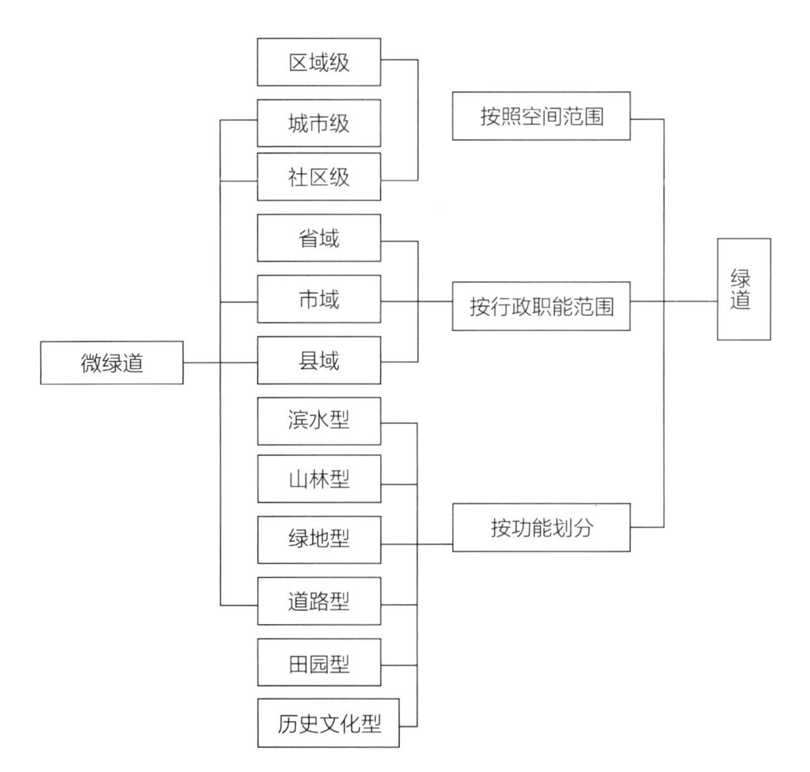


图3.23　微型绿道与绿道的衔接层次

3）微型绿道系统自身的层级关系

微型绿道系统自身的层级关系根据与机动车道的关系可以划分为独立道、毗邻道、共线道（连接线）三种。

独立道是指独立于机动车道的微型绿道，典型的案例如纽约的高线公园、哥本哈根蛇形自行车道、南贝尔广场步道及自行车道、美国哥伦布自行车道等（图3.24）。

（a）纽约高线公园
图片来源：http://blog.sina.com.cn/s/blog_5bd1bf360102v0yz.html.

（b）哥本哈根蛇形自行车道
图片来源：保罗・塞克恩，劳拉・詹皮莉编，贺艳飞译. 慢行系统——步道与自行车道设计［M］. 桂林：广西师范大学出版社.

（c）哥伦布自行车道

图3.24 独立道案例

共线道（连接线）微型绿道不应过长，应尽量少借道公路和城市道路。根据绿道连接线的规定，微型绿道连接线的总长度不超过市域范围内绿道总长度的10%，为确保连通而必须借道时，连续借道长度不宜超过3公里，同时应与机动车道有安全防护距离或安全隔离设施，借道路段机动车道应结合实际设置减速带和警示标志。

毗邻道是指微型绿道毗邻机动车道的类型，也是微型绿道最主要的类型。城市高密度区用地紧张，但建设大规模的高架或者地下微型绿道耗资巨大，多数情况下，应考虑对原有街道的微调整和改进，实现微型绿道与机动车道的毗邻建设（图3.25）。

图3.25 毗邻道案例——西安曲江毗邻快速路的微型绿道

## 3.3.3 微型绿道空间序列的定量研究

空间序列的排列直接影响人们在空间中的感受。影响微型绿道景观空间序列的主要因素有空间的功能、材质、尺度、使用的时间、速度、使用方式等各方面，从空间的视角来看，空间序列是人们在微型绿道中的活动线路。凯文·林奇（Lynch.K）在《城市意象》（*The Image of the City*）中将城市意象中的物质形态归结为轴线、节点、道路、标志物、界面，微型绿道的空间序列可以简化为一个由节点、路径、标志物组成的空间线路和构成线路的空间界面。

### 1. 节点、路径、标志物空间设计基本要求

在绿道设计中，应将普适性设计原则同建设实际相结合，充分考虑国家相关规范对道路、绿化、无障碍设计等的基本规定。

1）多个标志物空间单元基本序列

（1）出入口

微型绿道主要出入口多设置在城市地铁站、客运站、公交站、渡口等换乘点，并应在附近配置自行车服务点，机动车、非机动车停车空间，公共交通换乘等候空间等，实现与城市多种运输方式之间的接驳，入口处空间景观设计应有明确的引导性和辨识性，可以通过植物等景观要素的限定，创造出丰富的层次变化，强调入口的效果，同时还应结合周边环境设计过渡空间，如小型的广场、庭院等[1]。出入口距公交站及轨道站出入口不宜大于120米；学校、幼儿园、医院等门前应设置人行过街设施，距门口的最大距离不宜大于150米；过街设施距居住区、大型商业设施公共设施出入口的最大距离不应大于200米[2]。

（2）人行天桥与人行地道

①布局

人行天桥（人行地道）是微型绿道重要的衔接空间，布局应结合城市交通规划和道路网络布局，适应交通需求，并全面考虑步行交通设计，其设置标准应符合城市人行天桥与人行地道技术规范，应满足下列条件之一[3,4]。

进入交叉口总人流量达到18000p/ h，或交叉口的一个进口横过马路的人流量超过5000p/ h，且同时在交叉口一个进口或路段上双向当量小汽车交通量

1 韦宝伴. 城市道路的人性化空间［D］. 广州：华南理工大学，2013.

2 同上。

3 金光浩，叶以农. 人行过街系统特征分析与规划实践［J］. 北京规划建设，2008（3）：84-87.

4 城市人行天桥与人行地道技术规范CJJ69-95［S］.

超过1200pcu/ h ；入环形交叉口总人流量达18000 p / h 时，且同时进入环形交叉口的当量小汽车交通量达2000pcu/ h 时；行人横过市区封闭式道路或快速干道或机动车道宽度大于25米时，可每隔300 ~ 400米设一座；铁路与城市道路相交道口，因列车通过一次阻塞人流超过1000人次或道口关闭时间超过15分钟时；路段上双向当量小汽车交通量达1200pcu/ h ，或过街行人超过5000p/ h ；有特殊需要可设专用过街设施；复杂交叉路口，机动车行车方向复杂，对行人有明显危险处。

②间距

在大型商业区等人流密度大，且机动车流量也大的道路上，人行过街设施间距宜为150 ~ 300米；对于车流、人流密度不大，人车冲突不严重的道路，人行过街设施间距宜为500 ~ 700米；其他道路人行过街设施间距宜为300 ~ 500米[1]。

③分类

按照结构区分，人行天桥可以分为悬挂式、承托式、混合式、悬索式和斜拉式等结构。按照空间的围合度可以分为开敞式、半开敞式和密闭式等类型。按照布置的位置可以分为跨越路口和跨越道路两种。按照平面形态的不同可以分为“Y”形、“圆”形、“八边形”和“工”字形等。随着结构和材料技术的发展，形态的创新得到很好的技术支撑，很多人行天桥以优美的形态成为当地的景观标志物。如图3.26所示，兰埃因霍温的环形自行车桥为骑行者和行人提供了一个令人兴奋的交叉口，这座钢桥由一座70米高的塔桥、24根钢缆以及一条环形桥面组成，自行车像飞碟一样盘旋在道路交叉口的上空，成为城市的新地

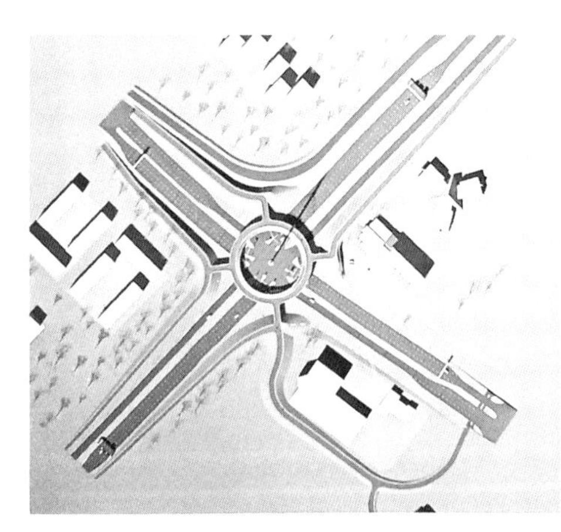

图3.26 霍温环形自行车桥

图片来源：保罗 · 塞克恩，劳拉 · 詹皮莉编．慢行系统——步道与自行车道设计［M］．贺艳飞，译．桂林：广西师范大学出版社．

1 韦宝伴．城市道路的人性化空间［D］．广州：华南理工大学，2013.

标。人行地道的设置也有很多形式，如“一”字形、“∏”形、“口”字形等。

④其他一般规定

关于通行能力：设计通行能力应符合表3.15的规定，并应根据《城市人行天桥与人行地道技术规范》，对不同路段采用不同的折减系数。

天桥、地道设计通行能力[1] 表3.15

| 类别 | 天桥、地道［P/h·m］ | 车站、码头前的天桥、地道［P/h·m］ |
|---|---|---|
| 设计通行能力 | 2400 | 1850 |
| 注：P/h·m为人/小时·米 | | |

关于净宽的最低要求：天桥的通道净宽，应根据设计年限内高峰小时人流量及设计通行能力计算，天桥桥面净宽不宜小于3米，地道通道净宽不宜小于3.75米，天桥与地道每端梯道或坡道的净宽之和应大于桥面的净宽1.2倍以上。梯（坡）道的最小净宽为1.8米，考虑兼顾自行车推车通过时，一条推车带宽按1米计，天桥或地道净宽按自行车流量计算增加通道净宽，梯（坡）道的最小净宽为2米。考虑推自行车的梯道，应采用梯道带坡道的布置方式，坡道宽度不宜小于0.4米，位置视方便推车流向设置。人行步道至少应保留1.5米宽，应与附近大型公共建筑出入口结合，并在出入口留有人流集散用地[2]。

关于净高的最低要求：天桥桥下为机动车道时，最小净高为4.5米，行驶电车时，最小净高为5.0米，天桥桥下为非机动车道时，最小净高为3.5米，如有从道路两侧的建筑物内驶出的普通汽车需经桥下非机动车道通行时，其最小净高为4.0米，天桥、梯道或坡道下面为人行道时，净高为2.5米，最小净高为2.5米[3]。

关于休息平台及坡度要求：梯道坡度不得大于1：2；手推自行车及童车的坡道坡度不宜大于1：4；残疾人坡道坡度不宜大于1：12；有特殊困难时不应大于1：10，梯道宜设休息平台，每个梯段踏步不应超过18级，否则必须加设缓步平台，改向平台深度不应小于桥梯宽度，直梯（坡）平台其深度不应小于1.5米；考虑自行车推行时，不应小于2米。自行车转向平台宜设不小于1.5米的转弯半径[4]。

（3）游憩空间

游憩设施包括文体活动场地、休憩点等，文体活动场地与安静休憩区、

1 城市人行天桥与人行地道技术规范CJJ69-95［S］.

2 城市人行天桥与人行地道技术规范CJJ69-95［S］.

3 同上。

4 同上。

游人密集区及游径之间，应用园林植物或自然地形等构成隔离地带。成人及儿童活动场内的构筑物及康体游乐设施应符合现行相关国家规范及行业标准的要求。休憩点包括休息亭、长椅、石凳等设施，慢行道两侧的休憩点应采用港湾式布局。椅凳设置间隔应≤100米[1]。

2）标志物

标志物是场所空间中的点状元素，用以产生场所的吸引力和凝聚力，增加人们对场所的记忆和感知。微型绿道的场所标志物通常是城市环境中原有的纪念性景观、建筑等或者新介入的公共艺术的形式如雕塑、壁画、装置、景观设施等，根据其在平面布局中的特点可以分为中心式、丁字式、通过式、对称式、自由式、综合式等，标志物代表了微型绿道空间场所的历史、文化和精神风貌，其主题的选择应突出历史文化的思考、地域环境背景、时代演变成就，并具有启迪性、纪念性、象征性与交流性，起到人与环境的交流媒介作用，使人产生亲近感。标志物的分布方式有多种类型，如表3.16所示。

标志物与微型绿道结合的方式　　表3.16

| 与出入口结合型 | 与种植池结合型 |
|---|---|
|  |  |
| 与连接构筑物结合型 | 与结构设施结合型 |
|  |  |

1 广东省住房和城乡建设厅. 广东省省立绿道建设指引 [S]. 2011.

续表

<table>
<tr><td>与文化展示结合型<br></td><td>与体育设施结合型<br></td></tr>
<tr><td>与休息座椅结合型<br></td><td>与观景节点结合型<br></td></tr>
</table>

## 2．界面对空间序列的影响方式

1）侧界面

侧界面对空间序列的影响因素：

（1）街道宽高比*D*/*H*曲线

街道宽高比*D*/*H*是街道界面的片段式表征，并不能体现出街道界面的连续性变化。但可以通过建立坐标轴，通过输入连续的*D*/*H*值而得出*D*/*H*曲线，这一曲线可以体现街道宽高比的动态变化过程[1]。

（2）街道面宽比（*W*/*D*）

微型绿道沿街建筑的立面效果直接影响着其空间景观的连续性和韵律性。*W*表示临街建筑单体的面宽，*D*表示街道宽度。面宽比（*W*/*D*）反映街道界面的节奏变化。芦原义信在《街道的美学》一书中认为，*W*/*D*≤1十分重要。由于比*D*尺寸小的*W*反复出现，街道就会显得有生气[2]。对于*W*/*D*>1的街道，可以利用微型绿道绿化、景墙或者围栏等侧界面的处理，将沿街建筑立面划分成*W*/*D*<1的若干小段，以此为街道带来变化和节奏。

1 周钰．街道界面形态的量化研究［D］．天津：天津大学，2012.

2 同上。

（3）界面密度

*W/D*无法表示沿街建筑排列的紧密程度对街道景观的影响，因此还需要一个界面密度的控制值。界面密度指建筑（含围墙、栅栏）的投影面宽总和与该段街道的长度之比[1]，界面密度的大小直接表征沿街建筑的紧密程度。

2）底界面

侧界面对空间序列的影响因素：

（1）植被浅沟与雨水花园

植被浅沟，又叫生态草沟，其作用主要是去除雨水中的污染物，收集并利用雨水，相对于传统的排水沟有非常好的景观和生态效果。雨水花园下部土壤多经过改良，设计时不仅要考虑植被的景观效果，还应该考虑其对雨水的过滤、渗透、吸收、降解等效果。

（2）地面铺装

地面铺装是微型绿道设计中非常重要的因素，涉及使用者的视觉和触觉感受。通过铺装色彩、质感、大小的变化不仅可以产生丰富多彩的空间体验，也可以限定空间，强化空间的连续性、指向性和可识别性。地面铺装的设计应注意同其他要素如植被、公共设施、周边建筑等一起构成整体的环境美感。

①色彩与质感

根据微型绿道的使用需求，铺装材料的选择要防滑、耐磨、易于清洁、有利于雨水渗透，同时应结合周围空间环境设计，富于欢快和变化，体现轻松愉快的氛围。铺装色彩与质感的选择应尽量与周边建筑、地域环境及城市整体的景观风貌相协调，同样的色彩与质感，不同的铺砌方法也会产生截然不同的效果。

此外，新兴材料如彩色混凝土和夜光混凝土等也得到广泛的推广和使用，极大地提高了步行骑行环境的空间效果，如图3.27所示。

②尺寸与尺度

铺装设计中，材质的尺寸与分格选择应考虑使用者的活动方式和心理感受。对于微型绿道而言，环境空间窄而进深长，铺装设计应缓解这种空间感觉，材质的尺寸与分格不宜过大。考虑到铺装尺寸对人的行进节奏的暗示和影响，一般不宜大于1米。

③线条与纹理

铺装的线条和纹理在微型绿道设计中可以强调道路的走向，对行人起到非常重要的引导作用，同时也可以利用其强调微型绿道的整体性和连续性。在空

1 周钰. 街道界面形态的量化研究［D］. 天津：天津大学，2012.

图3.27 荷兰北布拉班特省太阳能夜光自行车道
图片来源：http://news.hexun.com/2014-11-14/170402474.html.

图3.28 金华燕尾洲公园步道设计
图片来源：http://www.gooood.hk/a-resilient-landscape-jinhua-yanweizhou-park-by-turenscape.htm.

间中自行车道和步行道的划分，以及休息区与行进区的划分方面，除了可以使用颜色、材质之外，线条和纹理也常常起到非常重要的作用，如图3.28金华燕尾洲公园步道设计中运用了彩色线条状栏杆，强化了步道的引导性效果。

### 3．节点、路径、标志物空间序列基本模式（表3.17）

节点、路径、标志物空间序列基本模式　　表3.17

| 单线路单节点空间单元基本序列 | 单线路多个节点单元基本序列 |
| --- | --- |
| 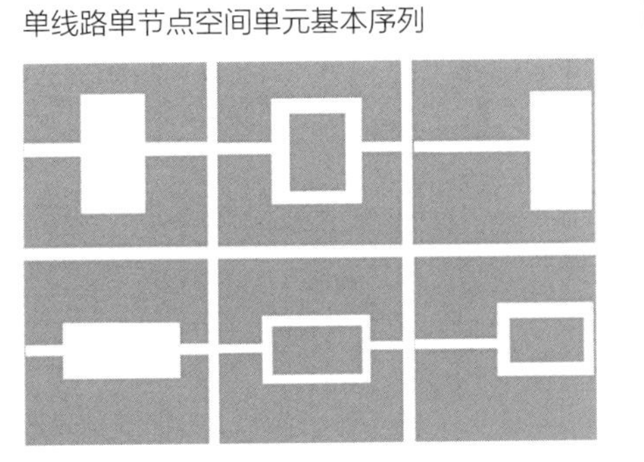 | 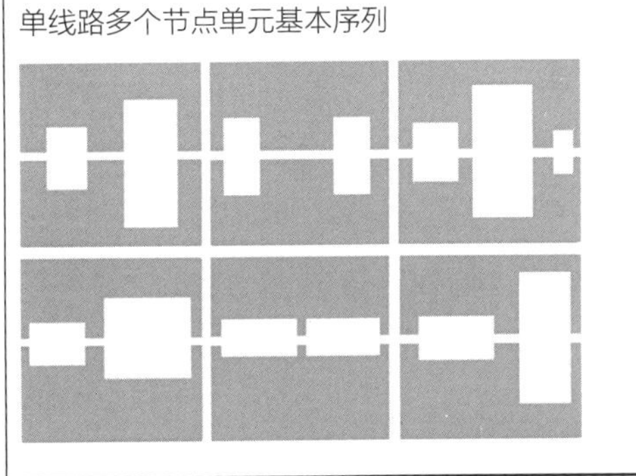 |

续表

| 多线路多节点空间单元基本序列 | 多个标志物空间单元基本序列 |
| --- | --- |
| 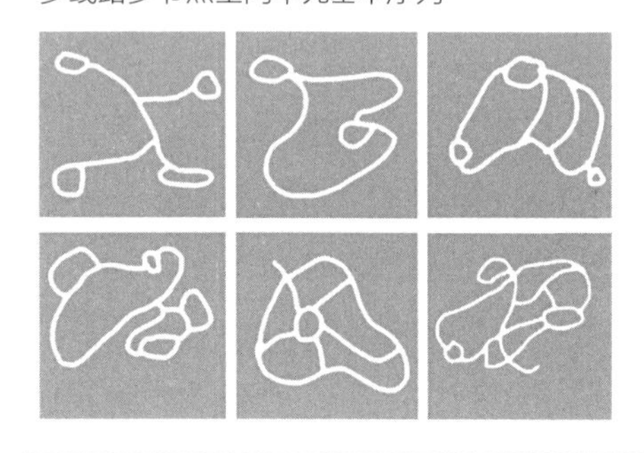 | 上坡时人们以坡顶附近为注视对象点，因此，在上坡的直线道路上，坡道顶部附近的景观标志能够强化视觉感。与此相反，对于较长的直线下坡道，可通过在其间设置景观标志物，并通过途中分段设置平坦地段、缩短视线距离等方法，把原本长且直的道路进行分段处理 |

## 3.3.4 微型绿道空间可达性的定量研究

可达性是微型绿道设计的主要影响因素之一，是保障微型绿道空间公平公正的重要因子之一，也是微型绿道选址规划重要的科学依据。人均微型绿道的场地面积能够在一定程度上反映城市微型绿道空间的数量特征，但却不能准确地反映其服务的公平性和效率。随着城市居民对城市近地健身空间的需求日增，微型绿道数量和质量的提高不能反映人们是否能够方便、快捷地到达微型绿道进行健身活动。基于此，可达性成为研究微型绿道的重要因素，多采用问卷调查与GIS可视化数据等方法。

### 1．影响微型绿道可达性的主要因素

1）微型绿道与居住地之间的空间距离、时间距离和经济距离

当前，“居民使用场所的频率随距离的增加而降低”以及“可达性符合距离衰减模型”的观点已被官方和学界普遍接受，并常被国内外学者、政府、行业作为主要依据加以应用。据此，可用居民出发点与场所点位之间的最短直线距离评价场所可达性及公平性[1]。城市高密度区微型绿道的选址问题还存在共同最佳位置的矛盾，即与其他活动设施场所争夺区位的矛盾。一般来讲，高密度区的中心位置常常是很多设施设置的最佳选点，这时应从政府和居民双方的角度进行更为理性的评判。

2）微型绿道面积、长度、场所空间吸引力

微型绿道的可达性取决于其长度和面积，长度是否达到一个基本的日常健

1 蔡玉军．城市公共体育空间结构研究［D］．上海：上海体育学院，2012.

身规模，是否能与公共交通零距离接驳，如在本章3.1.2空间形式——长度中所述，微型绿道的布置半径为400～1000米，而每个微型绿道支网应能串联不少于4公里的路程。

微型绿道的可达性还取决于其场所的空间吸引力，是否能够吸引人群参与和使用场所的设施并产生情感上的共鸣。微型绿道的使用者在健身和出行这两个基本需求之外，还有与人交流的需求，喜欢看与被看的需求，偶遇的需求，自我展示的需求，回归自然的需求等。《大众行为与公园设计》反复强调了景观中看与被看的重要性。微型绿道场所应满足交往安全距离的需求，保证交往的同时避免互相干扰，同时在人群聚集点的合适位置布置展示舞台，保留供乡土植物自由生长的区域，形成自然美好又吸引人的景观，设计多样化空间满足多种形式的交往。

3）使用者人群划分

《人性场所》中提到，使用者根据年龄、性别、活动方式等一般划分为若干固定人群，应该让不同人群都有各自的活动领域。根据现状调查，要找出不同使用人群的出行规律及活动方式的特点，使微型绿道场地表达出适合各类人群的场地特征。

## 2．微型绿道服务半径

服务半径是目前城市规划中公共服务设施布局的主要因素之一。微型绿道服务半径的大小取决于居民可达性，只有当服务半径小于或等于居民所能承受的时间/距离成本上限时，才能发挥微型绿道空间对居民康体活动的引导作用。在理想状态下，微型绿道的服务范围是以不同接入点为圆心，以接入点与最远服务点之间直线服务距离为半径的若干圆形。根据公共服务设施距离要求，小区级服务半径一般小于等于500米。“500米体育健身圈”也是基于此提出的。《上海市全民健身发展纲要（2004—2010年）》提出，建造社区公共运动场，使市民出门500米左右就有基本健身设施，利用公共交通工具15分钟可到达综合体育设施，利用公共交通工具30分钟可到达环城绿带、体育公园。根据国家全民健身发展纲要，我国很多城镇研究打造居民日常生活体育圈，有的以时间计算10分钟、15分钟到达，有的以距离计算将城市康体健身体系分级，如健身点、健身场、健身中心等，出行距离分别以500米、1000米、1500米左右计算。目前，这是微型绿道设计规划的基本依据。服务半径与可达性的关系如图3.29所示。

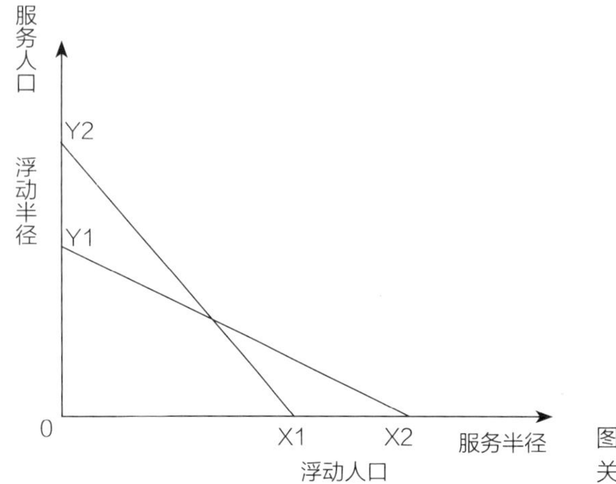


图3.29 微型绿道服务半径与服务人口关系图

### 3. 基于可达性的微型绿道布局模型

结合对既有关于公共服务设施选址研究的分析及城市体育生活方式对城市空间结构的影响分析，如图3.30所示，可以将微型绿道模型分为四类：

（1）最短距离模型：能够使计算区域内居民点出入口到微型绿道出入口的平均出行距离值最小。

（2）最大覆盖面模型：能够使同样长度的微型绿道服务覆盖的居民点面积最大。

（3）最少支出模型：微型绿道的设置能够使居民到达上一级康体设施场地的花费最小。

（4）最强引力模型：场所空间吸引力最强与居民需求之间相互作用的关系最好。

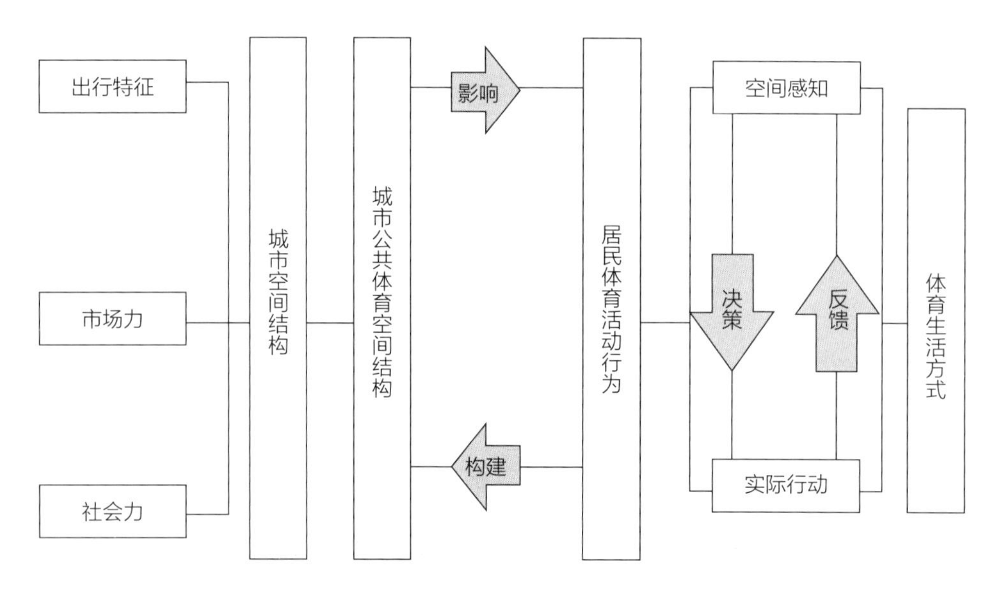


图3.30 居民体育生活方式与行为研究

# 4

# 微型绿道空间体系建构模式研究

规划和设计的目的，不是创造一个有形的工艺品，而是创造一个满足人类行为的环境，设计服务于人[1]。

——C.M.Deasy

1 蔡玉军. 城市公共体育空间结构研究［D］. 上海：上海体育学院，2012.

# 4.1 观点、目标与原则

## 4.1.1 观点

建构是相对解构而言的，核心是目标系统的建立。高密度区微型绿道空间体系的建构基于如下几个观点：

### 1. 织补为主，介入为辅，缝合城市公共空间体系

2015年中央城市工作会议明确提出，“要加强城市设计，提倡城市修补……要加强对城市的空间立体性、平面协调性、风貌整体性、文脉延续性等方面的规划和管控。”织补城市[1]的理论来自文脉主义，旨在解决“拼贴”城市的空间问题，平衡了常规的以经济发展为目标的大尺度规划粗放模式，使城市生态更具自生性和自我完善能力。

微型绿道建构的目的是沟通并完善城市绿地、交通、康体健身等空间体系，因此微型绿道的建构是以织补城市公共空间为主进行的，强调对历史、生活方式、居住区域和文化形态进行微观意义的机理联系和整合。仅对空间过于局限而无法进行整合的，采用介入处理的方式进行立体建构，以保证城市公共空间体系的通畅性和完整度。

### 2. 日常生活核心——微生活、慢生活、康体生活视野下的环境空间设计

微型绿道以城市日常生活空间需求为核心，针对生活方式变迁引起的城市空间矛盾，针对城市人群快节奏、碎时间、高压力的生活方式，以及老龄人口及儿童的现实需求，探讨近地健身交往的便捷城市开放空间，以微尺度“绿链”的空间形态楔入城市高密度区，实现城市人居环境的可持续发展。

1）日常微生活视野下的绿道环境设计

日常微生活是城市中人们最基本、最日常的生活方式。日常生活是城市空间发展的内在动因，蕴含和影响着城市空间的生长规律[2]。日常微生活视野下的绿道环境设计关注人们的日常生活需要及生活体验，以适应城市社会不断发展过程中人们生活需求不断提高所引发的城市空间变革，并通过探讨普通人、弱

---

1 张杰，刘岩，霍晓卫．“织补城市”思想引导下的株洲旧城更新［J］．城市规划．

2 陈晓虹．日常生活视角下旧城复兴设计策略研究［D］．广州：华南理工大学，2014.

势群体在微型绿道中的体验、感知、互动方式，自下而上地进行微型绿道环境设计，强调微型绿道对提升日常生活空间品质的重要性。基于此，建构基于微型绿道网络的高密度区的日常生活空间体系是微型绿道研究的主要思想之一。

2）基于快速城市的慢速空间设计思想

城市速度的不断提高是人类走向成熟和文明的标志，但是不可忽视的是，步行一直是从马车时代—自行车时代—汽车时代—快轨时代人们最主要的生活方式、运动方式和交通方式。人们通过步行获得健康，而城市通过人们的步行获得更多的生命力，如图4.1所示。快与慢在都市生活中都是不可或缺的，而它们之间却一直是各学科研究的基本命题，城市空间因为快慢生活的不匹配而产生各种城市问题，基于此，微型绿道是快速城市时代的慢速生活空间研究，探索城市高密度区快速城市速度下城市慢生活的匹配方式，是微型绿道研究的主要思想之一。

3）康体空间体系设计思想

我国《全民健身计划（2016—2020年）》[1]强调，城市康体空间体系的完善要"统筹建设全民健身场地设施，方便群众就近就便健身。按照配置均衡、规模适当、方便实用、安全合理的原则，科学规划和统筹建设全民健身场地设施。推动公共体育设施建设，着力构建县（市、区）、乡镇（街道）、行政

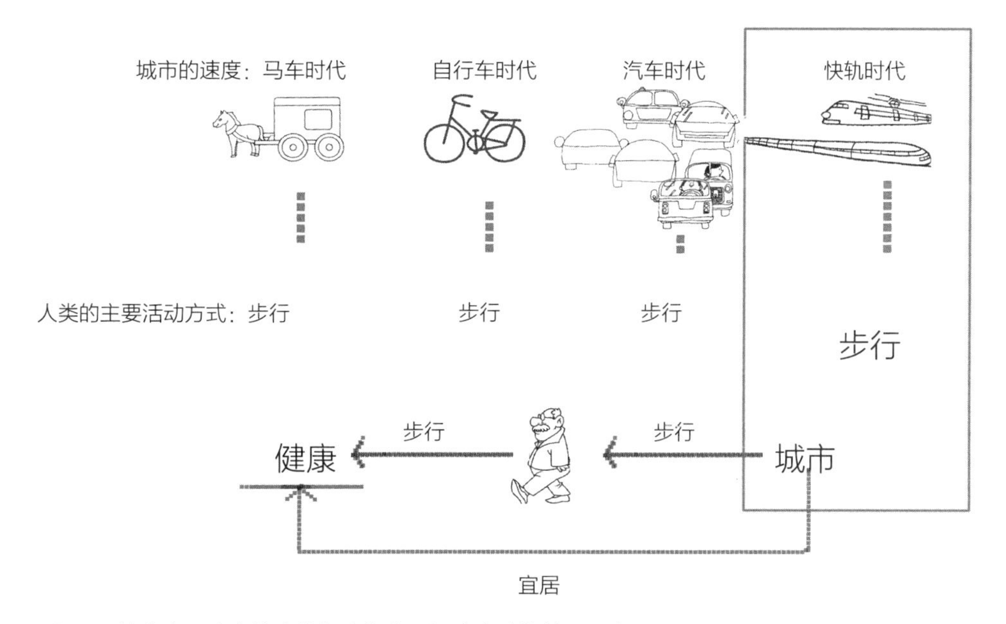


图4.1 城市交通速度的变化与人们主要活动方式的关系示意图

1 国务院．全民健身计划（2016—2020年）．2016-6-15.

村（社区）三级群众身边的全民健身设施网络和城市社区15分钟健身圈，人均体育场地面积达到1.8平方米，改善各类公共体育设施的无障碍条件。新建居住区和社区要严格落实按‘室内人均建筑面积不低于0.1平方米或室外人均用地不低于0.3平方米’标准配建全民健身设施的要求……老城区与已建成居住区无全民健身场地设施或现有场地设施未达到规划建设指标要求的，要因地制宜配建全民健身场地设施。充分利用……闲置资源，改造建设为全民健身场地设施，合理做好城乡空间的二次利用……”[1]根据任平等人都市体育圈的研究，可以将康体空间体系按使用者活动的时间特征和空间特征分为日常体育空间、周末体育空间和一周体育空间三种类型。在城市整个康体空间体系中，最为灵活却最为缺乏的是日常体育空间，微型绿道所研究的是人们每天可以例行重复的日常体育运动空间。通过微型绿道完善康体健身空间体系，实现“都市生活圈都市体育圈+都市交通圈”的有效衔接是微型绿道设计的主要思想之一。

### 3. 绿岛、绿洲、绿网、绿库立体景观系统——地下步行空间地面化

地下空间是高密度城市空间发展的必然趋势，作为微型绿道的一个重要组成部分和衔接空间，应注重地上地下相协调，采用“绿岛”等形式将地面景观引入地下“绿库”，创造出更生动自然、接近地面空间的环境以适应使用者不断提高的健康需求和舒适度需求，并结合交通设施、商业设施、人防设施等地下公共空间，形成连续的、全天候的地下步行系统（图4.2）。

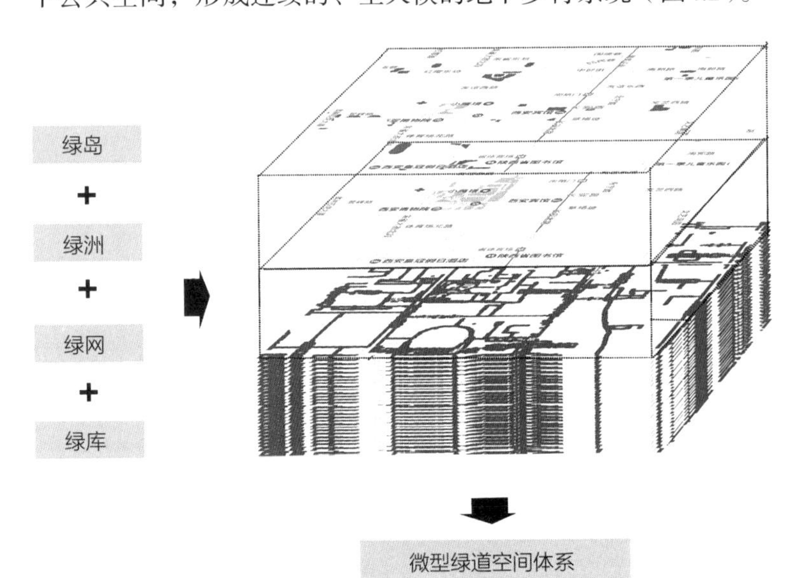


图4.2　绿岛、绿洲、绿网、绿库立体景观系统示意图

1　国务院关于全民健身计划（2016–2020年）的通知. 西宁市人民政府公报，2016–06–15.

## 4.1.2 目标

### 1．健康——促进健康城市的发展

按照WHO的定义，健康城市由健康人群、健康环境和健康社会三部分构成[1]。微型绿道在促进健康城市发展方面也应基于如下几个方面：

1）人群健康

理想的健康状况包括身体健康、心理健康、社会健康及道德健康等方面，即不仅要远离疾病困扰，还要在精神、意识、情绪等方面充满活力。微型绿道的建构通过增加交往空间、完善城市康体空间体系，实现近地健身，促进并改善城市的人群健康状况。

2）环境健康

城市环境健康主要指有利于生存的自然环境和有利于交往的空间环境。微型绿道通过立体绿化、自体绿化等方式增加城市绿量，改善城市高密度区微生态环境中的温度、湿度、风速等，并通过对城市绿地系统、康体空间系统的串接，形成有利于交往的空间环境。

3）社会健康

健康社会指良好的公众参与、健康的社会关系、健康的生活方式等。即保持社会成员之间的一种安宁而和谐的健康互动关系[2]。微型绿道通过对城市原有空间形态的微调整、改善或介入，通过微型康体空间的完善和建构，促进良好的社区或关系、开放的交流平台、多样化的社会活动等，以及可居民参与娱乐活动、低碳出行的生活方式，促进健康社会的形成。

### 2．活力——激发城市的内在动力

城市活力即城市旺盛的生命力，也即城市提供市民人性化生存的能力[3]。在城市空间上表现为充满趣味性与丰富性，具有吸引力和安全感的场所，满足居民日常物质和精神生活需求，表现在“人性场所”“空间可达”“环境宜人”等方面。

---

1 宁德强，何定军．“健康城市”发展模式视角下的健康重庆建设［J］．重庆邮电大学学报（社会科学版），2010（4）：111-116.

2 梁鸿，曲大维，许非．健康城市及其发展：社会宏观解析［J］．社会科学，2003（11）：70-76.

3 陈科，徐雷．基于城市记忆复兴的小城镇新建中心区城市设计——由温州瑞安城北组团中心区城市设计引发的思考［J］．华中建筑，2016（2）：120-125.

1）人性场所

荷兰建筑师奥尔多·范·伊克（Aldo Van Eyck）曾强调："不管空间和时间的意义是什么，场所的事件只会有更多意义。这是因为在人的意念中，空间表现为场所，时间表现为事件。"[1]因而微型绿道场所活力营造的目标首先是尊重并有利于人的活动，具有符合人群活动规律的空间尺度、空间组织等。

2）空间可达

城市空间活力与使用频率、使用效率相互联系、密不可分，而空间的使用效率和频率受制于其可达性与宜达性，因此可达性与易达性是影响微型绿道空间活力的重要因素，微型绿道作为一种慢行空间，必须考虑出发点与微型绿道出入口的接入距离、接入方式及与其他公共交通的联系等。

3）环境宜人

在公共空间中，人们的自发性活动和社会性活动根据环境条件的不同差异明显。良好的空间质量有助于产生人的停留与活动，促进新的交往。环境宜人是影响微型绿道空间活力的重要因素。

### 3．公平

1）使用者公平

微型绿道应做到不同使用者年龄、不同身体状况、不同使用方式的公平，创造出平等使用的公共空间场所，完善无障碍系统，为婴儿车、助力车等不同使用方式提供方便，以及通过不同空间场所的创造，满足不同年龄阶层使用者的需求（图4.3）。

2）使用时间公平

不同使用者对微型绿道的使用时间存在很大差异，如基于其健身锻炼功能，老人可能的使用时间在凌晨和傍晚，孩子的使用时间在白天，而中青年的使用时间多集中在晚上；基于其绿色出行功能，其使用高峰多集中在上下班时间；基于其文化展示功能，使用频率在周末或旅游旺季增多。因此，微型绿道应做到各时间段可达，保证使用时间的公平。

3）空间分布公平

微型绿道在高密度区的建构可以将城市公共绿地空间、康体空间等公共空间延伸到城市高密度区，公共服务设施网络布局、支撑健康生活方式的配套设

---

1 徐煜辉，卓伟德．城市公共空间活力要素之营建——以重庆市解放碑中心区及上海市新天地广场为例［J］．城市环境设计，2006（4）：46-49.

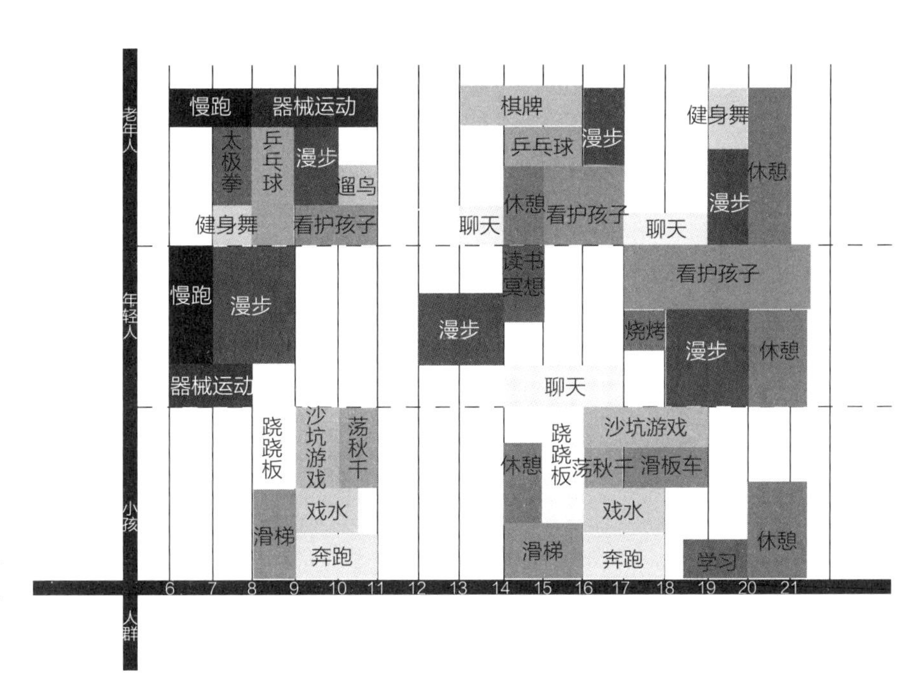


图4.3 不同年龄使用者活动方式和活动时间分布分析
图片来源：水石国际

施等的均等化及居住空间质量的均好性，对提升区域竞争力、促进可持续发展、实现公共利益最大化有非常重要的意义。

## 4.1.3 原则

### 1. 功能复合

1）康体、慢行、交通立体开发

针对高密度区人地矛盾突出、交通拥堵等问题，2012年国务院发布《关于城市优先发展公共交通的指导意见》（国发〔2012〕64号），要求加强公共交通用地综合开发：对新建公共交通设施用地的地上、地下空间，按照市场化原则实施土地综合开发。对现有公共交通设施用地，支持原土地使用者在符合规划且不改变用途的前提下进行立体开发[1]。基于此，将城市道路空间与康体空间、慢行空间集成开发，是增加人均康体空间、慢行空间面积，改善高密度区城市公共空间体系的可行性途径，也是微型绿道规划与设计的主要原则之一。

1 国务院关于城市优先发展公交通的指导意见. 司法业务文选. 2013-04-20.

2）生态、商态、文态、业态、形态多元共存

城市的发展离不开生态空间的支撑作用、文化空间的繁衍作用，以及商业空间的交流作用，生态、商态、文态、业态、形态的共存交融和互相补充是城市的活力之源。生态、商态、文态、业态、形态多元共存是紧凑城市视角下的城市空间开发利用模式，也是提高城市土地利用效率、节约土地资源、缓解城区高密度、改善城市生态环境的有效途径。

3）道路空间、绿地空间、闲置空间整合利用

微型绿道用小尺度、灵活的方式不仅将口袋公园、社区绿地、街头绿地等点状绿地及道路、河道带状绿地、公园等面状绿地结合起来，同时也可以将城市闲置空间进行整合利用，起到微型绿楔的功能，改善城市高密度区人居环境。

## 2. 边界开放

城市中边界的概念可以有多重意义，有形的边界如围墙、道路、建筑、河流等，无形的边界如红线、绿线、蓝线等，其他还有如心理边界、法规边界、社会边界等。就城市景观意象而言，边界不仅是区分空间、营造空间的要素，也是城市中具有功能复合性和高效性、景观渗透性、活动多样性、交通流动性和地域独特性等的空间。微型绿道旨在将城市中各类不同层级的边界空间整合为一体，将原有的消极空间转化为新的有活力的空间。

1）增强边界空间的弹性

利用微型绿道建构隐形开放边界，通过打破城市不同功能区域景观之间的界限，弱化或消解原有封闭边界，不仅可以强化边界景观的双向渗透性特征，而且可以增加边界用地的弹性，增强城市视觉景观的连续性，创造弹性边界的都市景观系统。

2）营造边界活动的多样性

通过微型绿道建立不同社区空间的联系，打破社区边界的封闭性，营造多样化的活动空间，要打破封闭式的处理方式，营造多样化的活动空间，串联社区绿地、活动健身场地等公共空间，促进社区之间景观资源的共享。

3）促进边界交通的流动性

通过微型绿道的建构，以水平方向拓宽或垂直方向叠加等方式分流慢行、步行人流，疏通城市机动车、非机动车等车流，促进边界交通的流动性，改善交通环境。

### 3. 空间连续

1）尺度连续

尺度连续有利于人们将同样尺度关系的物体组合起来，形成空间的秩序感，对于城市高密度区而言，空间界面多，尺度关系复杂，微型绿道的介入应尽量保持同一的尺度，易于使用者感知和把握，相反，对于空间界面较为单一的地段，微型绿道界面尽量采用不同尺度的对比，形成节奏感活跃的城市空间。

2）轮廓连续

一方面，微型绿道两边城市建筑的垂直界面常常表现为轮廓线高矮长短的不一致和特征形状、颜色的不统一；另一方面，微型绿道自身的垂直界面的整体高度通常不会超过人的正常垂直视角，其轮廓线对整个空间的景观意象起到非常重要的作用。因此微型绿道自身轮廓线的连续性是强化街道整体连续性的一个重要方面。

3）材质连续

材质的特征如色彩、尺寸、质感等是构成线性公共空间界面的必要元素，这些素材以一定的方式重现，将有效地表现界面的连续感，同一空间内不同材质之间应保证某一个或几个特征的一致性，以保证整个空间的整体性和连续感。

微型绿道设计首先应遵循城市作为一个系统的一般性设计原则——共生性、平衡性和循环性。设计应当具有弹性的思路、整体的观念、全局的视野，注重地域之间、新旧之间的关系。

## 4.2 空间体系建构

### 4.2.1 空间分类建构

### 1. 以建筑为导向的建构类型

1）商业建筑

商业建筑是城市公共建筑中最活跃的类型，商业建筑本身也会提供适合留驻的空间和吸引人们兴趣的各类设施。按照市场范围可以将商业建筑分为近邻型（服务邻里）、社区型（服务社区内部）、区域型（服务若干社区）、城市型（服务城市某个区域）、超级型（服务整个城市或周边城市）；按照商业建筑的形态可以分为市场、商业街和商业综合体。微型绿道与高密度区商业建筑的立体建构体现在如下几个方面：

（1）微型绿道与商业建筑入口广场的一体化建构，提高商业建筑的可达性

停车困难、道路拥堵是影响高密度区商业建筑可达性的重要原因。微型绿道与商业建筑入口广场的一体化建构可以将步行、骑行的人群引入商业建筑，其辐射范围不仅是周边的居民，还可以是“城市公共交通系统+公共自行车系统”可达的换乘人群，使用者也可以从单一购物者扩展到运动健身、家庭郊游、游客游览等潜在消费群体。可达性的提高不仅可以极大地扩大商业建筑的吸引范围，同时也可以增加微型绿道的使用效率。

（2）微型绿道与商业建筑中庭、内部步行系统借道整合，提高建筑的使用效率

商业建筑内部路线安排的目的是尽可能多地提高人流量和停留时间，促进购买力的提升。微型绿道与商业建筑中庭、市场、商业街内部步行系统借道整合，一方面可以将人群引入商业建筑，提高其使用效率，另一方面也可以通过商业空间的中转、衔接和商业空间的公共服务设施的借用，完善高密度区微型绿道系统。

（3）微型绿道与商业建筑屋顶花园的一体化建构，扩大城市公共空间

屋顶花园代商业建筑的第五立面，也是商业建筑可持续设计中的重要组成部分。对于大型商业建筑设计尤其是购物中心设计来说，屋顶花园可以软化商业建筑的外观和过大的体量感。其功能上也可以和屋顶餐厅、室外剧场、露天表演、户外酒吧、儿童乐园等功能结合起来。微型绿道与商业建筑屋顶花园的一体化建构可以吸引人流、汇聚人流，在提升商场的生态和环境效益的同时增加其商业价值和经济效益。

2）办公建筑

办公建筑可以根据使用性质的不同分为三类：第一种是公共权力机构，如政府行政办公楼，部、委、办、局等政府机关办公楼，第二种是企业、单位的办公楼；第三种是面向社会的商业化写字楼[1]。微型绿道与高密度区商业建筑的立体建构体现在如下几个方面：

（1）微型绿道与公共权力机构的一体化建构可以提高城市的整体景观意象。

我国政府型的办公建筑，通常会配置轴线严谨的城市广场，其中很多是城市重要的开放空间节点。微型绿道与公共权力机构的一体化建构不仅可以提高城市广场的可达性，同时也可以提高城市的整体景观意象，增加形象性广场的

1 孙彤宇. 以建筑为导向的城市公共空间模式研究［M］. 北京：中国建筑工业出版社.

亲和力。

（2）微型绿道与单位办公建筑的一体化建构可以增加城市公共空间的连续性。

企业、事业单位的办公建筑，通常用围墙或绿篱等手段限定红线内外空间，公共性和开放性较差，是城市公共空间体系的孤岛。微型绿道与单位办公建筑的一体化建构可以增加城市公共空间的连续性。

（3）微型绿道与商业写字楼的一体化建构可以改善办公环境，提高公共空间节假日及工作日下班时间的使用效率。

微型绿道与商业写字楼外环境的一体化建构可以分为单体模式、街区模式、园区模式等不同尺度与形式，一方面可以增加办公空间外环境的公共性与舒适性，增加外部空间活力，促进交流与合作，另一方面可以提高区域内公共空间节假日及工作日下班时间的使用效率。

3）文化建筑

文化建筑是城市生活品质的窗口，是城市公共空间的一个重要组成部分。微型绿道与城市文化建筑的立体建构可以将城市文化建筑的公共效益最大化，将文化建筑融入城市活动，落实成为一种市民的日常生活空间，为文化建筑注入城市活力。微型绿道与高密度区文化建筑的立体建构体现在如下几个方面：

（1）微型绿道与文化建筑的空间衔接

微型绿道与文化建筑的空间衔接不仅可以提高文化建筑的可达性，而且可以增加微型绿道空间的多样性，增加使用者停留或活动的时间，实现城市公共空间利益的最大化。

（2）微型绿道使用状况与文化建筑开放时间的对接

根据微型绿道使用频率、使用方式、使用人群状况设置文化建筑的开放时间、开放方式、展示内容，可以极大地增加文化展示类建筑的日常使用频率，提高其空间使用的弹性、开放性与社会公平性。

（3）微型绿道与文化建筑空间意境的双向渗透

通过微型绿道与文化建筑空间的结合，如微型绿道与文化建筑内部空间的衔接可以延伸其文化教育功能，增加文化建筑的展示空间，将艺术融入人们的日常生活，增加城市生活的活力。

4）体育建筑

根据与现代体育的对位关系，体育建筑设施可分为竞技型、大众型、学校型三大类[1]，如图4.4所示。

1 胡振宇. 现代城市体育设施建设与城市发展研究［D］. 南京：东南大学，2006.

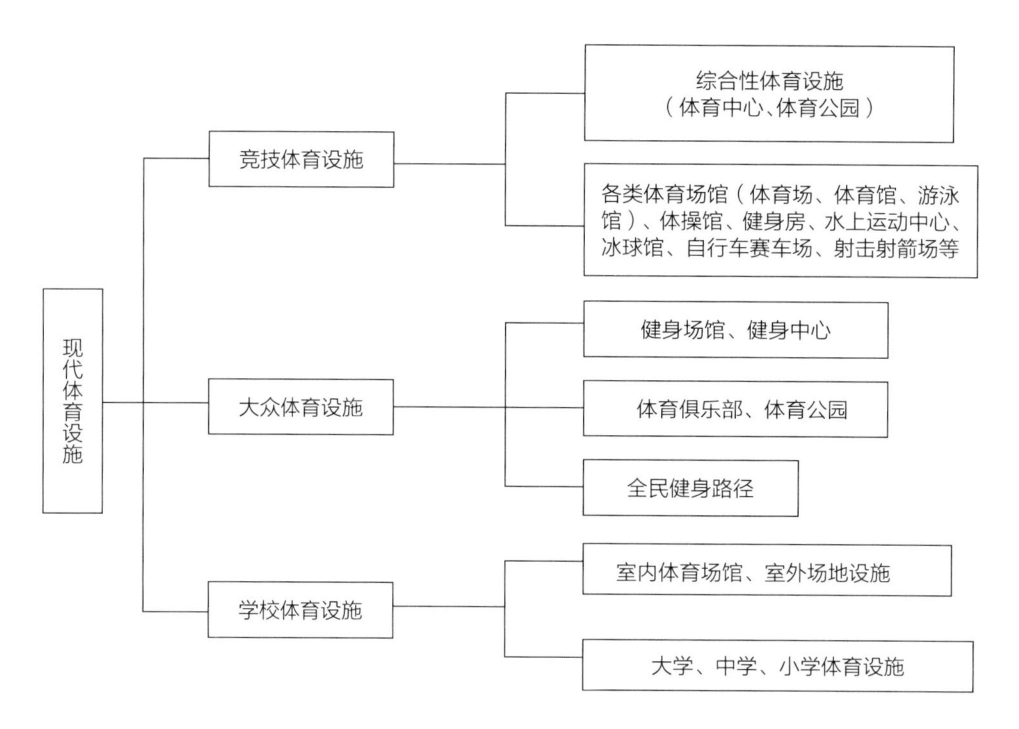


图4.4 现代体育设施与建筑

图片来源：胡振宇．现代城市体育设施建设与城市发展研究［D］．南京：东南大学，2006.

（1）微型绿道与城市体育建筑与设施的立体建构可以完善城市体育空间系统，增加人均体育空间面积，体现在如下几个方面：

短时间的人群疏散功能是竞技体育建筑与设施设计非常重要的一个方面，微型绿道与竞技体育建筑与设施的一体化建构一方面可以增加其人群疏散功能，另一方面也可以增加城市大型体育建筑的城市避难功能。

（2）微型绿道与大众体育建筑与设施的一体化建构可以增加其空间可达性和活动内容的多样性。

大众体育建筑与设施在不同城市不同片区的设置存在功能、面积等方面的差异性。微型绿道作为一种大众体育健身步道，其本身是大众体育空间的一个重要组成部分，微型绿道与大众体育建筑与设施的一体化建构可以增加其空间可达性和活动内容的多样性。

（3）微型绿道与学校体育建筑与设施的一体化建构可以提高学校体育空间的使用效率，提高学校公共空间的开放度。

学校体育建筑与设施是城市公共开放空间的一个组成部分，但目前并未得到充分使用。微型绿道与学校体育建筑与设施的一体化建构可以提高学校体育空间的使用效率，提高学校公共空间的卅放度。

5）交通建筑

城市中的交通建筑包括汽车站、火车站、飞机场、地铁站、轻轨站、磁悬浮站等。微型绿道与城市交通建筑的立体建构体现在如下几个方面：

（1）促进城市TOD公共交通为导向发展模式的完善，提高城市型TOD社区景观空间的舒适度。

以公交站点为中心、以400～800米（5～10分钟步行路程）为半径布置微型绿道网络，使居民能方便地选用公交、自行车、步行等多种出行方式，促进城市TOD（以公共交通为导向的发展模式）的完善。一般以步行10分钟的距离或600米的半径来界定城市型TOD社区的空间尺度。微型绿道与城市公共交通的立体建构，可以提高城市型社区景观空间的舒适度。

（2）实现城市大型交通建筑之间的无缝连接。

微型绿道可以将多个城市交通建筑进行串接，实现多种城市交通的一体化设计，并通过土地利用、交通接驳、地上空间综合利用、城市空间形态等层面的设计与衔接，增加城市交通建筑的多选择性和可达性，形成富有个性的城市意向。

（3）利用城市交通建筑作为微型绿道的衔接点，完善微型绿道系统

利用城市交通建筑作为微型绿道系统地面、地下、架空的衔接空间，实现城市微型绿道系统的立体化建构，提高微型绿道系统的景观连接度，并通过共用城市交通建筑的公共服务设施，完善微型绿道系统的公共服务设施系统。

6）居住建筑（图4.5）

（1）底层的连接

微型绿道与居住建筑底层的连接，可以提供众多开放通道，确保微型城市化的小尺度实现，增加居住建筑之间绿色空间的连接度。

（2）中间层的连接

通过中间层连廊连接多个居住建筑，形成一个独立的空间网络，实现城市功能组织从二维空间向立体化的层叠布局方式的过渡[1]，可以满足人在有限时间内的多种生活与心理需求。

（3）顶层的连接

通过微型绿道与居住建筑顶层的衔接，利用居住建筑的第五立面，大幅度增加城市绿量，等面积偿还建筑物所占用的绿地空间，也可以通过对多个居住建筑屋顶及山墙的利用，形成一个屋顶步行空间系统，缝合被割裂的城市空间。

1 周扬，钱才云. 浅谈我国居住建筑的集约化发展——以北京“当代MOMA”社区规划设计为例［J］. 四川建筑科学研究，2012（2）：220-224.

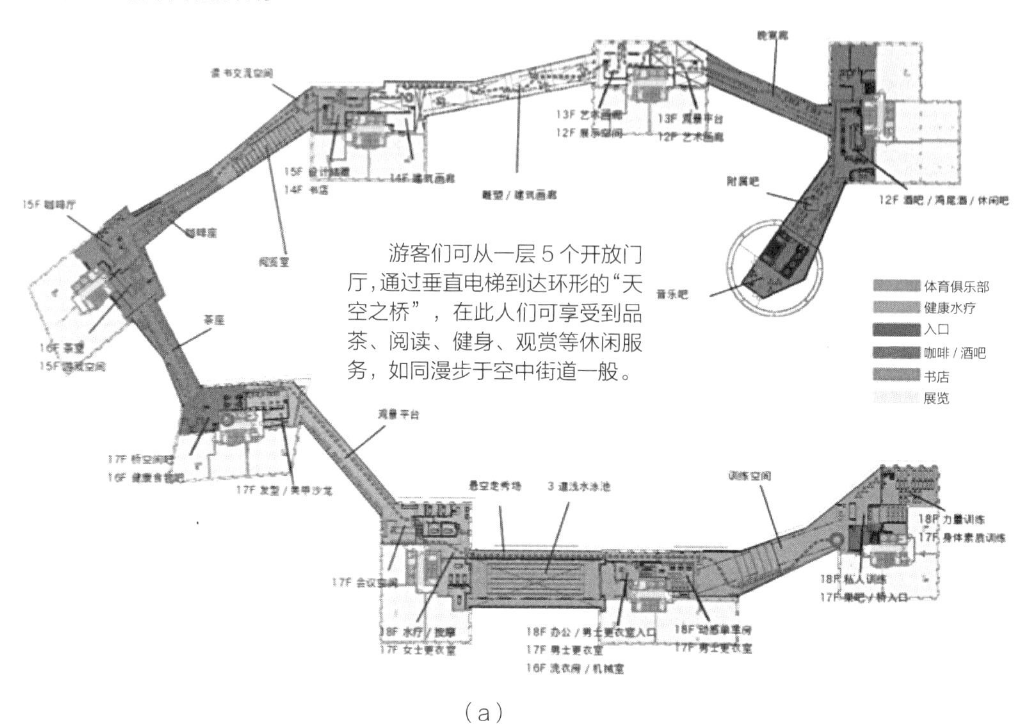


（a）

水平向与垂直向的交通组织使社区中的建筑在地面上、地面下、高空中三维层面上紧密地融合在一起

（b）

图4.5 霍尔设计的当代MOMA天空之桥

图片来源：http://archgo.com/index.php?option=com_content&view=article&id=412:linked-hybrid-steven-holl-architects&catid=59:high-rise-residential.

## 2. 以空间为导向的建构类型

以空间为导向的微型绿道立体建构涉及开放的边界空间、建筑物的前广场、下沉广场、架高广场、穿越街区的步道、跨越街区的架空通廊、建筑物内部的公共活动空间、建筑物的屋顶花园、广场等方面，分类总结如下（图4.6、图4.7）：

1）架空空间

（1）高架广场

城市高密度区高架广场提供了土地多元化、立体生态化的利用方式。

我国设计师劳卓健：天空—乐园的方案，针对广州细岗旧城区基地现状交通、停车、公共空间之间的矛盾，构建了用廊道串联起来悬浮在空中的广场，将人们的活动重要区域由地面转移到空中，使用居民可以便捷地到达每个活动场所（图4.8）。

意大利AS-DOES设计团队，在意大利佛罗伦萨一处城市公共空间中设计了一个9度的“U”形立体坡道广场[1]，保证无障碍人士的使用，为市民提供庇荫、宴会、展览、户外电影等多种休闲活动，在不牺牲市民休闲娱乐场所的同时，也为商业空间留足了用地，在坡道下方安置了商业区与休憩区以及必要的公共服务设施[2]（图4.9）。

图4.6 越南胡志明市，空中屋顶花园住宅[3]
图片来源：shttp://archgo.com/index.php?option=com_content&view=article&id=2241：vo-trong-nghia-diamond-lotus-residences-ho-minh-city-vietnam-09-28-2015&catid=59：high-rise-residential&Itemid=100.

图4.7 城市之链[4]
图片来源：http://www.wtoutiao.com/a/658926.html.

1 意大利佛罗伦萨休闲广场——九地设计，http://blog.sina.com.

2 同上

3 Vo Trong Nghia建筑事务所

4 2014UIA-霍普杯竞赛三等奖作品

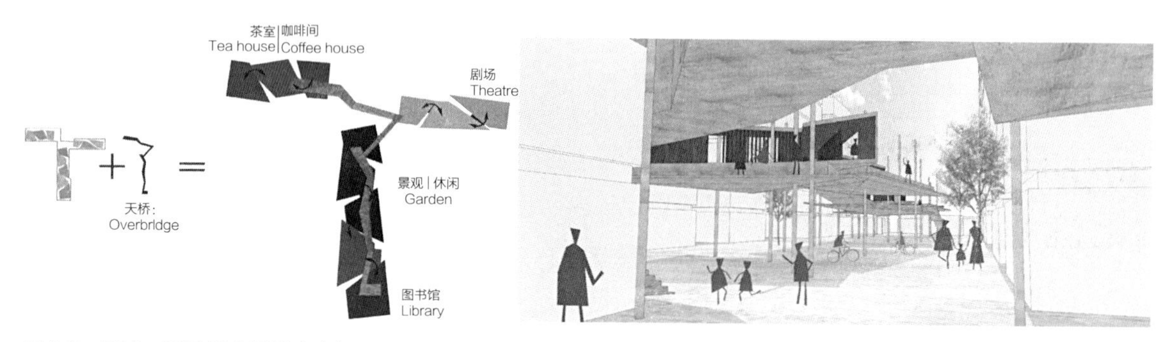


图4.8 天空-乐园概念设计方案[1]
图片来源：http://www.gooood.hk/_d274208167.htm.

图4.9 意大利佛罗伦萨“garden-square of the city”国际竞赛方案之一，立体坡道城市花园广场
图片来源：http://www.gooood.hk/garden-square-by-as-does.htm.

（2）跨越街区的架空通廊

架空廊道不仅可以提高高密度区，还可以立体缓解行人与机动车的交通关系。纽约的街道网络非常密集，高线公园为市民在高密度城市提供了一个无障碍快速穿越街区的通道，一个独立于现代城市的野趣公园，一个公共的户外客厅，一个中午和下午茶的运动休闲场所，一个记录城市过去、现在、未来的纽带，因此，该项目从一期开始就广受关注，赢得了市民、游客广泛的好评，图4.10为纽约高线公园的二期效果图。

（3）建筑物之间的架空连接道

建筑物之间的架空连接道常常以天桥的形式表现出来，对周围空间形成立体化衔接，也可以由小的衔接点扩展成覆盖片区的大的空中步行系统

1 设计师：劳卓健

（图4.11）。典型的案例如上海陆家嘴高架环形天桥，步行桥高5.5米，最大有效通行宽度为7.5米，可容纳15个人共同并排行走。环形天桥是陆家嘴中心区二层步行连廊系统的一部分，连接上海浦东海关大楼、正大广场、上海国际金融中心（新鸿基项目）以及轨交2号线陆家嘴站，整个连廊跨过世纪大道、银城西路、陆家嘴西路三条道路[1]。美国明尼阿波利斯覆盖30多个街区的空中天街

图4.10　纽约高线公园二期
图片来源：谷德设计网

图4.11　美国明尼阿波利斯天桥系统图
图片来源：www.tripadvisor.com.

1　陆家嘴环形天桥开始架梁，http://www.xwwb.com.

图4.12 巴塞罗那UPC校园北入口区
图片来源：http://www.gooood.hk/tag/taller-9s-arquitectes.

（Skyway System），通过封闭的过街连廊将商业中心区的大部分建筑联系在一起[1]，为市民提供了穿梭于城市各个街区的室内步行系统，上下都有自动扶梯，形成大范围的城市立体衔接空间系统。

2）地面空间

（1）公共建筑前广场

公共建筑前广场是微型绿道的节点空间，通过微型绿道的处理可以强化公共建筑与城市的联通。西班牙巴塞罗那设计团队Taller 9s arquitectes将UPC大学校园北侧区域的封闭空间改造成一个与城市保持良好联通性的绿色空间，改造以绿色植物为基础，以路径为核心，打造出地面上的新休闲空间（图4.12）。

（2）转角公园

大量的城市道路转角是微型绿道需要改造和进行连接的部分。张庙科普健身公园位于上海市宝山区通河路呼玛路转角位置，该设计是城市改造利用零星绿地的典型案例，通过健康步道、自行车道的设计将城市景观融入社区生活，使得健身步道、广场舞平台、休息交流与绿化交融共生（图4.13）。

（3）交通环岛口袋公园

大型交通环岛是城市可以利用的公共闲置绿地空间，微型绿道系统应将其纳入改造空间系统。南贝尔广场是个巨大的环形交叉路口，改造通过步道和环形车道将两条街道从视觉和功能上联系起来，中心广场还放置了一些单个座椅（图4.14）。

1 杜良晖. 空间·联合·过渡［D］. 重庆：重庆大学，2003.

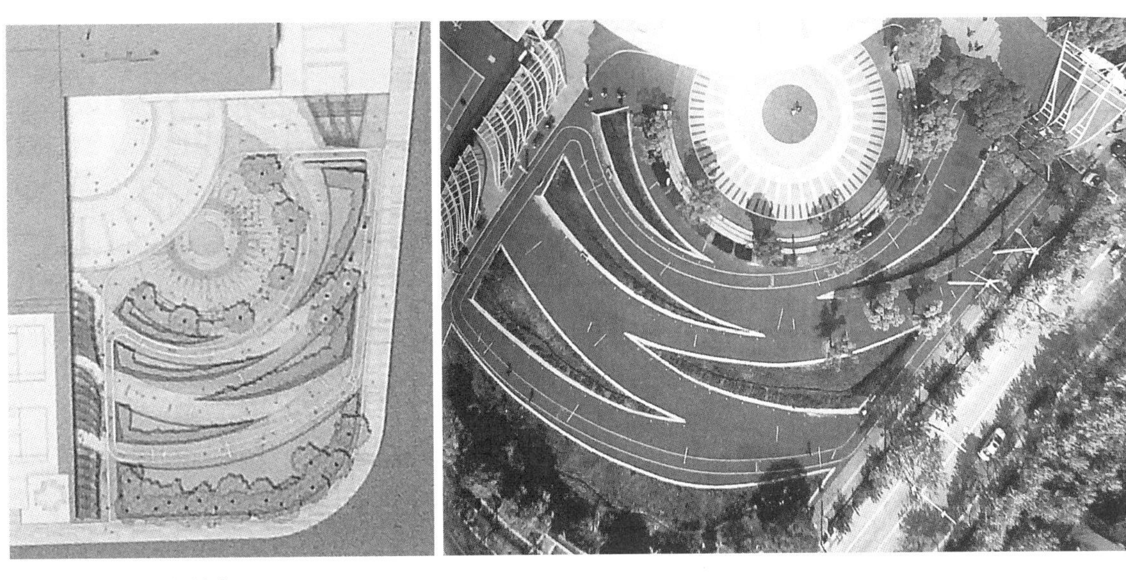

图4.13 张庙科普健身公园
图片来源：城市/环境/设计085 P272.

图4.14 南贝尔广场步道及自行车道
图片来源：恩·劳拉·詹皮莉编．慢行系统——步道与自行车道设计［M］．贺艳飞译．桂林：广西师范大学出版社．

3）公共建筑内部空间及屋顶空间

微型绿道系统构建可利用的公共建筑内部空间及屋顶空间按照建筑功能可以分为中庭空间、通道空间、屋顶空间等，按照形态可以分为面状、线状、环状等多种形态。

（1）面状

面状空间形态包括圆形、正多边形、矩形、不规则多边形等平面形式，从

图4.15　欣贺设计中心构思
图片来源：http://www.gooood.hk/mad-reveals-the-design-center-for-xinhee-group-xiamen-china.htm.

功能上可涉及门厅、中庭、屋顶等多种类型。

建筑事务所设计的厦门欣贺设计中心其实并不是一个非常贴切的案例，因为建筑本身功能的社会公共性较弱，但从设计内部结构及中庭构思对城市公共建筑有很多启示作用。它以一个圆形中庭为轴心，六个大跨度空间发散型星状布局，形成充满力量感的骨架结构，其间内部空间和绿色花园立体混合布置（图4.15）。

（2）线状

线状空间主要指公共建筑中的通道、过廊、长宽比较大的矩形中庭等空间。如图4.16所示波士顿保诚中心（Prudential Center）冬季花园集城市绿色廊道、商业步行空间于一体。

图4.16　波士顿保诚中心冬季花园

（3）环状

环状空间主要指公共建筑中的环形公共步道系统。2014年浙江省台州市天台县赤城街道第二小学在教学楼四楼顶设计了200米环形跑道，解决了有限的土地资源与全面的设施需求之间的矛盾，该设计方案代表中国参加了“第14届威尼斯国际建筑双年展”（图4.17）。

图4.17 浙江省台州市天台县赤城街道第二小学屋顶跑道
图片来源：http://news.163.com/14/0901/21/A53B871C00014SE.

图4.18 阿姆斯特丹中央火车站自行车和行人新隧道
图片来源：http://www.gooood.hk/cycle-and-pedestrian-tunnel-at-amsterdam-central-station-by-benthem-crouwel-architects.htm.

4）地下空间

微型绿道对城市地下空间利用主要集中于城市核心区、旧城市改造区及城市轨道交通密集区等城市形态较为稳定、街区相对成熟、空间密集的地段。利用轨道交通设施、人行地道、地下商业街、城市地下综合体等，形成地下、地面一体化的步行系统，缓解城市高密度区交通现状，获得新的发展空间。

（1）人行地道

人行地道是最早的立体交通形式，在考虑交通功能之外，还应结合现代的材料及设计，关注采光度、人导向性和行人安全感等地下消极因素的处理。典型的案例如Benthem Crouwel Architects设计的阿姆斯特丹中央火车站自行车和行人新隧道，长110米，宽10米，高3米，一侧是自行车专用道，另一侧是人行专用道，并进行了高度的区分，侧墙采用了八万块代尔夫特蓝瓷砖以打造地道的荷兰壁画景象，形成一个安全舒适的城市公共空间（图4.18）。

（2）地下步行系统和商业街

微型绿道与步行商业街的结合有利于增加潜在客户，提高其商业价值，改善地下空间环境，缓解地面城市交通。既有资料中尚未找到微型绿道与地下商业街良好结合的案例。地下商业街的典型案例如福冈天神商业区（Tenjin Chikagai）地下街是集购物、餐饮、休闲等多种功能为一体的综合性地下街市，总长约550米，宽度约40米，划分为11个街区，32个出入口，连通了街区周边停车场、换乘点、多栋商业、办公综合体，形成了复杂的地下空间网络（图4.19）。

（3）地下城市走廊

地下城市走廊是地下综合体的一种形式，是当前城市对地下空间利用的最复杂的形式。ZUMI GARDEN（东京六本木地铁站）改造项目位于东京港区，结合东京六本木地铁站建设，融办公楼、美术馆、住宅楼、地铁站和城市开放空间于一体、地上地下联合开发，通过多种功能复合化开发和利用，创造多元化的空间体验。

新加坡第一个地下购物廊——城市连道商场（Citylink Mall），像一条大动脉连接城市地铁站点、广场及商业空间，宽7米的地下购物廊利用天窗让阳光透入商场，消除行走在地下道的阴暗感觉（图4.20）。

## 3．以道路为导向的建构类型

1）共线

我国《城市道路设计规范》中将城市道路分为快速路、主干路、次干路和支路四种，本研究以道路为导向的微型绿道立体建构基于以上四种类型进行探讨，交叉口形式独特、类型多样，单独作为一种类型进行探讨。

（1）快速路+微型绿道共线形态

快速路与微型绿道共线通常是指出让城市快速路中的车道空间或绿化带空间等作为微型绿道场地的形态。但应注意微型绿道与机动车道之间的绝对安全隔离，以保证机动车与非机动车使用者的绝对安全和互不影响。

奥克兰市内LightPathAKL，是由一段延绵600余米的废弃高速公路匝道转化成自行车道，建筑师以介入的手法设计成粉色树脂颗粒步行桥，在微观使用

图4.19　福冈天神商业区（Tenjin Chikagai）地下街
图片来源：http://www.mafengwo.cn/poi/6318139.html.

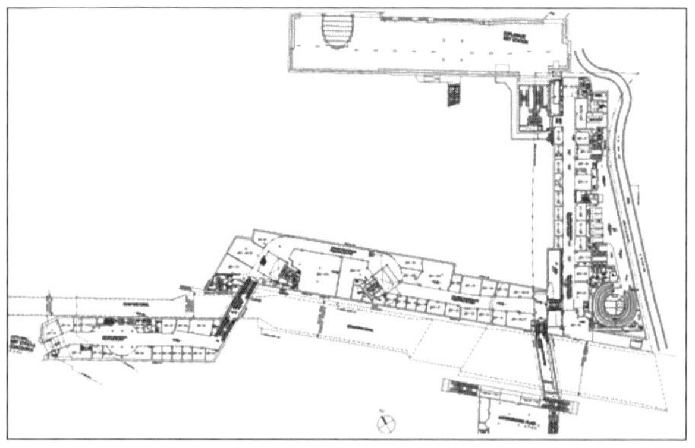

图4.20　新加坡Citylink Mall平面图
图片来源：http://www.hkland.com/data/properties/floorplan/2015OneRafflesLink_FloorPlan.jpg.

层面上具有极强的叙述感和场景感，通过色彩、材料和技术，颠覆了被滥用的城市连通性的定义，也颠覆了人们对在步行、骑行或是乘坐交通工具时观看城市的刻板印象（图4.21）。

巴西圣保罗城市中心的Minhocão高架桥，通过将耐光性能好、维护成本低的热带植物立体布置在高架桥的桥墩下、桥墩上，以及路面侧部和下部，优化环境，降低二氧化碳污染，将桥下空间设置成宜人的慢行环境，同时在节点区域布置了各种功能服务设施（图4.22）。

（2）次干路+微型绿道共线形态

次干路与微型绿道共线通常是指对日常街道的生活化景观研究，包括对慢行空间与机动车空间的功能分区，绿化模式的调整，自行车、座椅等公共服务设施的布置以及临街建筑与道路关系的整合等方面（表4.1）。

图4.21　奥克兰市内LightPathAKL
图片来源：http://www.gooood.hk/lightpathakl-by-monk-mackenzie-architects-landlab.htm.

图4.22　巴西圣保罗城市中心的Minhocão高架桥
图片来源：http://www.gooood.hk/triptyque-revitalizes-3km-of-urban-marquise-in-sao-paulo.htm.

波士顿街道改造研究 表4.1

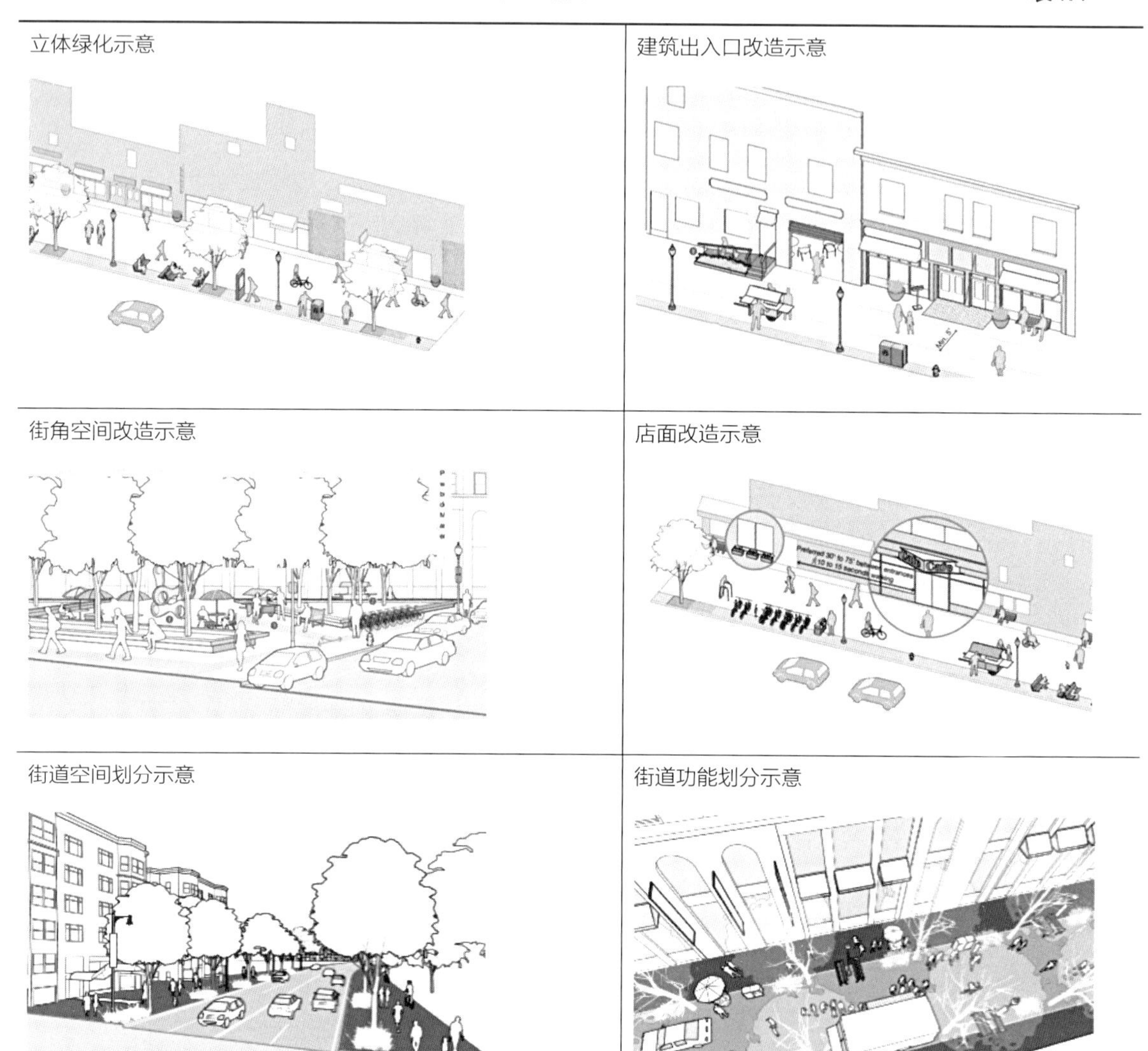


表格来源：Boston Complete Streets， Mayor Thomas M. Menino City of Boston.

（3）支路+微型绿道共线形态

支路与微型绿道共线的形态包括通过交通管制实施的部分支路全慢行规划和慢行+机动车共道的景观设计两个方面。

2）层叠

层叠形态的微型绿道，建立在微型绿道对城市道路空间的立体利用上，主要分为六种形式，如图4.23所示。

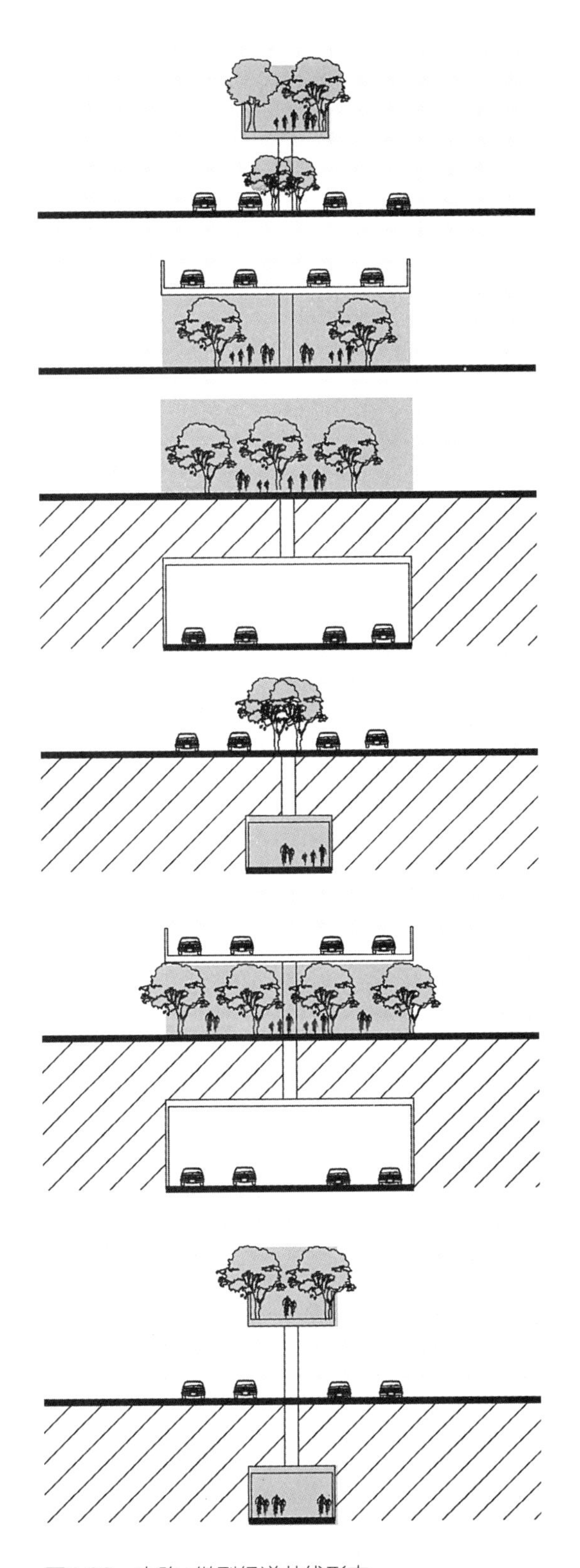

图4.23 支路+微型绿道共线形态

3）衔接

对于微型绿道与城市道路、轨道交通、河流水系交叉需要结合实际，选择不同的衔接方式。微型绿道与城市道路交叉的处理方式包括平交式、上跨式和下穿式三种。

（1）平交式

微型绿道与市政道路平面交叉可以通过采取隔离设施、交通信号灯、限速设施、街角空间处理等方式进行解决，标识系统的导向性、景观设计在交叉口两边的连续性显得更加重要。平交式作为一种最主要的方式，高密度建成区微型绿道对市政道路街角空间的改造非常重要。

（2）上跨式

微型绿道与市政道路上跨式交叉的方式施工方便、造价比地下式还低，对市政地下管线干扰不大，排水方式也较为简单，但占地面积大，需要提供引道用地，而且对周围建筑出入口、视线、景观等影响较大，更应注意设计的形象性，在很多成功案例中，上跨式人行桥都成了地标性建筑物，典型的如图4.24为盖里在千禧公园设计的900多米长的BP蛇形桥，不仅为快速干道两侧绿地的使用者提供了安全便捷的穿行通道，也是芝加哥有名的地标性构筑物，另一个典型的案例如图3.26霍温环形自行车桥。

2017年1月，厦门市空中自行车道投入试运行，全长7.6公里，连接多个社区，最高离地面约5米，配套多个立体接入口，与城市公共交通融合（图4.25）。

（3）下穿式

微型绿道与市政道路下穿式交叉因其占地较少、对城市空间和周围环境影响较小的特

图4.24 千禧公园BP蛇形桥
图片来源：http://www.inla.cn/uploads/c2/1715/3627280836_inla_com_cn.jpg.

图4.25 厦门市空中自行车道
图片来源：http://news.huaxi100.com/qiye/20170125/6169.html.
http://sports.sohu.com/20161207/n475211312.shtml.

图4.26 纽约地下公园Lowline设计方案
图片来源：http://www.archreport.com.cn/show-11-3399-1.html.

点，是高密度区用地紧张情况下较为常用的改造建设方式，在新的技术支撑下，原来下穿式地下空间的光线、环境舒适度等都可以得到很好的解决。

纽约在建地下公园“Lowline”通过利用远程天窗、地下光纤汇集地面太阳光线，将废弃的地下电车终点站打造成地下公园（Underground Garden），实现地下环境的地面化（图4.26）。

## 4.2.2 开发利用模式

### 1. 整合模式

通过开放空间的立体整合，建立以地上为主、地下为辅的多层次立体化微型绿道系统。在地下空间与地面步行系统整合设计中应该重点考虑以下几方面内容：

1）地下、地上开放空间的整合

明确地面、地上、地下步行系统之间的作用和相互衔接关系，做到效率最大化（表4.2）。

三种步行系统分工情况分析　　表4.2

| 分工关系 | 特点 | 代表地 |
| --- | --- | --- |
| 时间分工 | 地面、地下等按时间不同而互为主次，在冬季和上下班时间以地下步行为主，而气候良好时仍鼓励利用地面步行 | 蒙特利尔、多伦多 |
| 空间分工 | 当地区的人流量过大时，地下与地上步行空间共同分担部分人流 | 日本八重州东京车站 |
| 特色分工 | 地下、地面均有良好的步行空间，地上空间以绿化环境为主，地下部分以满足商业活动的步行空间为主 | 法国巴黎列阿莱、德方斯 |

表格来源：毕晓莉，等. 城市空间立体化设计［M］. 北京：中国水利水电出版社，2014.

开发城市地下空间，促进地下步行街和地下广场与地铁的有机联系，提高地下空间使用效率，并形成地下、地上一体化的连续步行空间环境[1]，完善城市交通体系，并且有效地衔接商业和各种交通设施，使地下空间成为城市有机体的重要连接元素。地上架空步行系统将以休闲步行为主，缓解用地紧张现状，建立起各个建筑间的联系，及建筑与各种公共绿地、广场的联系。

2）人工环境与自然环境的整合

微型绿道设计的关键点在于人工环境与自然环境的整合，保护城市自然环境的完整性、连接性、自然性，协助城市绿道网络形成不同等级的生态网络，将绿道的生态意义延伸到城市高密度区。通过微型绿道的建构，改善地下、地面步行、骑行空间环境，形成步行系统与绿化系统的融合，实现微型斑

1 薛刚. 地上与地下空间的整合［D］. 西安：西安建筑科技大学，2007.

块绿地、指状绿地、线状绿地之间的联系，并使用立体绿化、直通地下绿岛的方式将自然环境渗透至地下、架空人工环境中，建设可持续发展的高密度区城市微生态网络。

3）建筑与交通系统的整合

通过微型绿道建立城市高密度区建筑之间的多层联系，充分利用地下、屋顶、中空等空间，形成全天候无障碍步行系统，并结合城市轨道交通、公共交通系统等服务设施，实现区域内的慢行网络系统。

4）微型绿道与城市绿道系统的融合

注重微型绿道与城市绿道系统的融合。微型绿道在建设过程中，要依据城市绿道系统规划，充分考虑其在整个绿道系统中的作用和布局，注重微型绿道与城市其他类型绿道的衔接，如城郊乃至乡村的自然走廊、风景道等，协同构成系统性、区域性、层次性的绿道网络。

## 2. 加法模式

1）城市公共空间功能复合

注重绿道经济功能与文化功能的发挥。在经济方面，城市绿道及其周边的经济发展可创造就业机会，缓解就业压力；市民在绿道中休闲、娱乐、健身可在一定程度上降低疾病的发病率，减少医疗支出。我国经济正在飞速发展，通过城市绿道促进经济增长是可持续的经济发展战略模式，有利于国家经济和社会的长远发展。将历史文化与绿道相结合，在美化城市的同时，纪念历史，彰显文化。

2）城市交通空间叠置

一方面通过大力开发地下空间将车行空间植入地下，将地面植被、阳光等最宜人的环境交还给人类日常的交往与生活，另一方面在土地条件不允许时，通过高架设计，将微型绿道叠置于现有道路上空，形成连续、安全、无障碍的人行环境，并通过立体绿化等方式培育绿色空中步行、骑行环境。另外通过新建或利用既有天桥、地道等衔接空间实现地下、地面、空中步行、骑行系统的连续性、系统性。

3）城市绿化空间立体化

立体绿化是在高密度区增加绿化空间的有效方法，可以将绿化面积的计算从二维单面拓展到三维多面，如高架桥的底面、围墙立面、建筑屋顶、室内等空间，甚至通过新技术而用于地下。绿化的加法可以极大地增加绿量，改善局地小气候，为微型绿道空间创造宜人环境。

### 3．减法模式

1）释放地面空间

释放地面车行空间、地面停车空间、街角缺乏利用空间、城市废弃空间，设置微型绿道，带动步行、骑行空间环境的改善，为城市中更多的居民提供更宜居、更健康的地面空间。

2）分流、分区减量城市交通

通过小街区、密路网的调整和改善，开放街区，将部分街区内部道路引征为城市道路，将部分双向车行道路改为单行道路，或对部分道路减少一至两个车道，出让的车行道改造为微型绿道空间。

3）群组空间融合

用微型绿道扮演城市中公园连接道的角色，串联城市中的点状、面状绿地，组合绿地空间，形成绿地网络，或者用微型绿道的形态串联功能相近或相补充的城市公共空间，形成公共空间群组，提高微型绿道的使用效率和频率。

（1）微型绿道与城市公园、广场、街头绿地等进行有机联合

依据已有规划中确定的公园绿地布局、未来土地使用的趋势，以及其他城市设施的配置等进行绿道配置，使作为节点的公园、广场、街头绿地相互联系，构建微型绿道网络，对社区、学校等节点进行微型绿道出入口的合理布局。

（2）微型绿道与旧城改造的结合

微型绿道与旧城改造的结合，有助于城市旧城改造中对环境质量的提升，有助于传统街巷空间的恢复，建立人车分流的交通体系，同时也为居民提供游憩空间。

（3）绿道与既有慢行道网络的结合

慢行交通体系破碎、不连贯、不成系统，难以发挥应有的作用，尤其是城市化发展出现的“超级住区”，导致很多支路难以发挥城市支路的作用，导致大量慢行交通难以找到合适的空间载体，混杂于高等级的城市道路上，其环境质量和安全性都难以保证。微型绿道与原有的城市慢行交通体系结合起来，破解原有的土地利用模式、开发模式和道路网模式，深入街区、深入住区、破解超级住区，将封闭社区通过绿道与城市有机结合起来，优化城市路网布局，加大城市支路密度，优化、提升、丰富城市支路等低级别道路，提升城市生活的品质和多样性。

4）空间布局策略

（1）微型绿道建设控制区划定

微型绿道建设控制区的范围主要包括绿化系统、步行与自行车等慢行廊道系统、与城市公共交通的衔接系统、微型绿道标识系统、微型绿道服务设施系统等。微型绿道控制区范围的划定应根据微型绿道功能侧重的不同类型采用差异化的划定办法。

（2）微型绿道与城市交通交界区划定

微型绿道与城市交通交界区的划定应根据接驳、交叉、共线等不同方式进行划定，建立主要交通站点，同时对机动车进行交通管制，保障微型绿道安全使用。

（3）微型绿道服务区划定

微型绿道服务设施的布置应在尽量利用现有设施的基础上，保证设施分布的均衡与合理性，包括公共管理设施、休憩设施、康体健身设施、环境卫生设施等。

### 4.2.3 设计实施策略

#### 1. 层次性策略

1）城市规划层面策略

在城市规划层面，研究城市高密度区交通、绿地、公共空间与康体空间发展战略，预测人口发展规模，量化公共开放空间、康体空间面积的短缺量，结合城市空间特色与城市空间发展方向，整理城市各项可利用用地，确定高密度区微型绿道的空间布局，确定规划原则，利用、改造的原则，步骤和方法。

（1）总体规划层面

立足现实并有充分的预见性。将微型绿道专项规划列入城市发展总体规划中，根据城市性质、发展方向、人口规模，确定微型绿道相关的技术经济指标，根据不同功能分区，确定微型绿道布置范围，根据交通、居住、商业及绿化等用地安排，及大型公共建筑、道路的规划与布置，结合人防、环境保护等方面的规划，制定微型绿道系统规划、近期建设规划范围和建设步骤等，并随之进行长期和经常性的修正和补充，保证布局的合理性，系统的完整性和连续性。总体规划层面微型绿道专项规划具有如下几个方面的内容：

①根据城市发展战略目标，确定微型绿道开发的综合目标、规模结构和空

间布局。

②根据城市性质和发展方向，确定微型绿道规划的范围。

③根据规划期内城市人口及用地发展规模，确定微型绿道建设的功能分区，以及衔接节点、中心。

④根据城市交通布局，确定微型绿道系统的走向、停车、休息场地的位置、容量。

⑤根据城市绿地系统的总体布局及发展目标，确定微型绿道网络系统与绿地系统的整合方式。

⑥根据风景名胜、文物占地、传统街道、历史文化名城的保护和控制范围，确定微型绿道在区域内的实施原则、步骤和方法。

⑦根据城市旧区改建、用地调整的原则、方法和步骤，提出微型绿道在旧城区的实施步骤、措施和方法的建议。

（2）控制性详细规划层面

控制性详细规划层面，结合分区规划和控制性详细规划中城市空间布局、规划管理要求，以及社区边界、城乡建设要求等，划分为若干规划控制单元[1]，制定微型绿道控制导则和实施指引以定量、定性、定界和定位的控制指导下一阶段的规划工作，具体内容应包括以下几个方面：

①详细规定规划范围内各类微型绿道类型、适建条件及改建条件。

②详细规定规划范围内微型绿道的用地功能控制要求。

③详细规定规划范围内微型绿道的用地规模、建设范围及指标控制要求。

④详细规定规划范围内微型绿道与“四线”——黄线、绿线、紫线、蓝线之间的空间关系及控制要求。

⑤提出各地块微型绿道的体型、色彩等要求。

（3）修建性详细规划层面

对于当前要进行建设的微型绿道网络，应以城市总体规划、分区规划或控制性详细规划为依据，编制修建性详细规划，指导设计和施工。其具体内容应包括：

①建设条件分析及综合技术经济论证。

②做出微型绿道网络空间布局和景观规划设计、布置总平面图。

③道路交通规划设计包括城市道路坐标、高程、红线宽度及主要道路控制点坐标、出入口的位置、设计高程等。

1 姜伟新. 城市、镇控制性详细规划编制审批办法［J］. 建筑监督检测与造价，2010，Z1：1-2.

④绿地系统规划设计包括绿地界限、绿地布局等。

⑤工程管线规划设计。

⑥竖向规划设计。

2）城市设计层面策略

城市设计层面，探寻基于城市特定高密度区关键性特征与景观构成的微型绿道形态，注重微型绿道开发建设对高密度区空间环境和视觉质量的直接和间接影响，以创造高质量的便捷城市公共康体环境和优美的城市景观为重要准则，包括用地布局、建筑设计风格定位、交叉口与街头广场、街道和路网格局、视线走廊、连接度与整体性、体量与高度与既有城市环境的协调性、地标物、开敞空间和公园、人行道与步行系统的连接等。

（1）宏观层次

微型绿道在城市设计的宏观层面应强化城市景观的一体化设计、关注城市的格局与形态、不同功能组团之间的联系、强调环境效益及公共基础设施的公平与效率，致力于创造特色城市环境的舒适性、城市土地利用的高效性、视觉特征的适宜性、整体高度轮廓和体量的协调性及传统景观的连续性等。

（2）中观层次

微型绿道在城市设计的中观层面应包括用地布局、形态设计、交叉口形式与广场、街道的有效连接，路网格局、视线走廊、人行道与步行系统的连接度与整体性、体量与高度、地标物、开敞空间和公园等内容。

（3）微观层次

微型绿道在城市设计的微观层面应强调使用者环境的构建，包括人性化尺度设计、公共服务设施、材质颜色和纹理、过渡的处理、导引和标志等，关注功能上的适宜性，致力于创造好的步行环境及生活环境质量的提高等。

3）建筑设计层面策略

建筑设计层面要处理好微型绿道与建筑的并行和相交关系。在并行关系下，要注重微型绿道与建筑视线上的观望、隔离互不影响，相交关系下，要注重微型绿道与公共建筑从地下、地面、架空等多种多层衔接方式和过渡空间的设计，也应注重端点式相交与穿过式衔接在空间处理上的不同。

（1）场地设计

依据微型绿道建设项目的使用功能要求和基地内建筑物、构筑物、交通设施、活动设施、绿化及环境设施和工程系统等规划设计条件，组织安排场地中各种构成要素之间的关系，充分发挥用地的效益。场地中的空间主次分区、公共性分区、动静分区等方面应充分考虑日照、风向等对使用者使用情况的影响。场地的布局方式可以分为以下几种：

①围合式：常布置在大型道路交叉口，形成高架围合空间，增加空间的流动性、整体感和围合感。

②穿插式：形成建筑与空间的相互穿插、交错，增加场地空间的层次感和丰富性。

③集中式：通过多层微型绿道的形态，集约用地，增加慢行空间的面积，提供空间的多样选择。

（2）形态设计

形态指事物在一定条件下的表现形式与组成关系。微型绿道在城市空间尤其是高密度城市空间中，其形态设计应考虑所处区域环境的条件，按照形式美的基本法则，从水平方向的限定和垂直方向的限定两个方面考虑微型绿道对原有城市空间秩序的整理。就形态设计的基本原则来讲，对于原有城市空间秩序良好的场所，微型绿道的形态应以消解和融入为主，强化场所空间的整体性，对于原有城市空间秩序混乱、特色不明显的场所，微型绿道的形态应以介入和强调为主，组织空间的秩序感。

①消解和融入为主的形态主要有以下几种处理手法：

（a）相似模式：采用与背景空间相似的形象，使人们很难将其从背景空间中区别出来，将使用者的认知过程单纯化，强化单体与整体之间的联系。

（b）归零模式：尽可能缩小单体的尺度，或用绿化等软质空间，消解自身在环境中的体量。

（c）趋和模式：以衬托环境中主体空间或者填补整体空间的形式，使其变成整体空间中的一个不可或缺的部分，融于周围空间，强化空间的整体感。

②介入和强调为主的形态主要有以下几种处理手法：

（a）形态冲突：通过有表现力的形态设计，产生与场所中原有形态的冲突和对比，形成新的空间中心，重构凌乱的空间秩序。

（b）色彩对比：通过与原有空间强烈的色彩对比，增加空间戏剧性的因素，增加空间的能量感和张力，丰富空间造型，活跃空间气氛和性格，但应注意与光环境及材质肌理的配合。

（c）肌理突变：通过采用新的肌理形态介入原有的城市空间，强调空间的亲和力、时代性和新奇感。对于微型绿道空间而言，良好的肌理设计可以改善原有场所空间的舒适度和安全感。

（3）结构设计

地面部分采用透水路面设计，架空部分可采用轻质混凝土结构，也可采用斜拉结构、悬索结构、钢架结构等新型结构形式，地下部分空间的设计根据结构的断面形式可采用矩形、直角拱形、梯形、马蹄形、仰拱形、半圆形等多种形式。

4）景观环境设计层面策略

瑞典建筑师扬·盖尔曾说过："生活始于足下"。人们都在寻求那些能把他们带到开放空间里去的必要活动。一个诱人的空间环境可以创造更多的社交活动。环境设计层面探讨基于微型绿道使用者的尺度、色彩、材质、标识、景观等，关注功能上的适宜性、步行环境的舒适性等，具有立体、多层次、连续延伸、动态稳定、多功能和地域性等特征。

（1）景观策划

作为前期工作，景观策划是通过对景观设计对象所处城市环境及相关因素的系统调查、分析，提出基于景观协同的合理可行的景观设计目标、程序和方法的活动，其主要目的是为景观设计提供科学合理的设计依据，实现景观建设项目在社会效益、经济效益、环境效益等方面的相对最优化[1]。微型绿道景观策划的内容包括：

①充分调查场地条件、地形地貌、环境的敏感度、环境的容量、植被、地表径流、雨水的收集回用、人的体验、建筑朝向、地形坡度等自然因素。

②提出以微型绿道为媒介弥合城市人工系统与有机系统的断裂方式及微型绿道景观基础设施的设计思路。

③形成结合景观、城市、建筑的研究框架，建立各专业整体目标的合作及方法，协调景观设计、城市设计与建筑设计之间的关系，探讨利用微型绿道解决城市问题、重新组织城市形态和空间结构的重要手段。

（2）景观规划

微型绿道景观规划应从城市整体景观特色的角度出发进行统一的规划与设计，以尊重自然、以人为本、节约资源为原则，包括对城市景观构成要素中的自然要素如山体、水系、植被等，人工要素如构筑物、建筑物、道路广场、园林等的归纳分析，构筑景观整体格局，确定景观点、景观带、景观区域的空间系统及视觉景观形象设计。

（3）景观设计

微型绿道景观设计的内容包括绿化种植设计、硬质地面铺装、景观小品、微地形及相关结构、水、电等方面的设计。

---

1 李丽媛. 基于目标系统的景观策划方法研究［D］. 武汉：武汉理工大学，2012.

## 2．交通规划策略

将区域内的微型绿道网络划分成功能有所侧重的不同线路等级，并根据线路等级对需要与城市机动车交通发生交叉、共线等线路划分城市交通的慢行优先级和慢行分区，对道路交通口、行人过街设施、行人休息设施、公共自行车设施、非机动车停车设施、无障碍设施等进行布局规划，对机动车线路车辆流量、流向等进行合理调控整合，并结合微型绿道进行生活化改造，使其能够承担居民近地步行、跑步、轮滑、游憩等一系列有益健康的户外活动。

## 3．系统性策略

1）城市道路系统

微型绿道是城市多功能的公共开放空间，一方面是人们户外活动和公共交往的主要载体，另一方面也是展示城市景观的主要平台。微型绿道景观的组成、比例、改造方法以及与快速交通动态景观的协调处理是微型绿道研究的主要内容之一。

2）城市组团系统

目前绿道规划建设较少涉及高密度区组团绿道，已建绿道主要是提供慢行的功能，缺少对绿道生态作用的关注。城市组团微型绿道的设计及空间布局可以更多地考虑人为因素，即满足市民近地健身及游憩空间需求，增加居民休闲、健身、娱乐空间。日本城市人口密度很高，大野秀敏在“东京，纤维城市2050”方案中提出的纤维绿廊是对发展社区绿道的启示，纤维绿廊包括指状绿带、绿网、城皱、绿垣，区别于城市传统绿地系统中大尺度的结构性绿地，是对东京城市内部复杂的关系进行梳理与重组后找到的绿色空间，促进学校、公园等区域的互相连通，同时也与人防空间结合起来。

3）城市绿地系统

我国的城市绿地系统包括：公园绿地、生产绿地、防护绿地、附属绿地[1]、其他绿地，但不包括屋顶绿化、垂直绿化、阳台绿化和室内绿化。城市绿道是城市绿地系统中具有连接作用的组成部分，微型绿道生态功能作用更多地表现于垂直绿化和屋顶绿化，可以将城市绿道系统从二维引向三维空间，在不改变城市用地结构的情况下，提高城市绿色空间占有量，改善城市的生态环境。

1 刘佳．基于城市空间结构的西安市城市绿地系统规划研究［D］．西安：长安大学，2013.

4）城市公共体育设施系统

中共中央《关于进一步加强发展体育运动的通知》中指出“各地要认真落实国家对体育场地建设的要求和城市规划关于运动场地面积的定额指标”。国务院《全民健身计划纲要》也明确提出“体育场地设施要纳入城乡建设规划，落实国家关于城市公共体育设施用地定额和学校体育场地设施的规定[1]”。微型绿道结合城市公共体育设施的规划和建设，将会提高其可达性，增加利用率，同时微型绿道本身作为一种户外公共健身空间，也是对城市公共体育设施的有力补充，对于推进全民健身计划，促进人人健康，进一步改善城市高密度区居民健康状况起到促进的作用。

## 4. 技术性策略

1）立体化策略

城市的发展是从中心向外围扩散的过程，城市道路建设的增加量，主要分布在新开发区和城郊，高密度区道路面积率反而略有下降，因此，对于高密度区而言，过量的交通量，如客车、私人轿车、货车的不断增长，加剧道路的超负荷负载。这是我国城市高密度区车行道路和人行道问题一直得不到有效解决的主要根源。在这种情况下，绿道向高密度城市建成区的开展只能以微尺度多层次立体建构的模式为主开展，具体的立体建构方式详见第五章。

2）一体化策略

微型绿道系统主要是解决城市步行系统的连续性以及城市生态系统的毛细畅通性。目前我国城市立体步行系统建设中，未将绿道的概念结合到步行系统的建设中，连续步行交通系统所依赖的人行天桥和地下通道单方面侧重通行能力，空间多样性不足，缺少与人的互动，环境设计也不够怡人，不能很好地发挥城市公共空间的作用。基于此，微型绿道对城市绿道空间网络及城市步行系统的拓展可以涉及道路系统、公共绿地系统、公共体育设施系统、组团系统等方面。

（1）微型绿道结合城市公共空间一体化策略

对城市公共空间可以分为点、线、面、体等不同空间形态，分布形态有集中型、散点型、网络型等，微型绿道作为一种线状公共空间，可以提升现有公共空间网络的完整性，促成点状、面状等空间联系和补充作用，因此，微型绿

1 张欣. 基于地理信息技术的城市公共体育设施服务辐射能力分析［J］. 沈阳体育学院学报，2012（2）：35-38.

道的设计应以提升城市公共空间一体化为基本策略。

（2）微型绿道结合康体空间体系一体化策略

康体空间是健康城市建设的物质性保证，主要包括居民可以进行健身运动、复健活动和竞技活动的公共空间，包括开放性的城市公共空间、城市绿地、公共体育场（馆）、社区健身点等，以及公共步行道、自行车道、足球场、羽毛球场等。城市康体空间体系包括康体环境、康体设施和交通连接系统等方面。我国《全民健身计划（2016—2020年）》[1]强调城市康体空间体系的完善，实现“全民健身设施网络和城市社区15分钟健身圈，人均体育场地面积达到1.8平方米”等要求，微型绿道与康体空间体系的结合不仅有助于解决人均体育场地不足的瓶颈，而且微型绿道的连接性可以实现全民健身设施网络和社区15分钟健身圈的完善。

（3）微型绿道结合城市公共交通一体化策略

在城市公交系统与快速轨道系统站点设置换乘点、连接绿道及接驳专线，并提供公共自行车租赁系统和停车服务系统，通过慢行道接口、借道慢行道等方式实现微型绿道与城市慢行系统之间的衔接，实现公共交通与微型绿道的便利换乘，营造“零距离”的换乘环境。美国哥伦布为市域范围内所有公交巴士都安装了自行车架，为自行车爱好者提供接入绿道的多项选择，实现绿道与城市公共交通的良好衔接。

（4）功能复合性策略

城市的发展伴随交通速度的加快而不断变革，人口的聚集也使得城市逐步向密集型、综合型发展，城市公共空间作为城市最主要的一个空间类型也随之不断变革，起到越来越重要的促进人与人交往的纽带作用。早期的城市空间通过街道、广场将封闭的建筑功能单元串联起来[2]，而密集型城市空间趋向于将城市公共空间与建筑功能单元多层次、多维度、有机地串联起来，倡导建筑单元的开放性。而微型绿道正是这种城市公共空间革命性变化的一种方式，为满足不同人群使用需求、不同用地现状情况，城市高密度区微型绿道应采取功能复合性策略，集游憩、生态、文化、休闲娱乐、体育健身等功能于一体。微型绿道可以作为城市公共空间的一个框架和平台，以其功能的复合性，缓解高密度区跨越街区的交通矛盾、人口密度与人均休闲运动空间缺乏的矛盾，以及现代城市交通与公共空间的诸多问题。

1 国务院. 全民健身计划（2016—2020年），2016-6-15.

2 钱才云. 对当代城市空间“顽疾”的理疗之策——谈复合型的城市公共空间内涵及其发展必要性研究［J］. 华中建筑，2009（9）：99-103.

## 4.2.4 政策保障措施

### 1. 政策依据

1）法律法规依据

微型绿道应遵循相关法律、法规所确定的原则、标准和技术规范，如《中华人民共和国城乡规划法》《中华人民共和国土地管理法》《中华人民共和国环境保护法》《中华人民共和国森林法》《村庄和集镇规划建设管理条例》《中华人民共和国自然保护区条例》《风景名胜区条例》和《历史文化名城名镇名村保护条例》等[1]。相关规划文件等也是影响绿道选线的重要因素。在参考、借鉴已有规划成果的基础上，明确限制性因素，实现微型绿道网布局与城市空间布局、生态格局、交通网络等方面的协调。

2）人口调查依据

人口因素是微型绿道的选址和布局中需要考虑的最基本因素，包括居住人口分布、人口规模、人口结构特征等方面。

（1）居住人口分布。居民出行及体育休闲活动是居民日常生活的一部分，活动的规律主要是从住所出发到达健身休闲空间、商业空间、公共交通空间或者办公空间之间的往返路线，微型绿道所研究的是这个路线的优化和路线功能的复合，因此微型绿道与居住人口分布情况关系密切。

（2）居住人口规模。居住人口规模对微型绿道影响的规律是：假定特定面积区域内，人口密度增加与微型绿道规模增加的正向比例关系。

（3）居住人口结构特征。微型绿道所提供的空间环境因使用者的年龄（儿童、青少年、中年、老年）、性别、职业、收入、健康状况的不同而应有所区别，不同使用者主体的微型绿道应表现在服务内容、设施设置、环境氛围的不同。

### 2. 流程管理：健康空间体系总体布局——微型绿道线路具体布局

1）美国绿道规划基本程序

绿道规划一般经过资料搜集、数据分析、现场踏勘、方案制定、公众参与等相关步骤，图4.27为美国洛林·LaB·施瓦茨等编著的《绿道——规划·设计·开发》一书中提到绿道规划设计程序基本可以概括的几个步骤。

1 蔡云楠等. 绿道规划——理念 标准 实践［M］. 北京：科学出版社，2013.

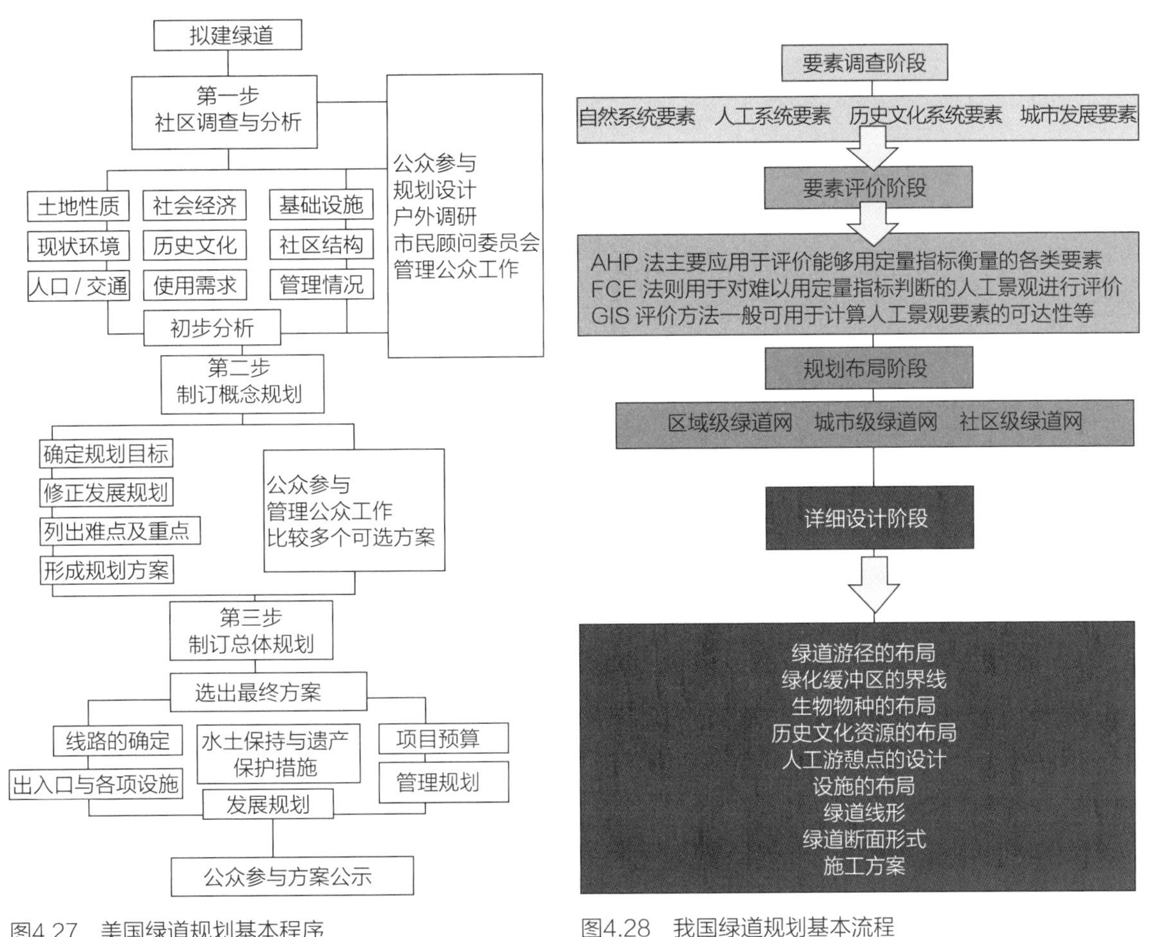


图4.27 美国绿道规划基本程序

图片来源：根据美国洛林.LaB.施瓦茨等编著的《绿道——规划.设计.开发》绘制。

图4.28 我国绿道规划基本流程

图片来源：根据戴菲，胡剑双．绿道研究与规划设计［M］．北京：中国建筑工业出版社，2013．绘制。

2）我国绿道规划基本流程

根据实际工作经验，结合我国实际，绿道网络规划设计的技术路线应该包括现状调研及分析、目标定位、建设指引、近期建设规划和规划实施保障措施等内容（图4.28）。

3）微型绿道规划基本流程（图4.29）

## 3．调控机制：统一规划—明确分工—弹性调控

1）加强城市立体空间规划的统一规划和管理

微型绿道的立体建构应依据城市地下空间利用体系规划及城市交通规划等

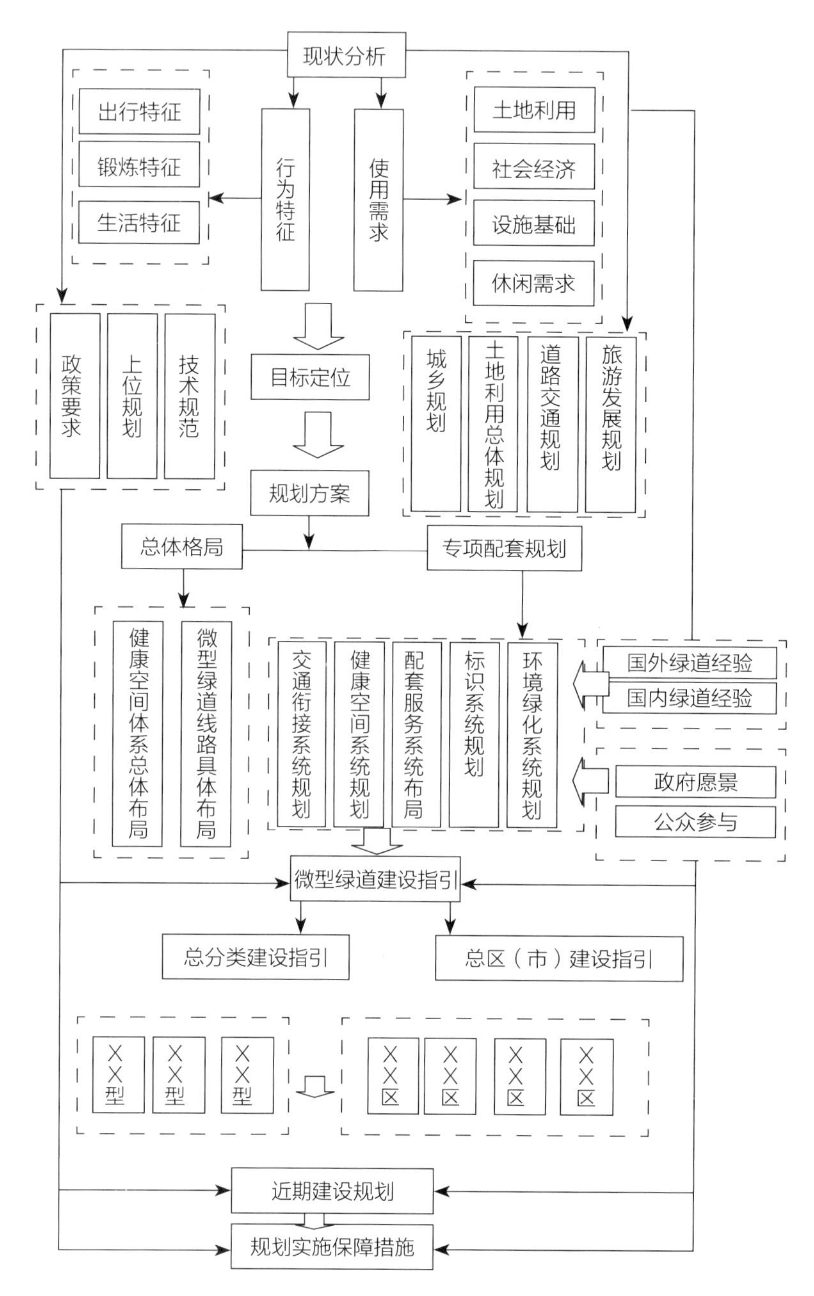


图4.29 微型绿道规划技术路线图

法律法规[1]，但同时应推进城市立体化空间开发建设总体规划以统筹整个城市立体空间的发展与建设，将城市中建筑物的平面衔接预留口与纵向布置进行统一

1 既有相关法律法规有：《中华人民共和国防空法》《中华人民共和国物权法》《中华人民共和国城市规划法》《中华人民共和国土地管理法》《中华人民共和国城市房地产管理法》《城市地下空间开发利用管理规定》等。

规划安排，并制定微型绿道系统的综合性详细规划。

2）明确界定部门职能与任务分工

城市微型绿道立体开发与管理涉及城建、国土、规划、人防、消防、抗震、防洪、绿化、环保、国防、文物保护等多个行政管理与执法部门，因此需要明确界定城建部门的主要职能，及各相关部门职能和相互配合的任务分工，才能保证项目顺利推进。

3）建立和完善调节机制

推进微型绿道立体建构应根据城市地下、地面空间的不同类型，采取不同的投资、建设、管理模式，采取政府调控和市场调节相结合的方式，充分调动社会各方投资积极性，经济效益兼顾社会效益与环境效益，实现城市用地的整合改造，新增功能与原有功能协同发展。

# 4.3　动态调控模式

## 4.3.1　基本思路与步骤

### 1．基本思路

我们赖以生存的世界不断变化，城市错综复杂，各种因素之间不断的相互作用是动态的，微型绿道空间体系规划涉及城市中的各个系统，其本身也是一种动态的过程，因此对微型绿道空间体系规划必须进行动态的、长期的、注重过程的调控。

### 2．基本步骤

1）前期动态模拟

微型绿道空间体系受城市生态环境、经济、社会等各方面影响，很多影响因素如土地利用特征、交通发展情况、使用者出行规律等都具有综合性和动态性，因此对该系统的动态模拟是非常困难的，只能从把握城市发展整体规律性、趋向性特征出发进行假设性、预测性模拟，一般可以分为定时模拟、定量模拟、定位模拟三种类型，具体的流程可以分为预测、假设、模拟、决策、验证、调整六个阶段（图4.30）。

2）过程动态管控

微型绿道空间体系规划同城市规划中诸多项目一样需要进行项目过程的动

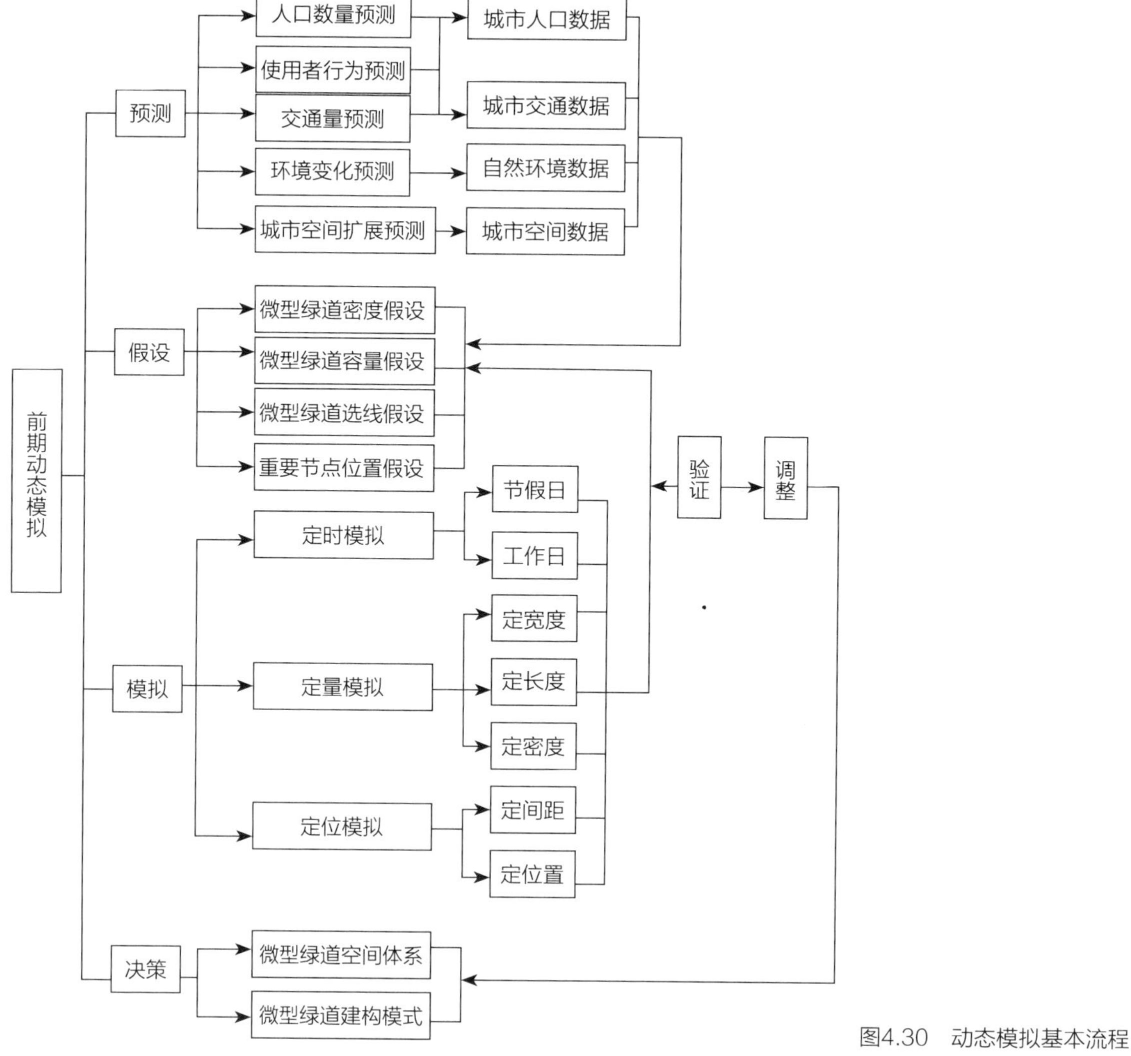


图4.30 动态模拟基本流程

态管控，并且应该贯穿项目从实施到竣工的整个时期，以便对项目的完成及进展情况、完成质量等进行及时调控。

3）后期动态调整

项目完成后应通过使用者评价、反馈意见等及时进行项目的后期调整，并进行客观的总结和分析，以提高项目的品质。根据常用的街道、慢行道、绿道等常规的使用者调查情况的研究，本文建构了基本的微型绿道使用者满意度评价基本要素（表4.3），在具体的使用中应根据情况增减，使用者满意度调查表见附录三。

微型绿道使用者满意度评价基本要素　　表4.3

| 一级要素 | 二级要素 | 三级要素 |
| --- | --- | --- |
| 微型绿道使用者满意度 | 使用情况 | 使用频率 |
| | | 使用时间 |
| | | 使用方式 |
| | 建设质量情况 | 道路质量 |
| | | 接入便捷性 |
| | | 网络连通性 |
| | | 配套设施情况 |
| | 管理养护情况 | 应急能力 |
| | | 交通秩序 |
| | | 管理养护情况 |
| | 生态恢复情况 | 生物多样性 |
| | | 维持度 |

### 4.3.2　动态调控理论与方法

#### 1. 动态调控理论

从《马丘比丘宪章》开始，人们对城市的关注逐渐从静态走向了动态，从目标指向逐渐转化为过程指向，动态调控在城市规划有效实施中的作用逐步显示出来，产生了很多相关理论。

1）弹性城市理论

城市肌体及其内部的每一个组成要素都无时不在经历着新生—发展—衰退—再生的新陈代谢过程，自适应和自恢复能力在这一过程中显得极其重要。这种能够应对变化和扰乱的能力就是城市的弹性。城市中社会、环境、社区、公共健康等要素弹性的大小决定了城市适应未来的能力。据此，强化城市弹性是城市所有规划、调控、管理的核心。对城市微型绿道规划和动态调控应以增加城市弹性能力为基本原则，预测城市未来。基于未来人口、土地、气候的预测进行弹性的生态、经济、基础设施、社会等方面的规划，建立弹性指标体系进行评估，测算不同目标情境下的城市短板，调整优化城市应对不同冲击的动力和政策。

2）行为—空间理论

行为—空间理论主要是建立人的活动和需求与城市空间之间的互动关系，将空间与行为统一起来，一方面用城市空间引导行为活动，另一方面用行为活动促生城市空间的形成、发展和组织，据此提高城市的活力和城市空间的使用效率。这一理论在微型绿道空间系统的规划设计与动态调控中非常重要，应对微型绿道空间中的使用行为情况如使用频率、活动方式、满意度等进行及时调查监测，相应地调整微型绿道的线路情况及道路与环境的空间比例关系。

3）可达性理论

距离是影响空间使用效率的主要因素，可达性理论是量化城市空间使用效率的研究。微型绿道空间系统涉及城市用地结构、交通系统、公共服务设施系统、商业中心等各个方面，这些系统随着城市的发展在不断更新，这些要素的影响下城市微型绿道系统的可达性也在不断变化，因此，对微型绿道空间系统的动态调控必须对其进行阶段性的可达性调查研究，调整和改进系统结构、节点和中心，保持系统运作的效率。

## 2．动态调控方法

1）功能置换

根据使用者活动情况调查，对使用效率较低的线路进行瘦身，将出让的空间进行绿化种植，增加绿地空间，储备城市弹性，将低效率空间中的各种活动和相应的空间进行调整，转移到邻近的线路中。将使用效率过高或者拥挤的线路进行分段分解，增加集中点区域的空间容量，并对不同的集中点进行隔离，将该类线路中的行为活动进行分类，将非必要性的活动调整到临近使用效率低的空间中。

2）空间整合

通过对城市土地使用情况调查，及时将高密度区闲置的边角空间，可利用的绿化屋顶、公共绿地、街角空间、闲置空间、商业中庭、地下通道、城市天桥、楼宇间空间、城市立交闲置绿地等城市用地整合起来，进行微型绿道空间的扩充和修补（图4.31）。

3）节点针灸

如果把城市比作一个肌体，那么微型绿道即为城市中的一种神经系统，据此可以参照传统中医理论中的针灸术，通过对该神经系统中的特殊节点进行改造，进而促进整个系统的更新。例如对于使用效率较低的线路，可以通过节点

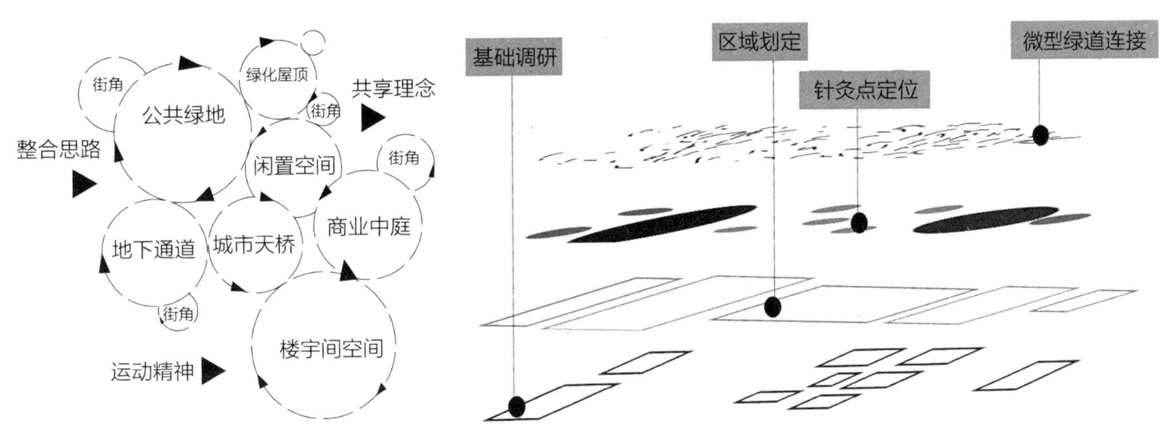


图4.31 可进行空间整合的城市用地
图片来源：趣城·社区微更新计划［J］. 城市环境设计，2015（9）：166.

图4.32 对微型绿道空间体系节点针灸的方法

趣味性、创新性的空间改造，提高整个线路的使用率，也可以降低周边使用过载线路的人流量（图4.32）。

## 4.3.3 评价指标与方法初探

### 1. 评价方法

完整的城市规划运作体系中，评价系统应至少包括前期方案评价、实施过程评价、后期实施效果评价三个环节，在微型绿道动态调控的过程中，主要探讨线路使用过程的跟踪和调整，运用最多的是实施效果评价。

1）城市规划常用评价方法比较

城市作为一个复杂的系统，涉及各个方面的利益，因此对城市规划的评价通常应建立在区域观、系统、整体、综合、动态等基础上，相应的也并无一种统一完善的评价方法，目前，常用的评价方法如表4.4所示。

城市规划常用评价方法与适用类型比较　　表4.4

| 评价方法 | 应用领域 | 特点分析 |
|---|---|---|
| AHP 层次分析法 | 前期方案评价；<br>实施过程评价；<br>后期实施效果评价 | 将复杂的城市问题层次化、数量化、模型化，定性与定量结合 |
| FCE 模糊综合评价法 | 结合AHP层次分析法；<br>结合分析城市系统中不易定量的影响因子 | 等级评价不易或难以定量的因素 |

续表

| 评价方法 | 应用领域 | 特点分析 |
|---|---|---|
| DEA 数据包络分析法 | 前期方案评价 | 用于比较不同决策方案之间的相对效率 |
| 逻辑框架法 | 策划设计；<br>风险分析；<br>实施检查；<br>监测评价；<br>可持续性分析 | 分析项目目的、投入、产出之间的关系 |
| 人工神经网络评价法 | 广泛用于城市规划预测 | 处理复杂的、模糊的、非线性的、特点不明确的城市问题 |
| 灰色关联度分析法 | 结合AHP层次分析法评价城市交通相关选线方案 | 处理城市中难以获得全面信息的要素 |

2）绿道常用评价方法

绿道是一种城市绿色基础设施网络，涉及自然要素、人工要素和使用者等方面，较为成熟的评价体系有使用状况评价、选线评价、生态效应评价等方面，如表4.5所示。

绿道常用评价方法与适用类型比较　　表4.5

| 评价方法 | 应用领域 | 特点分析 |
|---|---|---|
| AHP 层次分析法 | 广泛应用于各阶段的评价 | 可以定量衡量系统中的各要素 |
| FCE 模糊综合评价法 | 使用状况评价 | 评价难以用定量指标判断的要素 |
| 景观结构指数方法 | 生态效应评价 | 分析景观斑块的离散程度；<br>找出需要连接的景观斑块 |
| GIS 可达性评价法 | 方案选线评价 | 评价网络系统的可达性 |

3）动态调控适宜采用的评价方法

对微型绿道空间体系的动态调控涉及自然要素评价、人工要素评价与使用者评价三个方面，因此应采取AHP层次分析法、FCE模糊综合评价法、景观结构指数方法、GIS可达性评价法相结合的方法，综合分析评价采用层次分析法，其中对自然要素的分析采用景观指数评价法分析斑块、廊道、基质的连接效应，对人工要素的分析如慢行系统、服务系统、健身系统、衔接系统等采用可达性评价法，对于使用者满意度调查方面采用模糊评价法。

## 2. 指标体系

现代城市规划常用评价体系，如生态城市、宜居城市、智慧城市等评价指标体系等都建立在效率、活力、创新、公平、宜居、可持续等几个方面，但既有指标体系在实用性方面如数据的代表性、测量性、可获得性等方面仍研究不足。

1）既有城市规划指标体系

（1）健康城市评价指标

1996年，在47个欧洲城市初步研究拟出的53个健康城市指标的基础上，进一步精简为32个可具体量化指标，并作为各城市建立健康指标的基础和评估推动成效的依据。健康城市的评价指标如表4.6所示。

健康城市的评价指标[1]　　表4.6

| 健康指标 | 健康服务指标 | 环境指标 | 经济指标 |
| --- | --- | --- | --- |
| 1. 低出生体重 | 1. 现行卫生教育计划数量 | 1. 空气污染 | 1. 居住在不宜居住建筑的人口比例 |
| 2. 总死亡率 | 2. 每位医师服务的居民数 | 2. 污水处理率 | 2. 流动人口数 |
| 3. 死因统计 | 3. 儿童完成预防接种的百分比 | 3. 水质 | 3. 低收入人群比例 |
|  | 4. 基层健康照顾提供非官方语言服务的便利性 | 4. 家庭废弃物收集品质 | 4. 失业率 |
|  | 5. 市议会每年讨论健康相关问题的数量 | 5. 家庭废弃物处理品质 | 5. 小于20周、20~40周以上活产儿百分比 |
|  | 6. 每位护理人员服务的居民数 | 6. 绿地可及性 | 6. 堕胎率 |
|  | 7. 健康保险覆盖的人口百分比 | 7. 绿化覆盖率 | 7. 可照顾学龄前儿童的机构百分比 |
|  |  | 8. 徒步区 | 8. 残疾者受雇比例 |
|  |  | 9. 自行车专用道 |  |
|  |  | 10. 闲置的工业用地 |  |
|  |  | 11. 运动休闲设施 |  |
|  |  | 12. 开放交通运输座位数 |  |
|  |  | 13. 开放交通运输服务范围 |  |
|  |  | 14. 生存空间 |  |

表格来源：赵芳．上海市健康城市建设及其健康促进能力研究［D］．上海：复旦大学，2010.

1 赵芳．上海市健康城市建设及其健康促进能力研究［D］．上海：复旦大学，2010.

健康城市规划的评价方法主要有问卷调查法、层次分析法、GIS地理信息系统分析法和专家意见法等，由于单一方法的局限性，在实际使用的过程中，这些方法应结合起来使用。其中问卷调查法直接反映人们的主观感受；专家意见法可以保证结果的统一性和可靠性；层次分析法将健康城市视为一个系统，对其进行多目标、多阶段、多准则的分析；定量和定性分析法清晰、明确，地理信息系统分析法借助GIS建构人居环境系统评价模型，并可以结合网络技术，通过可视化GIS空间信息衡量不同地区、不同规模、不同时间人居环境信息。例如封志明等构建中国人居环境自然适宜性评价模型（HEI），定量评价了中国不同地区的人居环境自然适宜性，揭示了中国人居环境的自然格局与地域特征。还有一些学者结合GIS技术与其他评价方法或工具衡量了人居环境适宜性，如李伯华等探讨湖南省人居环境适宜性与人口分布的关系。Spagnolo、Sundaram、魏伟等也曾对不同规模、不同时空维度的人居环境综合质量进行探讨与实证分析等[1]。

（2）生态城市指标体系（表4.7）

胡志斌等利用GIS系统，建立城市绿地可达性模型，评价绿地景观格局与服务功能，并以沈阳市为例进行了演绎。李小马等以沈阳为例，利用GIS网络分析法评价沈阳城市公园空间的可达性及服务设施配置情况。

生态城市指标参考国内外指标体系 表4.7

| 类型 | 指标体系 | 指标制定机构 |
|---|---|---|
| 国外参考指标库 | 联合国可持续发展指标 | 联合国 |
| | 千年发展目标指标 | 联合国 |
| | 环境指标 | 联合国 |
| | 联合国 21 世纪议程可持续发展指标 | 联合国 |
| | 健康城市指标 | 世界卫生组织 |
| | 全球城市指标 | 全球城市指数 |
| | 亚洲开发银行城市指标 | 亚洲开发银行 |
| | 欧洲绿色城市指数 | 经济学人 |
| | 原子能机构可持续发展能源指标 | 原子能机构 |
| | 联合国人居署人居议程指标 | 联合国人居署 |
| | 社会发展指标 | 世界银行 |
| | 环境与可持续发展指标 | 世界银行 |

1 刘建国，张文忠．人居环境评价方法研究综述［J］．城市发展研究，2014（6）：46-52.

续表

| 类型 | 指标体系 | 指标制定机构 |
| --- | --- | --- |
| 国内参考指标库 | 生态县、市、省建设指标 | 环境保护部 |
| | 环保模范城市 | 住房城乡建设部 |
| | 国家生态园林城市标准 | 住房城乡建设部 |
| | 全国绿化模范城市指标 | 全国绿化委员会 |
| | 宜居城市科学评价标准 | 住房城乡建设部 |
| | 中国人居环境奖评价指标 | 住房城乡建设部 |
| | 中科院可持续城市指标体系 | 中国科学院 |
| | 循环经济评价指标 | 国家发改委、环境保护部、国家统计局 |

表格来源：李海龙，于立 . 中国生态城市评价指标体系构建研究［J］. 城市发展研究，2011，07：81-86+118.

（3）宜居城市指标体系（表4.8）

城市宜居性指在城市中为人们提供的环境质量，包括生活成本、就业、公共交通、安全与保障、文化和教育等[1]。

（4）智慧城市指标体系

智慧城市评价指标体系能够综合考虑城市信息网络基础设施发展水平、综合竞争力、政策法规、绿色低碳、人文科技等因素，包括了智慧化交通管理、医疗教育体系、环保网络以及产业可持续发展能力、市民文化科学素养等软件条件，具体化、指标化，起到鲜明导向作用，总体可分为信息基础设施、智慧应用、支撑体系、价值实现四个维度，包括19个二级指标、57个三级指标[2]。

2）既有绿道网络评价指标体系

仅仅依据对WHO健康城市、生态城市、宜居城市等指标体系研究，建立健康绿道网络评价模型是比较困难的，因为两者不是同一尺度类型的空间。生态城市等以城市整体为尺度，指标体系往往反映在比较宏观的绿地率、绿化覆盖率、人均公园绿地数量等，而绿道属于微观的空间尺度，评价的指标体系需要从设计的具体内容出发。此外，关于选线与空间设计的研究内容多属于规划设计的项目内容。因此，微型绿道空间体系评价还需要结合城市规划设计及绿道网络评价指标体系与方法（表4.9）。

1 刘建国，张文忠. 人居环境评价方法研究综述［J］. 城市发展研究，2014.

2 李贤毅，邓晓宇. 智慧城市评价指标体系研究［J］. 电信网技术，2011（10）：43-47.

宜居城市评价指标体系[1] 表4.8

| 目标层 | 准则层 | 领域层 | 指标层 |
| --- | --- | --- | --- |
| 城市宜居性 | 经济发展 | 城市经济水平 | 第三产业比重、基尼系数、指数、失业率 |
| | | 居民收入发展 | 人均、人均可支配收入、人均工资收入、人均社会消费品零售额、恩格尔系数 |
| | 城市文明 | 政治文明 | 科学民主决策、政务公开、民主监督、市民对政治文明的满意率 |
| | | 社会文明 | 社会保险覆盖率、价格听证、社会救助、市民对社会文明的满意率 |
| | | 社区文明 | 社区管理、物业管理、社区服务、市民对社会文明的满意率 |
| | 生态环境 | 自然生态环境 | 空气质量好于或等于二级标准的天数/年、全年15～25摄氏度气温天数、集中式饮用水水源地水质达标率、人均公共绿地面积、建成区绿地率 |
| | | 人文环境 | 文化遗产保护、城市特色、城市不同风俗相容性 |
| | | 居住环境 | 人均居住面积、房价收入比、建筑与环境的协调性 |
| | | 环境整治 | 城市工业污水处理率、工业固体废弃物处置利用率、噪声达标区覆盖率、环保投入占比率 |
| | 生活便利 | 交通状况 | 人均道路面积、人均公共交通工具拥有量、居民工作单向平均通勤时间 |
| | | 商业服务 | 1000米范围内拥有超市的居住区比例、居住区商业服务设施配套率、居民对商业服务质量的满意率 |
| | | 市政设施 | 城市燃气普及率、有线电视网覆盖率、因特网光缆到户率、自来水正常供应情况、电力正常供应情况、居民对市政服务质量的满意率 |
| | | 文化体育设施 | 500米范围内拥有小学的社区比例、1000米范围内拥有初中的社区比例、1000米范围内拥有免费开放体育设施的居住区比例、市民对教育文化体育设施的满意率 |
| | | 医疗卫生 | 社区卫生服务机构覆盖率、人均寿命指标、市民医疗卫生的满意率 |
| | 城市安全 | 刑事犯罪 | 年每十万人重大刑事犯罪率、近三年刑事犯罪侦破率 |
| | | 社会治安 | 每万人配备治安人员数量、市民对社会治安的满意率 |
| | | 安全机制 | 生命线工程完好率、自然灾害紧急预案机制 |
| | | 食品安全 | 假冒伪劣商品的打击度、市民对食品安全的满意率 |
| | 管理高效 | 城市管理机制 | 城市管理制度的完善率、市容市貌满意率、市民对城市管理的满意率 |
| | | 信息化程度 | 政务公开透明度、专门网站建立、投诉通道畅通率 |
| | | 管理效率 | 市民建议处理率、投诉处理满意率、市民对政府管理效率的满意率 |
| | 城市创新能力 | 科研创新 | 研发投入占比例、年专利数、每万人专业科研人员比例 |
| | | 城市规划 | 城市总体规划的完成率、市民对城市规划的满意率 |
| | | 教育状况 | 每万人大学生数、教育经费投入占比例、每万人中小学的专任教师数、每万人研究生以上学历学生数 |

表格来源：胡伏湘，胡希军．城市宜居性评价指标体系构建［J］．生态经济．

1 胡伏湘，胡希军．城市宜居性评价指标体系构建［J］．生态经济．

常用绿道网络评价指标体系 表4.9

| 因素 | 指标 | 计算方法 |
|---|---|---|
| 景观指数分析[1] | 斑块数量 | 总数目及分类型数目 |
| | 斑块密度 | 斑块总密度和分类型斑块密度 |
| | 平均斑块面积 | 总面积、最大面积、最小面积、平均面积 |
| | 斑块丰富度 | 不同斑块类型总数 |
| | 多样性指数 | 每一种斑块类型所占景观总面积的比例 |
| | 聚集度 | 同一类型斑块的聚集程度 |
| 网络分析 | 节点数 | 区域内特殊节点总数量 |
| | 边数 | 区域内线路网络总边数 |
| | 边界总长度 | 区域内线路网络总长度 |
| | 连接度 | 区域内网络总边数与总节点数的比值 |
| | 平均点密度 | 单位面积内线路网络的节点数 |
| | 平均路径长度 | 单位面积内线路网络的长度 |
| 可达性分析[2] | 最小临近距离分析 | 特定节点到最近微型绿道的距离 |
| | 吸引力指数分析 | 线路距离、宽度、长度等特征对使用者的影响 |
| | 行进成本分析 | 特定节点到微型绿道所需的时间和金钱 |
| | 缓冲区分析法 | 特定节点附近微型绿道数量、类型以及面积 |
| 公平性分析 | 代际公平 | 不同代人之间的纵向公平比较 |
| | 代内公平 | 同代人之间的横向公平比较 |
| | 群体公平 | 不同群体之间的横向公平比较 |
| | 个体公平 | 个体之间的横向公平比较 |
| | 区域间公平 | 不同区域之间的横向公平比较 |

3）既有相关评价指标体系述评

目前的评价指标体系中定量指标分类及项目较为全面，而对定性指标的关注较为不足，而且同一指标的权重赋值差异较大，且弹性较小，不能涵盖伴随社会发展的很多新的量化要素如效率、质量、PM2.5等。指标体系中很多因素对系统的影响方式、影响程度、影响机理也并不具体。

（1）学科交叉的综合研究有待加强

城市系统的复杂性和综合性决定了其相关的评价指标体系必然需要建立多学科之间多层次的交叉和融合，才能实现评价系统的科学性。

（2）大数据库平台有待建立

大数据时代应更新原有的数据利用方式，充分利用大数据平台资源如

1 张庆军. 多元目标导向下的城市绿道网络评价体系构建［A］. 中国城市规划学会. 多元与包容——2012中国城市规划年会论文集（10. 风景园林规划）［C］. 中国城市规划学会，2012：18.

2 尹海伟，孔繁花，宗跃光. 城市绿地可达性与公平性评价［J］. 生态学报，2008（7）：3375-3383.

GPS、卫星遥感数据等。

（3）潜在规律性特征研究有待深入

城市快速发展、生活方式不断变革、人居环境不断变化，对变化系统的评价与研究必然需要从其演变规律和发展模式入手，才能准确把握未来方向。

4）微型绿道评价指标体系构建

综合如上多种评价方法与评价模型，结合城市规划、生态学、社会学学者的建议和帮助，本研究建构微型绿道评价指标体系如表4.10所示，分为生态、健康、公平、高效4个一级指标层，选出针对不同目标的最为重要的影响因素有绿地指数、交通功能指数、推广速度、服务功能、健康功能、群体公平、区域公平7个二级指标层，22个三级指标层，依据相应的评定依据结合层次分析法得出相关的指标权重如表4.10所示。

## 3. 评价分值计算

综合评价采用AHP法，评价分值的计算由加权计算各评价因子得分乘以评价因子所对应的权重得出，具体的评价公式如下：

$$E = \sum_{1}^{n} \beta\omega$$

其中，$E$为评价得分，$\beta$为评价因子得分，$\omega$为评价因子权重，$n$为因子数，评价得分定为四个等级：

优等（100～90）：表明该区域内微型绿道重点突出了其在生态、健康、高效、公平等方面的作用，在生态恢复、健康人居环境营造、社会服务能力等方面能够发挥较好的作用，较好地满足了公众日常出行及康体活动的需求。

良等（89～70）：表明该区域内微型绿道在生态、健康、高效、公平等方面发挥了一定的作用，在生态恢复、健康人居环境营造、社会服务能力等方面有一定推动作用，基本满足公众日常出行及康体活动的需求，可能在区域公平、设计细节及使用效率等方面存在不足。

中等（69～50）：表明该区域内微型绿道能够在生态、健康、高效、公平等方面发挥一定的作用，但在满足公众日常出行及康体活动的需求、可达性、公平性等方面可能不足。

劣等（<50分）：表明该区域内微型绿道不能够在生态、健康、高效、公平等方面发挥作用，不能够满足公众日常出行及康体活动的需求，多个方面有待提高和改进。

微型绿道空间体系评价模型初探

表4.10

| 一级指标层 | | 二级指标层 | | 三级指标层 | | 评定标准 | 评定依据 |
|---|---|---|---|---|---|---|---|
| 指标名称 | 指标权重 | 指标名称 | 指标权重 | 指标名称 | 指标权重① | | |
| 生态A1 | 0.34 | 绿地指数B1 | 0.34 | 人均公共绿地面积C1 | 0.0850 | ≥ 14.6 为优<br>5 ~ 14.6 为良<br><5 为差 | 《“十三五”生态环境保护规划》2020年城市人均绿地面积目标为14.6m²/人;<br>根据国家生态园林城市分级考核标准“城市各城区人均公园绿地面积最低值为5平方米/人” |
| | | | | 城市建成区绿地率C2 | 0.0425 | 38.9% | 《国家新型城镇化规划(2014—2020年)》全文 |
| | | | | 城市建成区绿化覆盖率C3 | 0.0425 | ≥ 40% | 国家生态园林城市分级考核标准 |
| | | | | 公园绿地服务半径覆盖率C4 | 0.0850 | ≥ 90% | 国家生态园林城市分级考核标准 |
| | | | | 综合物种指数C5 | 0.0850 | ≥ 0.5 | 其中，$H$为综合物种指数，$Pi$为单项物种指数，$Nbi$为城市建成区内该类物种数，$Ni$为市域范围内该类物种总数。$n$=3，$i$ =1，2，3，分别代表鸟类、鱼类和植物。鸟类、鱼类均以自然环境中生存的种类计算，人工饲养者不计②<br>$H=\frac{1}{n}\sum_{i=1}^{n}Pi$ $Pi=\frac{Nbi}{Ni}$ |
| 高效A2 | 0.16 | 交通功能B2 | 0.08 | 城市步行和自行车交通系统规划实施率C6 | 0.0270 | ≥ 80% | 国家生态园林城市分级考核标准 |
| | | | | 绿色出行分担率C7 | 0.0180 | ≥ 75% | 国家生态园林城市分级考核标准，计算方法：绿色交通出行分担率=(步行交通出行人次+自行车交通出行人次+公共交通出行人次)(万人)÷城市出行总人次(万人)×100%，③<br>密度及间距标准详见表3.5 |
| | | | | 微型绿道间距 | 0.0180 | 1000 ~ 1200 米 | |
| | | | | 微型绿道网络密度 | 0.0180 | 1.5 ~ 2.0 km/km² | |
| | | 推广速度B3 | 0.08 | 微型绿道面积占城市公共绿地总面积比重C8 | 0.0400 | | $Sw$是微型绿道面积，$Si$是各级体育空间的面积，$P$为人口数量。微型绿道面积推算公式(单位：平方米)：<br>$Sw \geq 1.8 \times P-\sum Si$④ |
| | | | | 林荫路推广率C9 | 0.0400 | ≥ 85% | 林荫路指绿化覆盖率达到90%以上的人行道、自行车道。计算方法：林荫路推广率=达到林荫路标准的人行道、自行车道长度(千米)÷人行道、自行车道总长度(千米)×100%⑤ |

① 指标权重由层次分析法，根据分项指标重要性的互相比较得出，其中分项指标重要性的判定结合多位专家的意见综合得出。

② 数据来源:城市相关主管部门。

③ 数据来源:城市交通、建设主管部门。

④ 数据来源:城市相关主管部门。

⑤ 数据来源:城市园林绿化主管部门。

续表

| 一级指标层 | | 二级指标层 | | 三级指标层 | | 评定标准 | 评定依据 |
|---|---|---|---|---|---|---|---|
| 指标名称 | 指标权重 | 指标名称 | 指标权重 | 指标名称 | 指标权重 | | |
| 健康A3 | 0.34 | 服务功能B4 | 0.17 | 可达性C10 | 0.0730 | 500米 | 500米体育健身圈详见第三章 |
| | | | | 公众对城市园林绿化的满意率C11 | 0.0360 | ≥ 90% | 国家生态园林城市分级考核标准 |
| | | | | 人均微型绿道长度C12 | 0.0360 | >1250米为优<br>416～1250米为良<br><416米为差 | 计算依据：5分钟路程即5公里/小时步速行走416米是普遍认为较舒适的步行距离，按照《全民健身计划（2016—2020年）》，至2020年，实现城市社区15分钟健身圈，按照5千米/小时步速行走，距离是1250米详见第三章 |
| | | | | 人均服务设施拥有量C13 | 0.0250 | ≥ 0.3平方米 | 《全民健身计划（2016—2020年）》 |
| | | 健康功能B5 | 0.17 | 人均微型绿道面积C14 | 0.1275 | ≥ 1.8平方米 | 详见第三章3.1.2：计算依据：《全民健身计划（2016—2020年）》，至2020年，实现城市社区15分钟健身圈，人均体育场地面积将达到1.8平方米 |
| | | | | 平均路径长度C15 | 0.0425 | ≥ 4000米 | 每个微型绿道支网应能串联不少于4公里的路程，这是促进居民日常健康行为的基本需求，详见第三章 |
| 公平A4 | 0.16 | 群体公平B6 | 0.08 | 使用者年龄结构C16 | 0.0384 | | 采用POE使用者评价方法，通过问卷调查、访谈、观察等方法相结合进行使用者数据收集，并对数据中使用者收入、年龄、职业、性别等数据进行整理分析，由专家给出1～9的分值。计算方法：E群体公平=E年龄结构×0.25+E职业结构×0.25+E收入结构×0.25+E性别比×0.25 |
| | | | | 使用者职业结构比C17 | 0.0128 | | |
| | | | | 使用者收入结构比C18 | 0.0096 | | |
| | | | | 使用者性别比C19 | 0.0192 | | |
| | | 区域公平B7 | 0.08 | 区域间人均微型绿道面积比C20 | 0.0400 | ≈ 1 | 通过城市不同区域间微型绿道人均面积、密度、设施等数量的比值，衡量区域间微型绿道网络布置的社会公平性，比值越接近1评分越高，由专家给出1～9的分值 |
| | | | | 区域间微型绿道密度比C21 | 0.0200 | ≈ 1 | |
| | | | | 区域间微型绿道设施数量比C22 | 0.0200 | ≈ 1 | |

# 5

# 西安高密度区微型绿道空间建构研究

Getting people out of their cars and walking as much as possible will put Oakland in the forefront of the pedestrian movement. As a matter of fact, we will be one of the first cities in America to create a Pedestrian Master Plan.

——Oakland Mayor Jerry Brown, August 14, 2001

对于高密度城市的研究主要集中在人口稠密、土地面积小的城市，如香港、新加坡、上海、东京等城市，但是对于城市高密度区的研究则是探讨城市中在土地利用强度高、交通组织复杂、人口密度大、街区建筑密集等明显表现出高密度特征的区域。西安市作为西北地区的核心城市，代表着我国正处于快速发展时期的一大批城市，相关研究对我国未来城市高密度区居住、交通、基础设施、公共绿化等方面的建设和改造具有重要的参考意义。

# 5.1 现状问题与背景分析

## 5.1.1 背景概况及相关基础研究

### 1. 背景概况

1）地理与气候条件

西安市位于黄河流域中部关中盆地，总面积10108平方公里，其中市区面积3582平方公里，建成区面积521.9平方公里[1]，平均海拔400米左右。西安地处我国地理上北方与南方的重要分界，属暖温带半湿润大陆性季风气候，冷暖干湿四季分明。冬季寒冷、风小、多雾、少雨雪；春季温暖、干燥、多风、气候多变；夏季炎热多雨，伏旱突出，多雷雨大风；秋季凉爽，气温速降，秋淋明显。年平均气温13.1～14.3℃，最冷1月平均气温-1.2～0.5℃，最热7月平均气温26.5～27.0℃。西安市区常年盛行东北风。可见，西安市区地势总体平坦，降雨量适中，年均气温宜人，非常适合户外步行骑行健身活动。

2）行政区划与社会历史条件

西安古称长安，是陕西省省会，地处关中平原中部，是国家重要的科研、教育和工业基地，我国西部地区重要的中心城市，世界历史文化名城。西安历史悠久，有着3100多年的建城史和1100多年的建都史，先后有13个王朝在此建都，与雅典、罗马、开罗并称世界四大文明古都[2]。

截至2014年年底，西安市辖新城、碑林、莲湖、雁塔、灞桥、未央、阎良、临潼、长安[3]、高陵10个区，蓝田、周至、户县3个县和109个街道办事处、67个镇、782个社区和2991个行政村，有国家级西安高新技术产业开发区、西

1 西安市人民政府网http://www.xa.gov.cn/ptl/def/def/index_1121_6774_ci_trid_1111932.html.

2 西安市政府网站http://www.xa.gov.cn/ptl/def/def/index_1121_6774_ci_trid_1111932.html.

3 2014西安统计年鉴。

安经济技术开发区、西安曲江新区、西安浐灞生态区、西安阎良国家航空高技术产业基地、西安国家民用航天产业基地[1]、西安国际港务区和西咸新区沣东新城（简称“五区一港两基地”）。《西安城市总体规划（2008—2020年）》中主城区范围指以唐长安城为中心，以绕城高速为基本轮廓，东至灞河，西到绕城高速路，南至长安（潏河），北到渭河。其中就人口分布密度而言，碑林区、新城区、莲湖区人口分布最为密集[2]，在城市中也最具代表性，是本课题实践研究的重点区域，以下简称三区域。

3）人口规模及分布情况

西安市统计局公布《2015年西安市1%人口抽样调查主要数据公报》显示，西安市2015年11月1日零时的常住人口为869.76万人。在年龄构成上，全市常住人口中0～14岁人口为109.24万人，占12.56%；15～64岁人口为669.20万人，占76.94%；65岁及以上人口为91.32万人，占10.50%。65岁及以上人口比重上升。全市常住人口中，居住在城镇的人口为635.10万人，占73.02%；居住在乡村的人口为234.66万人，占26.98%（表5.1）。

西安市三区域人口分布情况统计　　表5.1

| 区域名称 | 常住人口数量（万人） | 人口密度（人/平方公里） | 区域面积（平方公里） |
|---|---|---|---|
| 碑林区 | 62.23 | 26639 | 23.36 |
| 新城区 | 60.78 | 19481 | 31.2 |
| 莲湖区 | 70.43 | 16379 | 43 |

表格来源：以上信息来自西安各城区官网统计数据，信息查阅时间：2016年8月16日。

4）城市绿道规划及建设现状

城市群绿道网络建设方面：2014年陕西省住房城乡建设厅依托关中地区自然人文景观及社会经济要素，编制《关中城市群绿道网规划纲要》，对西安市、宝鸡市、咸阳市、铜川市、渭南市、商洛市、韩城市和杨凌示范区进行了绿道网络布局，拟建成我国西北地区首个示范性绿道网。

城市绿道建设方面：西安南横线长安绿道绿化工程西起西沣路，东至长安界，占地483亩，跨越4条河流，36公里的绿道绿化工程即将完工。西安秦岭

1 2014西安统计年鉴。

2 同上。

北麓生态旅游绿道示范工程子午峪至黄柏峪段建设范围为秦岭北麓关中环线以南，东起长安区子午峪，西至户县黄柏峪，机动车道全长13.5公里，自行车道（步道）全长21.218公里，已经投入建设。西安浐灞生态区绿道系统分为慢行系统、交通衔接系统、服务设施系统、标识系统、公共目的地系统、绿廊系统等六个部分，预计到2020年形成长度不少于220公里的绿道网络。但针对碑林、新城、莲湖等老城区的绿道规划与建设尚未启动。

## 2．相关基础研究

本研究针对西安高密度区微绿立体建构的研究建立在如下几个方面的基础上：

1）西安城乡绿地系统研究

丁文清以咸阳市绿地系统规划为例对城市绿道景观规划设计进行研究，探讨了在绿地系统规划的背景之下，建设城市绿道的景观规划和设计方法。张慧在对西安纺织城片区现状综合分析的基础上，结合西安控制性详细规划，尝试建构片区道路绿色空间体系，并提出“人文景观要素介入型、自然景观要素介入型、传统街区保护型、新城大道风貌型及交通景观主导型”五种典型道路绿色空间模式。刘丽芬等针对西咸新区重点发展生态文化旅游、休闲娱乐、生态田园观光等产业，探讨了西咸新区绿道网络的建设与应用前景。岳茜总结了城市绿地系统的拓展及发展演进趋势。孙湖燕对西安浐灞生态片区的自然环境、绿地景观现状及绿地发展因素分析的基础上，阐明了该区域的绿地景观分类规划、道路景观系统规划及绿地系统树种规划。

2）西安城市慢行交通系统研究

孙洪涛探讨了西安城市慢行交通系统规划方法，并对西安市二环范围内的城市慢行交通进行了实地调研，提出了改善措施和建议。和红星结合西安市本地现状对西安城市自行车交通规划提出了针对停车站点分布、配套设施规划、管理方式方法等方面的建议。赵红茹以西安市老城区为例，探讨了西安明城墙区域历史保护街区慢行交通及绿色交通体系建构。

3）西安城市绿道建设与研究

陈磊、岳邦瑞、潘嘉星、潘卫涛主编的《大秦岭山麓区绿道网络规划与建设》以大秦岭—大西安山城一体关系为研究背景，梳理山麓型绿道的概念、类型与功能。目前，西安城市绿道网络规划编制体系还不够完善，缺乏城市绿道网络规划编制技术中法定性的规范以及内容，绿道规划缺乏系统的理论与方法指导，需要进一步走向法制化、合理化、体系化。西安市绿道建设实践才刚刚起步，对于贴合西安地域特色的绿道网络的研究仍属探索性阶段。

4）西安立体城市建设研究

冯仑提出，西安以城市建设模式创新为特征的项目——立体城市，由于不同于传统房地产项目，加上政府的新区管理体制尚未理顺，致使建设困难重重，但其理念的提出是一种对紧凑型、产城一体的新型城市化的积极尝试。

## 5.1.2 现状调查及问题统计

### 1．西安市三区域城市居民健康状况调查

肥胖率和常见性疾病发病率高。2009年《西安市居民健康状况报告》显示，西安每3人就有1人超重，西安超重及肥胖人数比例分别为31.01%和10.03%，脂肪肝的发病率为15.23%。

青年（44岁以前）：亚健康的比例较高，经分析可能是由于该阶段人群年纪较轻，工作压力较大。经常会出现的问题有胃溃疡、慢性胃炎、腰肌劳损、贫血、低血压、乳腺增生等，而且一些老年性疾病也呈现年轻化趋势，如高脂血症、高血压、高尿酸、骨质增生、心肌缺血等。

中年（45～59岁）：超重、肥胖、高血压、糖耐量异常、高脂血症、痛风、骨质疏松症等症状和疾病较为集中地出现在这个阶段。

老年（60岁以上）：主要为营养过剩引起的慢性疾病和营养不良的疾病。

日常体育运动不足。西安市15%的居民达到体力活动活跃的水平，但是只有7. 79%的居民达到体力活动高度活跃的水平，静坐的居民则高达11.68%[1]。

### 2．西安三区域公共绿地情况调查

人均公共绿地面积低于全国水平。2015年《中国国土绿化状况公报》显示，我国城市建成区绿化覆盖率达到40.10%[2]，建成区绿地率36.34%，人均公园绿地面积13.16平方米[3]（表5.2）。

1 梁瑞. 西安市城市居民体力活动状况及其影响因素分析. 西安体育学院，2012.

2 2014年城乡建设统计公报，住房和城乡建设部.

3 2015年中国国土绿化状况公报，全国绿化委员会办公室，2016-03-01.

西安市三区域人均公共绿地面积　　表5.2

| 区域名称 | 指标统计 |
| --- | --- |
| 碑林区 | 7.9[1] 人均公共绿地面积（平方米） |
| 新城区 | 43.8%[2]（绿化覆盖率） |
| 莲湖区 | 10.8[3] 人均公共绿地面积（平方米） |

表格来源：信息来自西安各城区官网统计数据，信息统计截至2012年，查阅时间：2016年8月16日。

### 3．西安三区域康体空间设施调查

通过对西安碑林区、莲湖区、新城区三个区域可利用的康体空间及公共绿地调研，以500米为半径，绘制出图5.1，从中可以看到区域范围内，空白的区域是500米服务范围内的空间，填充部分是服务范围之外的空间，这些空间是微型绿道需要着重考虑的区域。

### 4．西安三区域交通状况调查

1）轨道交通现状及规划线路500米服务范围

通过对西安碑林区、莲湖区、新城区三个区域现状轨道交通和轨道交通近期建设规划站点分布，以500米为半径，绘制出图5.2，可以看到区域范围内，空白的区域是地铁站点500米服务范围内的空间，填充部分是服务范围之外的空间，这些空间是微型绿道需要着重考虑的区域。

2）慢行系统现状

西安城市慢行系统有建设，但是一方面不成网络，另一方面步行环境难以

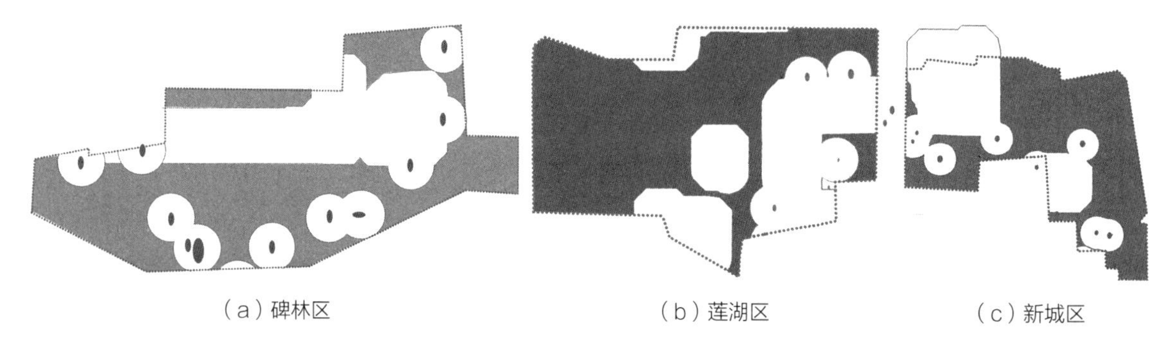

（a）碑林区　（b）莲湖区　（c）新城区

图5.1　西安三城区既有健身空间及城市公共绿地500米服务范围

1　西安市碑林区2009年国民经济和社会发展统计公报。

2　2016年西安新城区政府工作报告。

3　莲湖区2014年国民经济和社会发展统计公报。

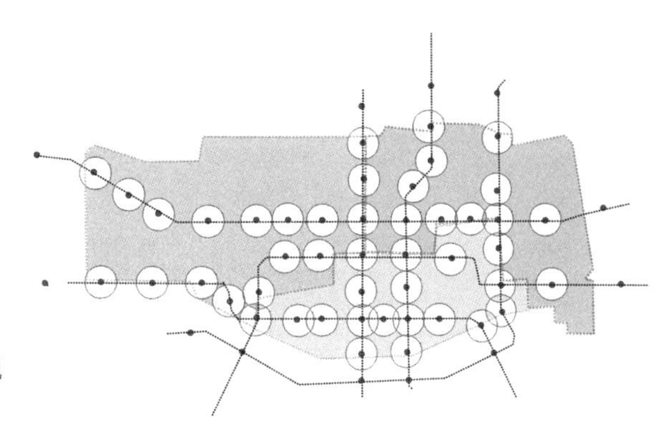

图5.2 西安三区域现状和近期建设规划轨道交通站点分布500米服务范围

满足居民康体健身需求（表5.3），调研过程中发现以下问题比较集中：

（1）机动车占道严重，影响了居民对慢行空间的使用；

（2）慢行空间与封闭单位出入口之间互相影响；

（3）慢行空间绿化严重不足；

（4）封闭围墙缺乏景观效应严重影响了慢行空间的质量；

（5）慢行衔接空间严重不足；

（6）慢行空间公共服务设施不够完善；

（7）慢行空间标识系统不够完善；

（8）慢行空间安全性难以保证。

慢行系统现状选点调研　　表5.3

| 部分调研节点 | 现状问题 |
| --- | --- |
| 南二环东段辅路 | 1.停车占用慢行道空间；<br>2.慢行环境安全感低；<br>3.绿化环境不足 |
| 西安市兴工西路 | 1.街道空间缺乏有效利用；<br>2.慢行环境质量差；<br>3.人车混行，致使机动车通行不畅 |

续表

| 部分调研节点 | 现状问题 |
| --- | --- |
| 自强西路 192 号 | 1.街道空间缺乏有效利用；<br>2.慢行环境质量差；<br>3.商业近地空间秩序感差，公共服务设施不足 |
| 铁塔寺庙路西安第一中学 | 1.停车空间占用慢车道、机动车道；<br>2.无学生可利用的安全通行道；<br>3.交通静化措施效果欠佳 |
| 工商莲湖分局铁塔寺家属院 | 1.绿化环境缺乏；<br>2.慢行环境质量差；<br>3.邻里交往空间缺乏 |
| 碑林区新文巷 | 1.慢行空间需求大，环境质量低；<br>2.绿化环境不足；<br>3.停车占用大量机动车道、慢行道 |
| 南梢门十字东南角 | 1.车流、人流量大，慢行环境安全感低；<br>2.交通用地紧张，机动车、人行通行效率有待提高 |

### 5. 公共自行车系统现状

西安三区域公共自行车服务系统现状如表5.4所示，城市公共自行车系统的日常维护费用巨大，仅仅依靠单项的城市公共自行车租赁系统发展来解决低碳出行及自行车健身需求是不现实的，必须同时依靠城市私家自行车停车、换乘等公共服务系统的发展和完善，来鼓励大量私家自行车的出行。

西安三区域公共自行车服务系统现状　　表5.4

| 区域名称 | 公共自信车租赁网点数量 | 公共自行车租赁网点分布密度（每平方公里） |
|---|---|---|
| 碑林区 | 88 | 3.7　7 |
| 新城区 | 83 | 2.6　6 |
| 莲湖区 | 60 | 1.4　0 |

表格来源：统计数据来源于西安公共自行车服务系统官网，截至 2016 年 1 月统计数据，http://www.xazxc.com.

## 5.1.3　前期预测及模拟模型

### 1. 前期预测

1）人口预测

（1）国家人口发展趋势

国务院印发的《国家人口发展规划（2016—2030年）》显示，未来我国人口发展有如下几个趋势：

①人口增长在2030年达到峰值

2020年全国总人口达到14.2亿人左右，2030年达到14.5亿人左右，全国人口数量在2030年前后将达峰值。

②老龄人口比重增加

60岁及以上老年人口平稳增长，2021—2030年增长速度将明显加快，到2030年占比将达到25%左右，其中80岁及以上高龄老年人口总量不断增加。人均预期寿命到2030年提高至79岁。2016年我国人口学家预计，到2050年，中国65岁以上的老年人口将达到3.6亿，占总人口比重超1/4[1]。

③城镇人口比率增加

常住人口城镇化率达到70%，主要城市群集聚人口能力增强。

1　http://news.sciencenet.cn/htmlnews/2016/7/350517.shtm.

（2）西安人口发展趋势

《西安城市总体规划（2008—2020年）》目标显示，预计到2020年，西安市域人口规模将超千万，其中户籍人口870.57万人。赵沙等[1]综合三种常用的人口规模预测方法对西安市未来人口进行建模分析，预测结果显示，西安市的人口数也会在未来二十年将保持每年近11万人的增长速度，到2020年及2030年时，西安市人口将分别达到890.99万人和1014.19万人左右。米瑞华等对基于历次人口普查的西安市人口分布预测研究发现，基于西安市第二至第六次街区人口普查数据，使用人口灰色预测和城区36维空间扩展预测等方法，直观展示2020年西安中心市区人口分布态势，如图5.3所示[2]。

虽然由于不同预测模型的误差，这些研究成果在具体数值上存在差异，但两项研究在城市人口的上升趋势方面较为吻合，可以大致得出西安市2020—2030年人口的范围大约在870～1350万人之间（图5.4）。

西安人口密度情况。根据米瑞华等对西安城市人口分布格局的研究发现，2020年西安市主城区的中山门、北关、东关南街、文艺路、西关、土门、小寨、长延堡、纺织城等传统的人口密集街区依然延续其人口密度峰值区的特征，新增张家堡、电子城、丈八、十里铺、驾坡等近郊人口高密度街区；郭杜、韦曲、三桥、鱼化寨、汉城、谭家等原城乡接合部人口密度也快速增加。曲江、大明宫、未央宫等大型遗址公园，旅游景区和历史文化产业基地附近，由于其城市功能独特性，推测其日间人口密度较大，游客云集，商业聚集。

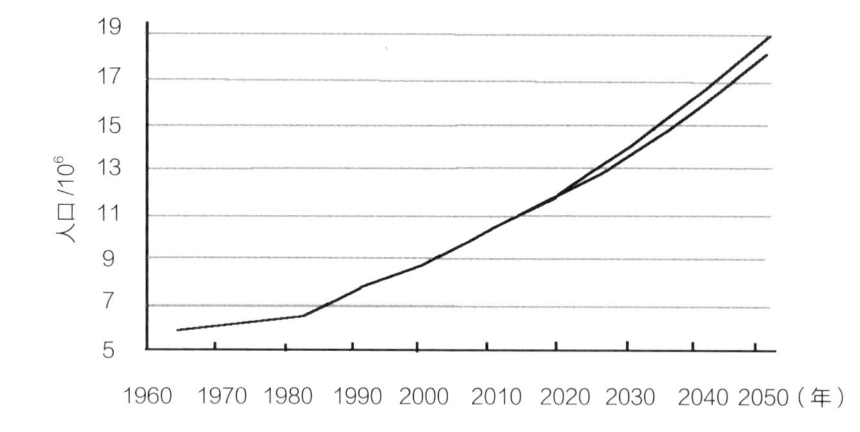


图5.3 西安市人口规模预测

图片来源：米瑞华，石英，冯飞．基于历次人口普查的西安市人口分布预测研究［J］．西北大学学报（自然科学版），2015，（06）：1001-1006.

1 赵沙，张福平．西安市未来人口规模预测及人口发展对策研究［J］．干旱区资源与环境，2012（02）：7-12.

2 米瑞华，石英，冯飞．基于历次人口普查的西安市人口分布预测研究［J］．西北大学学报（自然科学版），2015（6）：1001-1006.

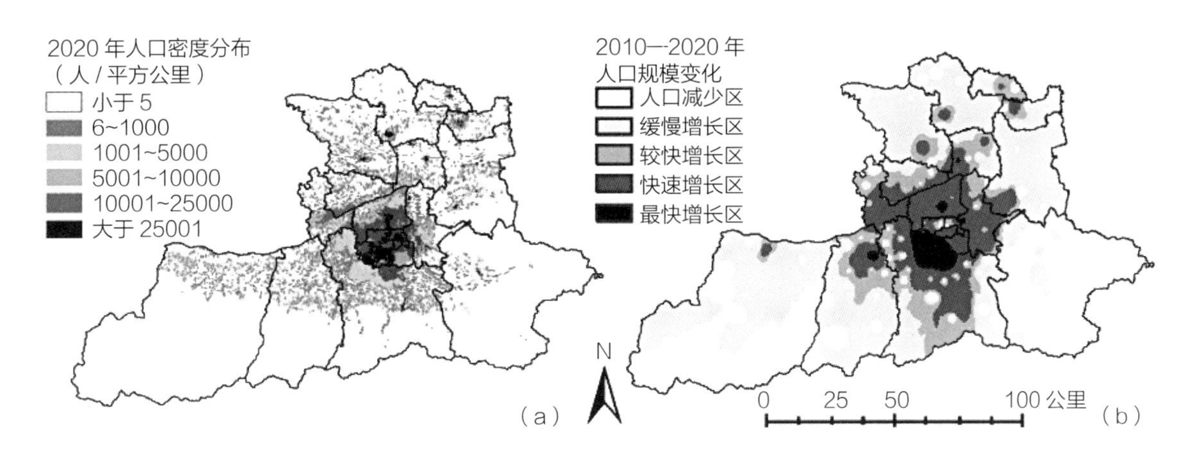


图5.4 大西安2020年人口空间分布格局及人口重点承接区域预测
图片来源：米瑞华，石英.城镇化背景下西安市城乡人口分布变动及其趋势预测［J］. 西北人口，2015，(04)：53-60.

2）城市空间发展预测

根据西安市规划局2011—2030年《西安市城市综合交通体系规划》中西安城市空间的发展范围界定，主城区约500平方公里、都市区约1600平方公里、市域约10108平方公里。

3）城市交通情况预测

《西安市城市综合交通体系规划》是微型绿道空间体系建构的重要设计依据，该规划涉及三个时间层次，近期为2011—2015年，中期为2016—2020年，远期为2021—2030年。

（1）道路交通系统规划

构建“通道+放射+环+网格”的道路网。快速路分两级：一级快速路为“三横四纵”布局；二级快速路为“两片、三横三纵、三横五纵”布局，快速路网密度为0.48公里/平方公里。（图5.5）

（2）公共交通系统规划

形成以公共交通和慢行交通为主体的交通结构，实现公交出行比例达50%，轨道交通出行比例达25%。轨道交通线网由15条线路组成，呈“棋盘+放射”形，线路总长度550～600公里；快速公交线网由7条线路组成，呈“环形+放射”形，线路总长度160公里；公交专用道设置60条，总长720公里。（图5.6）

（3）慢行交通系统规划

都市区规划“一心三环十射九带”绿道网，一心为明城墙内休闲廊道；三环中一环为环城公园、二环为唐城墙遗址带、三环为昆明湖东侧路和浐河中段围合圈；十射为中心区至外围组团、新城放射绿道；九带为沿八条河流及环山

图5.5 西安市道路交通系统规划
图片来源：西安市规划局。

图5.6 西安市公共交通系统规划
图片来源：西安市规划局。

路沿线的绿道（图5.7）。

4）使用者行为预测

使用者行为预测是对使用者日常的行为方式进行调查、统计、分析，从中寻找出使用者的轨迹规律性和周期性，在大数据时代，调查方式变得更加多样，相应数据也相对更为准确，通常可以采用以下三种预测模型：

（1）最常访问模型

这种模型主要通过调查将不同使用者在不同时间段访问频率最高的地点集合起来，从中寻找其在时间和空间上的规律性。这种模型在微型绿道选线、定节点等工作中非常有效。

（2）空间序列模型

这种模型是通过记录使用者的活动轨迹，在不同地点中寻找关联性，从中探索使用者对空间序列的规律性，也可以通过出行轨迹相似度研究，用以在微型绿道选线中对不同线路进行分级。

图5.7 西安市慢行交通系统规划
图片来源：西安市规划局。

（3）时间规律模型

这种模型是记录并分析不同使用者在出行、休闲活动时间、活动方式方面的规律。可用于辅助微型绿道的宽度、设施、选线等方面的设计。

## 2. 模拟模型

1）定时模拟模型

辅助出行是微型绿道的一个重要功能，因此基于出行高峰时间的定时模拟显得非常重要，其主要任务是根据出行高峰时间出行人口数量，推算微型道路系统每个节点的使用者容量。

2）定量模拟模型

定量模拟的方式主要有两种，一种是基于使用人口数量的最大值、平均值进行微型绿道网络的定量模拟，另一种是基于既有街道空间容量，确定微型绿道网络的最大容量，进而确定可以容纳的慢行人口数量。

3）定位模拟模型

这种模型的作用类似于中医传统中的穴位疗法。根据预测情况，详细标出西安高密度区有代表性的定位点如小寨、文艺路、电子城、钟楼、纺织城等，再对每个点附近街区的具体情况进行调查分析，定位分析微型绿道空间系统对该点附近街区绿化、交通、建筑等的调整方法和能够起到的改善作用。

图5.8所示为1：200按照不同绿地密度等级划分区域。

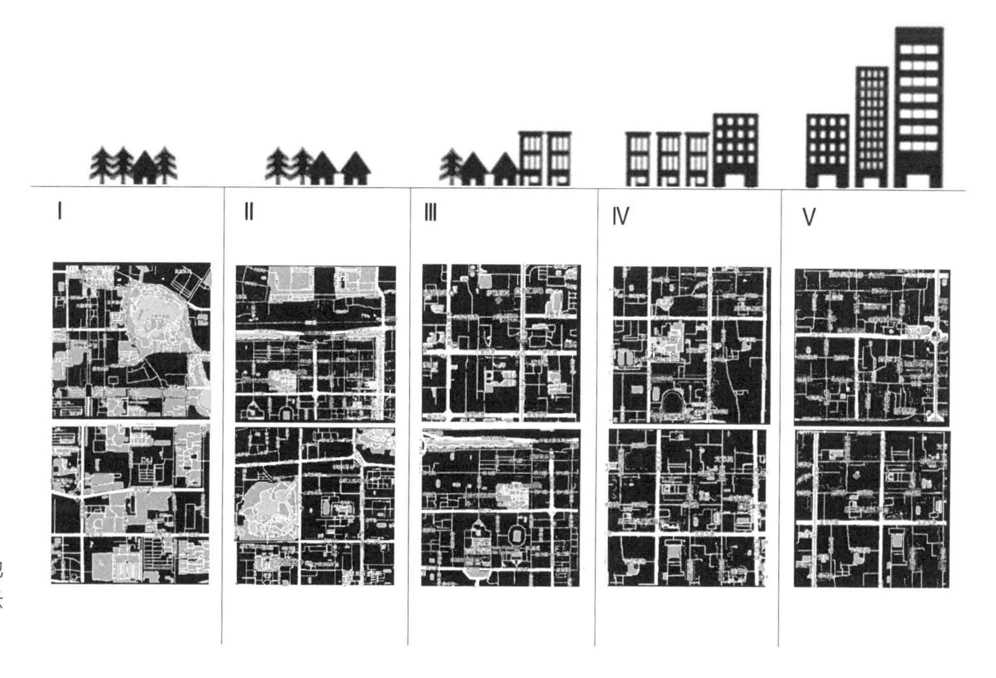


图5.8 不同绿地密度区域划分示意图

# 5.2 空间建构模式及可行性探讨

## 5.2.1 建构原则

微型绿道在尺度、使用时间、使用频率、使用方式等方面与常规绿道不同，其空间设计中应突出其尺度灵活、形式多变、立体整合等特征及近地健身、低碳出行、社会交往等主要功能，更注重以下原则：生态修复织补原则、层次性原则、连通性原则、地域生活适应性原则等。

### 1. 织补性生态修复原则

微型绿道应通过对边角空间微地形草坪的处理、植物的补充配置及立体绿化等方式在高密度城市人工环境中织补断裂缺失的生态环境，创造人与自然和谐的人居环境。

### 2. 行为心理适应性原则

在微型绿道设计中，尽可能做到线路布置与空间设计符合西安地域性生活习惯及使用需求，并照顾到使用者的行为心理习惯，在高密度城市环境中，为使用者提供释放压力、健身娱乐、康体复健、社会交往的机会，有助于人们放松身心和恢复健康。

### 3. 地域文化适应性原则

西安历史文化悠久，地域文化源远流长，在微型绿道空间设计中认真研究挖掘地域文化，整理物质文化空间与非物质文化传承之间的关系，使微型绿道这样一个生态的、生活的空间中融入更多的城市记忆，成为城市的场景名片。

## 5.2.2 建构类型

### 1. 通勤型微型绿道

绿色交通，特别是步行和自行车系统的建立，是缓解城市交通问题的根本之道。微型绿道网络应该具有很好的连通性，能够穿越公园、高校、市政广场、商业中心等开放公共空间，连接社区、企业、机关单位、中小学校等非开放型绿地，为人们的活动提供健康、便捷、安全的通勤通道。

## 2. 文化展示型微型绿道

以步道系统的形式将城市街区中的历史文化遗迹组织起来进行展示在许多国家中都有成功的案例。西安历史悠久，很多历史文化遗迹分散又相对集中地分布在城市高密度区，非常适合以微型绿道的形式将其组织起来，在新的时代复苏城市的记忆。另外，西安高校众多，也非常适合用教育文化展示型微型绿道将其连接起来，促进高校与城市的融合。

（1）美国波士顿自由之路

1956年，波士顿自由之路（Boston Fredom Trail）是以战争文化为主题的步道标识系统，也可以认为是绿道的早期尝试。该项目起点为波士顿公园，终点为邦克山纪念碑，全长2.5英里（约4.2公里），其间用独特的红砖铺路将17个反映殖民地时期及独立战争时期波士顿历史的重要历史遗迹串联起来，并用红色油漆标示序号，形成波士顿文化旅游的慢行道，至今仍是游客们必选的观光路线。

（2）日本东京历史文化散步道

“东京都二十一世纪长期规划”将东京的历史文化遗址串联起来，构成一个完整的步行旅游系统，以期达到遗址保护与旅游开发的共生。东京历史文化散步道规划总长100多公里，包括区域散步道和多摩—武藏野散步道两个系统，共12条。通过由点到线、由线到面将大量散落在城市各处的历史遗迹和景点编织成网，形成一个完整的城市历史景观旅游休憩网络[1]。

（3）德国柏林墙之路

德国柏林墙之路自行车道，利用多媒体技术记载并展示这座曾被分裂之城的命运变迁[2]，绵延160多公里，设置40多个站点，通过各种方式记录德国分裂的历史，及柏林墙的修建和倒塌的整个历史过程，用遗址与自然环境的融合及呼应，将纪念意义融入自行车道路中（图5.9）。

## 3. 康体健身微型绿道

微型绿道应能够串联区域内不同等级、不同类型的康体健身设施，形成城市15分钟健身圈，为居民提供便捷的、近地健身的生活空间和游憩空间（图5.10）。

---

1 陈迎. 重新解读历史文化散步道［J］. 北京规划建设，2011（4）：62-64.

2 汪海涛，宋保平，柴斐娜. 历史街区文化散步道规划设计方法研究——以西安古城区散步道为例［J］. 江西农业学报，2009（2）：156-159.

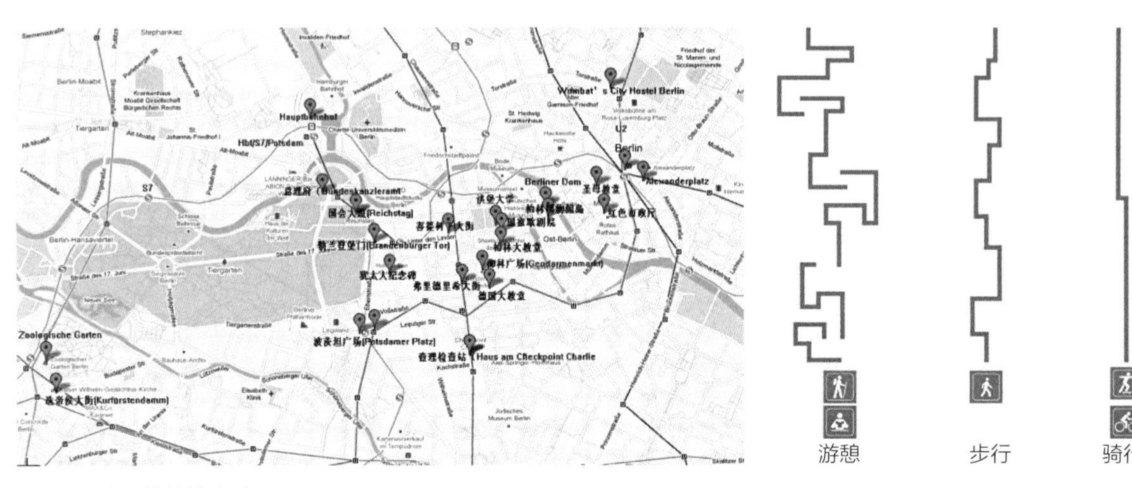


图5.9 德国柏林墙之路

图片来源：http://file2.mafengwo.net/M00/59/E2/wKgBm03Tfou-4HAJAAGBC bMapjc90.jpeg.

图5.10 康体健身微型绿道功能线路设置

## 5.2.3 建构模式（表5.5）

不同模式的微型绿道空间体系 表5.5

| 模式 | 效果 |
| --- | --- |
| 星型体系 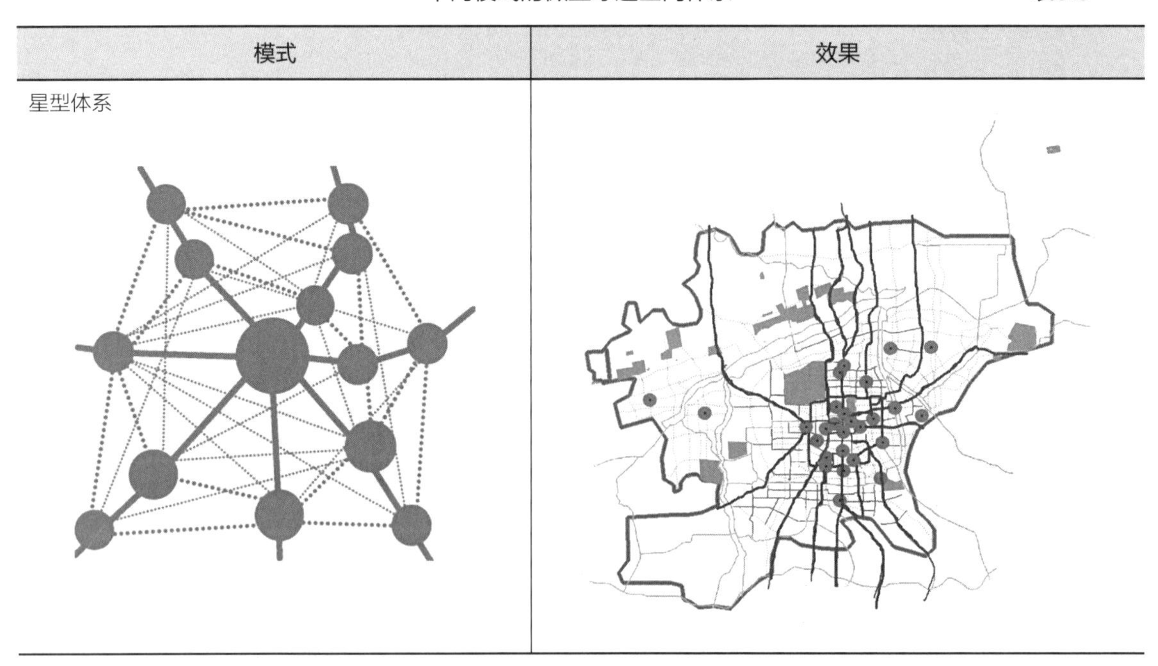 | |

续表

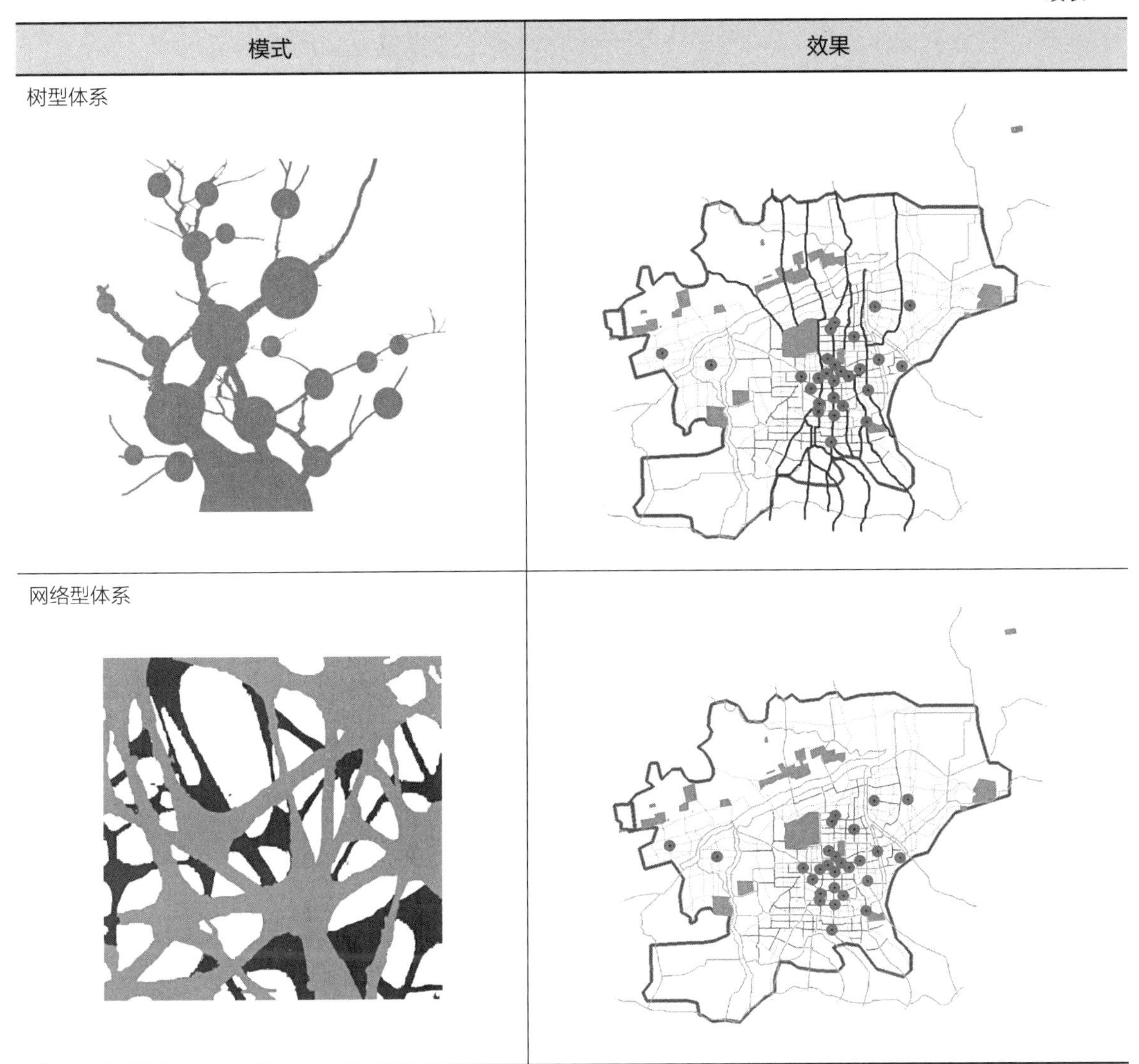

| 模式 | 效果 |
| --- | --- |
| 树型体系 | |
| 网络型体系 | |

# 5.3 实施策略及对策建议

## 5.3.1 土地利用策略

### 1. 微型绿道对城市公园、广场、街头绿地等既有绿地系统的整合

结合城市既有绿地系统及城市未来土地使用的趋势，以及其他城市设施

的配置等进行绿道配置，使作为节点的公园、广场、街头绿地相互联系，构建微型绿道网络，对社区、学校等节点步行可达的微型绿道出入口予以合理布局。

### 2. 微型绿道与旧城改造的结合

微型绿道网络与旧城改造的结合，有助于旧城改造中对环境质量的提升，有助于传统街巷空间的恢复，建立人车分流的交通体系，同时也为居民提供游憩空间。

### 3. 微型绿道与既有慢行系统的结合

微型绿道建构的重点领域主要有如下几个方面：城市生态廊道、开放空间体系、城市支路、居住区内部道路等。由于长期忽视慢行交通，导致慢行交通体系破碎、不连贯、不成系统，难以发挥应有的作用，尤其是城市化发展出现的“超级住区”，导致很多支路难以发挥城市支路的作用，导致大量的慢行交通难以找到合适的空间载体，混杂于高等级的城市道路上，其环境质量和安全性都难以保证。微型绿道与城市慢行交通结合的重点应深入街区、深入住区、破解超级住区，将封闭社区通过绿道与城市有机结合起来，优化城市路网布局的作用，加大城市支路密度，优化、提升、丰富城市支路等低级别道路的功能，提升城市生活的品质和多样性。

### 4. 微型绿道与城市轨道交通网络的整合

微型绿道与轨道交通网络的整合可以有效强化微型绿道网络的整体性、渗透性和与其他类型城市绿道的连接性。微型绿道的设计与既有轨道交通系统的站点无缝衔接，可以将健身活动行为叠加到人们的日常必要性出行活动中。这一部分活动通常占据了人们绝大多数时间，这样一方面可以极大地提高微型绿道的使用频率，增加人们低碳出行的可能性，另一方面可以降低微型绿道的建设成本，节约城市用地。

## 5.3.2 交通规划策略

### 1. 制定慢行交通规划

制定慢行交通规划，划定城市慢行分区，制定慢行交通发展的引导政策，进行道路横断面优化，形成慢行交通网络布局，对道路交通口、行人过街设施、行人休息设施、自行车租赁点、非机动车停车设施、稳静化设施、无障碍设施等进行布局规划，划分“步行专用线路”和“步行、自行车混行线路”。

通过微型绿道整理街道景观秩序，创造尺度合理、设施完备的生活性街道，释放地面开放空间，形成绿色步行网络，为交往、健身、展示、购物等日常生活及散步、跑步、轮滑等一系列户外康体活动提供场地。

#### 2. 确定选线原则与方法

微型绿道选线的确定应进行可行性分析，应在土地适宜性和绿道使用需求分析基础上，与相关规划衔接，对规划区域的交通状况、景观资源、公共服务设施基础等情况利用现代分析技术进行分析，从而明确微型绿道可能的潜在位置，并通过问卷调查、现场踏勘，明确居民对绿道的使用需求，评估绿道使用需求。本研究先后进行了西安市区居民康体行为调查、西安城市居民步行骑行环境满意度调查、西安城市居民步行骑行活动动机调查、西安市东大街步行满意度调查等多个现场调查及网络问卷调查（详见附录三）。

#### 3. 机动车与慢行交通调控策略

发展小型公共空间及社区微型绿道，逐步降低建筑密度：以小型公共空间的改造更新为主，对不同社区的不同用地现状及居民需求进行有针对性的更新，发展社区微型绿道，串联小型公共空间，逐步提高老城区的居住环境、交往空间及出行条件。

发展步行优先街区，减少城市中心交通压力：西安三区道路网密集，街道尺度适宜，适合首先发展步行优先街区，进而逐步形成系统化、网络化的城市步行空间，逐步减少区域内交通压力。

### 5.3.3 公众参与策略

在设计、决策、管理等方面建立多元的公众参与方式，让公众参与以不同的形式贯穿到规划设计全过程的任何时候、任何阶段。一般来讲，规划的公众参与方式主要有五种，如表5.6所示。

微型绿道构建的公众参与方式　　表5.6

| 参与方式 | 参与内容 | 优缺点 |
|---|---|---|
| 会议式（代表参与） | 在规划受影响区域，按一定比例选出能代表不同年龄、职业、性别、信仰、收入水平、知识层次的公众，以会议形式参与规划会议 | 优点：便于双向交流，易于达成一致意见；<br>缺点：费用较高，且不易于组织 |
| 问卷式（民意参与） | 设计民意调查表，以实施采访或者信函等形式向公众进行调查 | 优点：花费较少；<br>缺点：信息反馈率低，不便于双向交流 |
| 媒体式（舆论参与） | 通过报纸、广播、电视、网络等传媒发动公众参与规划 | 优点：能促进公众广泛参与；<br>缺点：反馈信息的系统性差 |
| 接待式（公众信访） | 设立专门处理公众来信和来访的接待室 | |
| 投票式（全民公决） | 这种方式适合于重大的、关系到全局的规划环境影响评价 | 缺点：反馈信息的含量低 |

微型绿道作为城市健康空间体系的一个组成部分与民生紧密相关，公众的参与形式、参与程度都对项目的合理性产生重要影响，设计之初和设计的整个过程中都应通过传统媒体、户外媒体、数字媒体等渠道让公众了解项目进展情况，并通过现场会议、问卷调查、电话咨询、网上论坛等方式了解调查公众需求，目的包括：让公众了解、支持、理解建设项目的内容，通过公众反馈意见完善项目设计，提高项目的公众认可度和接受度；通过公众意见及建议的征集，及时发现项目可能存在的潜在问题及可能引起的问题，及时采取相应的措施，起到公众监督的作用，维护公众的利益；通过参与的活动，提高公众的环保意识，提高环境质量，共同保护生态环境，从而有利于最大限度地发挥项目的综合和长远效益。

微型绿道规划建设过程中的每个阶段，应有不同参与深度的公众介入，可大致分为如下几个层次：

### 1．基础资料收集阶段的公众参与

政府和设计师应通过媒体进行宣传，结合现场和网络的方式进行问卷调查，收集市民意见，包括哪些地方可以成为绿道，哪些节点可以被连接等，通过对公众意见的搜集提高项目的认可度。

### 2．线路规划确定过程中的公众参与

设计师对微型绿道线路方案的比选可以通过进一步征求公众意见来获得更

多的信息。公众可以通过推选利益代表的形式参与研究讨论，也可以通过社团组织参与，如自行车协会、环保协会等非政府组织对微型绿道网布局的方案进行讨论，产生不同学科背景、不同年龄阶层的争论，以使得修改后的方案更接近公平公正。

### 3．方案设计阶段的公众参与

在规划布局方案确立以后，在分段分类设计上，公众的参与程度应达到最高，从而可以达到接近“公众控制”的高度，这是因为微型绿道的详细设计与具体地块的社区居民关系紧密。因此，公众可以推选代表参与到微型绿道的方案设计之中，也可以进行不同设计方案比较优选[1]。

# 5.4 典型区域调查及概念性方案

## 5.4.1 线路规划设计

碑林区内微型绿道选线结合西安城市轨道交通发展、旅游发展规划，梳理既有路网布局，进行不同主题、不同功能的微型绿道选线。

### 1．二环路快速路微型绿道

二环路为西安城市快速干道，是代表西安城市形象的重要节点，碑林区包含了二环南路西段桃源桥到东二环路咸宁桥的路段，长约11.7公里，利用二环路中心绿地建构二环路微型绿道，不仅可以方便市民群众休闲、锻炼，又可以增进市民低碳出行效率。

### 2．商业展示型绿道

有南大街及紧邻的东西大街、骡马市、三学街、步行街区等[2]。如书院文化微型绿道将书院门附近展现书墨文化的景点连接起来。具体路线方案：南门—顺城巷—卧佛寺—宝庆寺塔—书院门古文化街—碑林博物馆—关中书院。以碑林博物馆与书院门古文化街为依托，带动周边其他景点及区域发展。

1 胡剑双，戴菲．我国城市绿道网规划方法研究［J］．中国园林，2013（4）：15.

2 赵红茹．历史保护街区绿色交通体系构建——以西安老城区为例［J］．规划师，2011.

### 3．环城游憩绿道

城墙是西安最大的古建筑，已经成为西安的标志。西安明城墙区域绿道包括环城公园绿道、城墙绿道及顺城巷绿道三个部分，包括城墙景观系统、城墙外侧环城公园景观系统以及城墙内侧顺城巷古城文化景观系统。

### 4．便民绿道环线

通过对次要干道及支路的道路空间形态进行重新整理，改善街角空间、增加道路绿量、整理建筑及单位入口空间，并以微型绿道的形态进行串联，形成环线连接附近的商业、公共服务设施及康体健身空间，有利于居民近地健身活动的开展和低碳出行习惯的形成。

### 5．学府绿道

碑林区是西安最重要的科研教育基地，区内有17所大专院校、47个科研院所和70余家科研机构。截至2010年，碑林区共有各类学校135所，其中普通中学37所，职业中学8所，小学44所，幼儿园46所[1]。对学府尤其是大学及科研教育基地进行微型绿道串联，有利于大学公共空间与城市景观的有效联系，改变既有大学封闭的现状，提高城市空间利用效率（图5.11）。

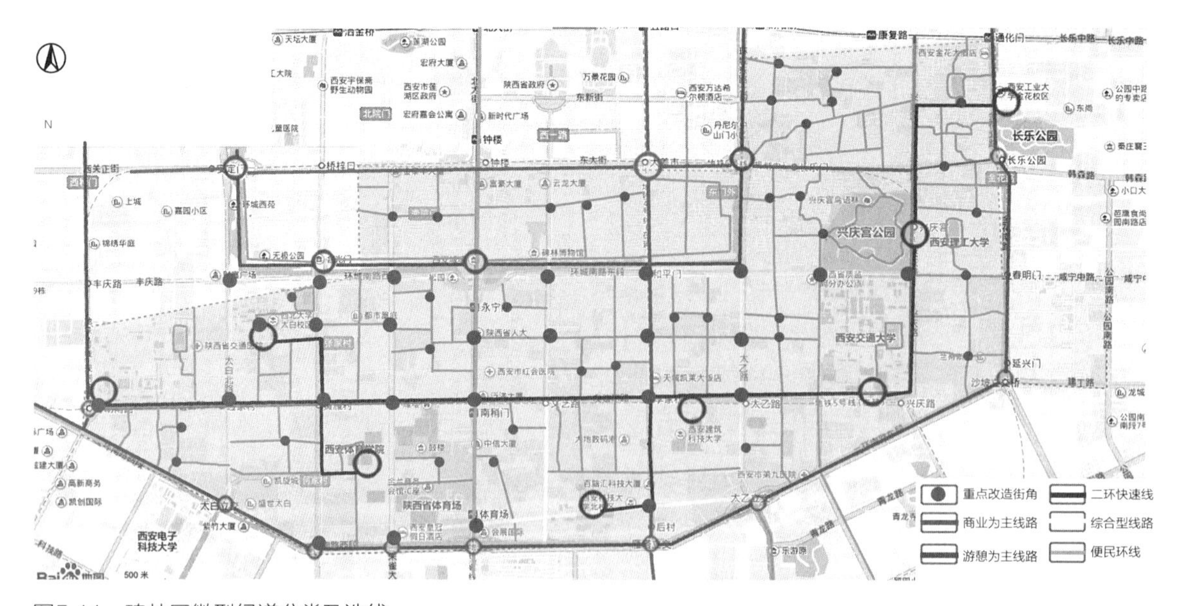


图5.11　碑林区微型绿道分类及选线

1　西安市碑林区政府网．http://www.beilin.gov.cn.

## 5.4.2 代表性节点空间概念设计

### 1．环城公园节点空间设计

西安城墙下护城河两岸的环城林带郁郁葱葱，是西安尤其是明城墙区域居民重要的日常活动空间，但其宽度十分有限，该方案从服务居民日常康体游憩的角度出发，建构环明城墙微型绿道，增加步行线路的长度和趣味性，增加公共服务设施的多样性和弹性，延续人们的空间记忆（图5.12、图5.13）。

图5.12 环城公园微型绿道概念设计方案（一）

图5.13 环城公园微型绿道概念设计方案（二）

## 2. 大学节点空间设计

随着城市的扩张和城市人口的不断增加，城市高密度区绿地数量不断减少，大学校园公共开放空间的价值日益凸显，但目前大学校园的开放性、共享性有待提高，该设计打破了现有大学的围墙和边界，以“微型绿道”立体建构的方式，重构大学校园绿地和城市景观之间的联系，实现校内外资源和空间共享，为大学校园与城市的融合与共生提供了新的思路（图5.14）。

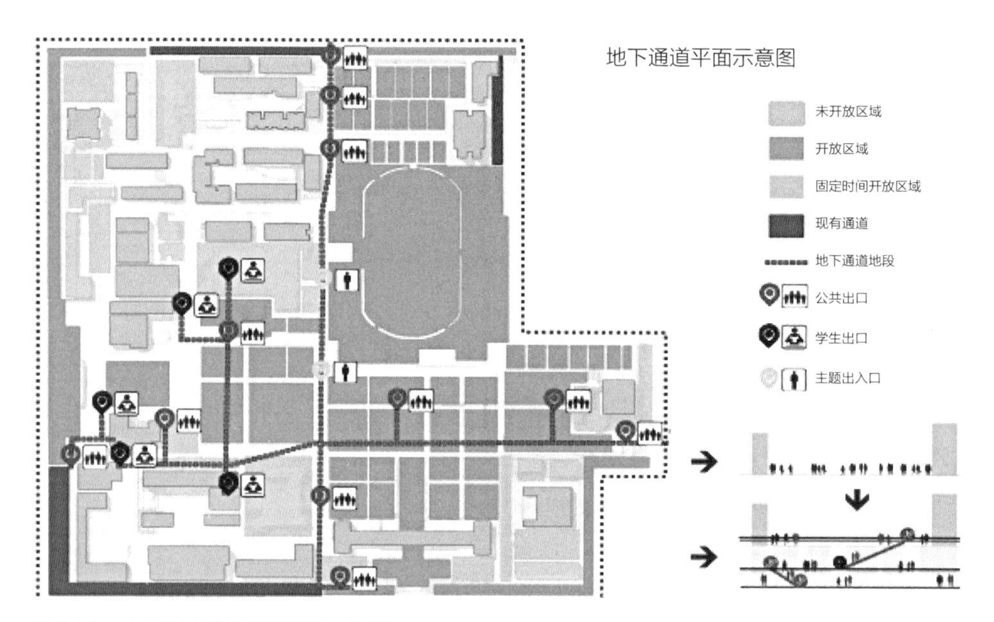


图5.14　大学微型绿道概念设计方案
图片来源：破垒，校园；作者：刘雨艳、李歌、韦焱晶、李阳；指导教师：吕小辉、杨豪中。

## 3. 代表性道路改造设计

1）二环快速路道路微型绿道改造设计（表5.7）

二环快速路道路微型绿道概念设计方案　　表5.7

现状照片

续表

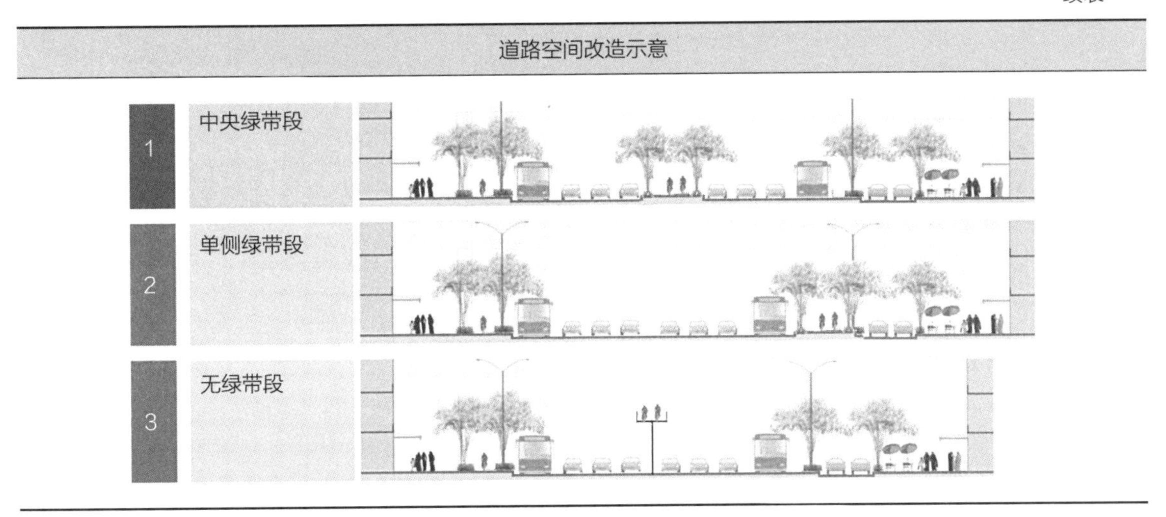


2）南大街主干道路微型绿道改造设计（表5.8）

南大街路微型绿道概念设计方案 表5.8

街道空间改造示意

3）建设西路支路微型绿道改造设计（表5.9）。

建设西路支路微型绿道概念设计方案　　表5.9

现状照片

街角空间改造示意

街道空间改造示意

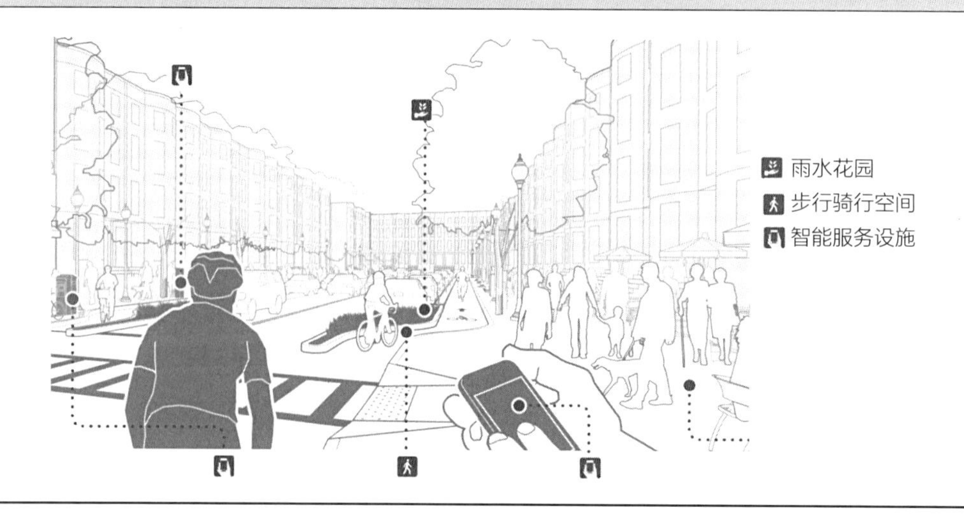

### 4. 过程管控

1）主导控制模式

政府机构对微型绿道实施进行主导性基础控制，可以保证规划建设的速度和效率，并通过建立高效协作的微型绿道管理机构，在对城市总体规划、分区规划、绿地系统规划、交通系统规划、公共服务设施规划等综合研究的基础上，进行城市用地整合，进行各相关部门的有效衔接，以指导和协调各个地段之间、区域之间微型绿道的规划与建设。

2）立法控制模式

微型绿道的发展需要制定有效的行政管理及法规管理体系对地方与地方之间、地方内部的微型绿道空间实施生态、行政、经济、社会等方面的协调控制，协调城市空间需求的矛盾，保护历史街区。

## 5.5　本章小结

本章节是案例及实践研究，研究选点西安市碑林区、新城区、莲湖区三个高密度区，从现状人口健康状况、公共绿地情况、康体空间设施等方面进行现状调查与问题统计，调查研究以居民零散时间近地健身为切入点，进行高密度区用地演变规律与使用者行为活动预测研究，对其立体建构模式进行可行性分析，探讨其交通、土地利用、公众参与等方面的实施策略与建议，并对碑林区进行微型绿道改造概念性方案设计，对今后西安及其他城市的绿道实践向高密度区发展提供研究思路和基础设计资料。

# 6

# 结论

高密度区人居环境问题是现代城市研究的前沿问题，而绿道是城市可持续发展研究中的“新势力”。因此，微型绿道作为绿道系统重要但欠缺的组成部分，对其系统研究具有很强的理论意义，特别是在目前我国本土绿道理论研究刚刚起步的阶段。此外，从微型绿道视角很容易延伸出城市公共空间、街道、交通等相关改造和治理思路，这对我国当前全面小康社会、健康中国、可持续发展等目标导向的城市化道路探索具有重大的现实意义。

如何在城市高密度区土地资源极其有限的情况下建构微型绿道是本研究应解决的关键科学问题。基于此，探索符合高密度区现状及发展定位的微型绿道设计方法是研究应解决的关键点。明晰微型绿道与高密度区常住人口分布数量、出行规律、生活习惯等相符合的空间布局是本研究工作量最大的地方。解析微型绿道立体构建模式与既有康体健身系统、绿地系统、交通系统、基础设施服务系统等之间的有效衔接是本研究的难点。

## 6.1 创新与发展

### 6.1.1 理论意义

#### 1．拓展传统绿道研究理论与方法

21世纪城市问题呈现多样化发展趋势，城市交通问题、环境污染问题、城市居民亚健康问题等愈发严重。在人们重新思考人与人、人与自然关系的过程中，出现了宜居城市、森林城市、生态城市等理论，本质上都是致力于创造健康生活环境[1]。绿道基于生态城市基本理论发展而来，并作为一种公共健康城市空间逐步由构想走向实实在在的建设行动。当前，绿道建设在我国进入一个全新的发展时期，以珠三角绿道网络体系等为代表，绿道建设逐渐从规划走向实施。但既有绿道理论难以支撑城市高密度区绿道实践的推进，既有绿道实践难以与人们零散时间近地健身的生活习惯相适应，这是我国当前绿道实践的瓶颈。

微型绿道研究不仅有助于推进绿道网络建设，完善城市健康空间体系，协调高密度城市中人与空间的关系，重建人与人的积极联系，同时对实现城市社会空间公平共享有重要的推动意义，基于健康城市的微型绿道立体建构将会创新性地架构微型绿道空间的分类模型，拓展既有绿道设计方法，推动绿道设计

1 高峰．宜居城市理论与实践研究［D］．兰州：兰州大学，2006.

的技术革新。

#### 2. 补充街道有机更新理论与方法

随着社会的变迁、生活方式的变化以及人们健康理念的更新，街道空间势必面临崛起与沉没的抉择、墨守与转变的取舍。原有适用于街道改造的城市公共空间有机更新理论与方法亟待补充。微型绿道从日常生活的视角，以生态优先为原则，多功能集成为目标的一种对高密度区原有街道空间的介入方式，将会补充街道有机更新的理论与方法。

#### 3. 完善健康城市空间设计理念

从促进公众主动式健康行为的角度来探讨公众健康与城市规划、城市设计、城市空间更新之间的关系，突破原有的先规划—设计—实践—评价的被动式健康城市评价系统，将建立城市公共空间与居民健康生活之间关系的理念贯穿到整个城市更新过程中，将健康城市的理念落实到具体的城市空间设计中。

### 6.1.2 实践意义

从微型绿道的视角很容易延伸出城市公共空间、街道、交通等相关改造和治理思路，这对我国当前全面小康社会[1]、健康中国[2]、可持续发展等目标导向的城市化道路探索具有重大的现实意义。

#### 1. 将绿道实践推进到城市高密度区

高密度区作为城市的人口核心区，应是人们日常对绿道使用频率最高的区域，是城市居民接入城市外围绿道网络的起点区域，也是最难实施和最容易被忽略的区域。传统的绿道在维度、尺度与组成上明显不适用于高密度区绿道实践。微型绿道对城市高密度区的介入强调尺度上的精巧与空间组成上的灵活，有利于疏通区域内的毛细道路网络，打通潜在风道，改善交通微循环，缓解微气候，从居民行为活动规律的具体特征组织近地健身系统。随着居民利用碎片化时间进行近地休闲健身活动的共同需求日增，针对城市高密度区微型绿道的研究迫切且意义深远。

---

1 2017年国务院政府工作报告，2017.03.

2 中共中央国务院印发《“健康中国2030”规划纲要》，2016.10.

## 2．多层次、立体化协调极端人地矛盾情况下人与自然的关系

中国特色新型城市化需要大力发展低碳、便捷的交通体系，培育绿色生活方式，这是微型绿道发展的内需动力，而国家“推广街区制，逐步打开已建住宅小区和单位大院”的政策给了微型绿道发展更多的契机。结合区域用地特征，利用既有道路系统的改造和零星绿地资源的有效利用，本研究提出微型绿道立体建构模式，将有利于从多层次、立体化的视角整合和梳理区域内交通系统、开放空间系统、绿地系统，协调极端人地矛盾情况下人与自然的关系，推进该类区域内绿道实践的深入多样发展。

## 3．推动城市慢行交通和景观生态环境的协同改善

步行是任何行程中的一部分，涉及每一个步行、站立或者坐在轮椅中的人，包括社会弱势群体中的穷人、老人和儿童，是一种充分体现社会平等的交通模式，也是所有其他出行方式的基础，因此，步行环境的适宜性是健康宜居城市的基本保证。行人可达性的标准是一个盲人或者坐在轮椅上的人安全便利地在交通系统中移动的能力，人行道设施应当尽可能被最大化地规划和设计，而不是最小化[1]。微型绿道是步行、骑行活动的场所空间，也是城市健康空间体系的重要组成部分，有利于从如下几个方面推动城市慢行交通和景观生态环境的协同改善：

1）城市景观环境方面

涵养水源、净化空气、维持并增加生物多样性、调节气候缓解局地热岛效应，形成风道将较大绿地区、低密度区、郊区的凉爽、洁净空气引入高密度区等。

2）城市慢行交通方面

通过与城市公共交通体系的无缝对接，鼓励人们绿色出行、步行优先及广泛使用公共自行车，减少机动车的使用，降低油气污染等，为市民提供环境质量良好的步行空间及自行车慢行系统，提供健身交往的空间载体。

3）调节城市高密度区局地微气候

利用景观的手法和现有的地形条件结合周边的建筑物布置格局、道路的方向，以及植物的行列种植对风的强度和方向的影响条件来营造良好的城市微气候是微型绿道环境设计中必须考虑的因素。通过微型绿道场地舒适度的设计可

---

1《威斯康星步行政策规划 2020》Wisconsin Pedestrian Policy Plan，2020；
《博尔德和佛蒙特的行人规划2003》City of Boulder，2003；
《佛蒙特州交通运输局改进方案2002》State of Vermont Agency of Transportation Improvement Program Project，2002.

以调节城市高密度区局地微气候。

### 6.1.3 发展前景

#### 1. 面向全面小康社会健康人居环境建设

2015年全国有6923个城市街道，8.7万个城市社区，社区服务设施总量严重不足，建设缺口达49.19%，全国有43.4%以上的城市社区普遍没有运动空间，45.2%以上的街道社区没有使用的运动健身设施[1]。

让人们在城市中平等、健康、长久地生活，是城市化进程中致力达到的目标，也是全面小康社会应该具备的基本条件。微型绿道研究不仅有助于推进绿道网络建设，完善城市健康空间体系，协调高密度城市中人与空间的关系，重建人与人的积极联系，同时对实现城市社会空间公平共享有重要的推动意义。基于健康城市的微型绿道立体建构，将会创新性地架构微型绿道空间的分类模型，拓展既有绿道设计方法，推动绿道设计的技术革新，提升高密度区人居环境可持续发展绩效，协调生产、生活、生态统筹的发展关系，促进健康宜居城市发展进程，为有关决策者、研究者以及其他相关的需求者提供理论、方法、实践上的信息和启示。

#### 2. 立足社会变迁中街道空间转型的必然路径与自然选择

数字时代变迁中，人们生活方式的转变趋势为环保节约、轻慢运动、高效生活、移动工作等，人们对健康的关注也开始由被动式就医向主动式健身转型，相应的城市空间转型趋势为：城市空间由服务生产向服务生活的转型；城市街区由封闭式向开放式的转变；城市街道由以车为本向以人为本的转型；城市各系统网络向密集化、集成化的拓展。基于此，未来街道空间转型的必然路径与自然选择是功能复合、健康生态、便捷高效。微型绿道作为一种未来街道的生活化、生态化、宜步化的转型方式必将得到广泛的推广和应用。

#### 3. 促进街道公共空间的共享与共生

共享是城市公共开放空间规划非常重要的理念。城市公共空间的充分共

---

1 《城乡社区服务体系建设规划（2016—2020年）》，2016；
《社区服务体系建设规划（2011—2015年）》，国务院办公厅，2011.

享，其本质是促进人与人之间的交流，让场所空间有利于不同群体、不同个体的互动，关照场所不同时间段的使用。社会共享的开放式街区是城市空间发展的趋向。而微型绿道显然是开放式街区街道空间品质提升的一个有效手段。

共生是不同生命之间的互利关系，街道中植物和人类的共生关系表现为植物为人类健康生存的帮助，而人类为植物的生存提供空间，这是城市得以可持续发展的根本动力。微型绿道可以为人类和绿色植被在城市中共生提供平台，不仅促进城市中动物与植物两大生命体系的生生与共，同时也促进城市中交通、景观、建筑的共生，如图6.1所示。

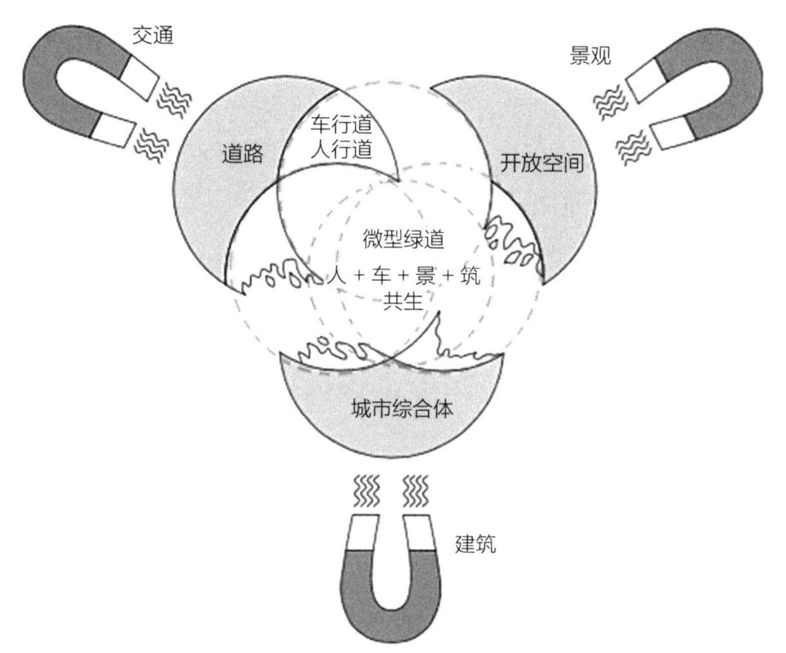


图6.1 微型绿道作用前景分析

# 6.2 研究结论

## 6.2.1 微型绿道对绿道的创新与发展

本研究从不同的切入点、组成与分类的差异、空间形式的发展、设计方法的更新等方面探讨微型绿道对绿道理论的创新与发展。微型绿道以城市高密度区为背景，综合考虑建筑、交通、景观、生态、经济等多种因素，探讨“极少用地景观环境”“近地健身行为活动”和“立体建构空间形态”之间的关系，研究多种因素耦合作用下微型绿道与城市空间的互动机制，探讨符合高密度区实际环境与发展趋向的微型绿道立体建构模式与设计方法。具体研究结论如下：

（1）空间要素：绿道强调其宽度对环境的生态效应，而微型绿道强调的是其长度的康体效应及使用者对绿道环境的空间感受。因此，微型绿道的空间要素更多地受知觉因素、环境因素、美学因素、功能因素等方面影响，强调景观绿化系统、公共服务设施系统、道路系统的康体效应及衔接组件的连续性等方面。

（2）空间形态：绿道的空间形态是平面线性的，而微型绿道空间形态是立体线性的。微型绿道的空间形态因地下地上、室内室外的结合而更加多元化，作为城市高密度区的介入空间，微型绿道的空间形态应以融合和最小介入为基本原则，消解自身体量，强化与既有环境和空间的融入感。

（3）空间序列：绿道的空间序列依据绿廊的走向及自然景致的不同而形成步移景易的空间序列，而微型绿道的空间序列应从空间视角、时间视角和行为视角来分析。从空间视角来看，微型绿道的时空模型可以简化为节点和连接节点的路径；从时间的视角来看，应以人们在微型绿道中行为活动的时间序列安排空间序列；从行为活动的视角来看，微型绿道景观空间序列应基于人行为活动的方式、分为基于不同速度的动态景观序列与静态景观序列。

（4）空间节点：绿道的空间节点依据自然景致的特征和骑行者的休息距离而设置，而微型绿道的空间节点一般分布在城市高密度区现有康体健身场地，并依据康体空间设施设置规范或科学标准而增加空间节点的数量和面积，节点环境和设施设计应有利于使用者进行康体健身活动。

## 6.2.2 微型绿道空间形态研究

从高密度区人地关系的典型特征、环境、交通、社会等方面矛盾的主要问题入手，探讨微型绿道在整理空间秩序、引导空间形态、优化土地利用方式、衔接公共交通系统等方面的作用机制，并据此从类型学角度、定性及定量三个方面分析了微型绿道的空间形态。具体研究结论如下：

### 1．微型绿道空间形态的类型学研究

从组成、界面、设施等方面建构了微型绿道三维空间模型，从长度、宽度、面积等方面界定了其空间尺度，并从二维图底空间、三维立体空间、四维时间影响下的空间及五维速度影响下的空间等方面探讨了微型绿道的空间维度。

### 2．微型绿道空间形态的定性研究

美学视角下，高密度在增加空间能量的同时也增加了冲撞与隔阂，在增

加集中与方便的同时也增加了停滞和拥堵，微型绿道作为一种城市空间连接体，其流动性和延展性是解决高密度负面问题的一个重要因素。

健康促进视角下，微型绿道空间可以裂变为骑行、跑步、散步、球类运动、器械运动空间以及老人、中青年、儿童等不同年龄人群的休闲空间。

生态恢复视角下，微型绿道的墙体绿化、屋顶绿化、自体绿化，是增加高密度区绿量、改善微生态环境的重要措施，并且可以通过新技术、新理念的运用，将这种改善以立体多层的方式实现。

### 3．微型绿道空间形态的定量研究

微型绿道空间形体的定量研究从单条微型绿道平面、纵断面、横断面等几何形态进行量化，网络形态的微型绿道从几何形、拓扑形、层级形进行量化分析并提出基于空间距离、时间距离、经济距离的微型绿道可达性布局模型进行分析。

## 6.2.3 微型绿道立体建构模式研究

微型绿道立体建构模式研究基于立体城市、立体交通等前沿理论与实践和绿岛、绿洲、绿网、绿库多位一体的立体景观设计模式，并依据代表性案例进行分析探讨。具体研究结论如下：

### 1．地下层微型绿道系统研究

地下层微型绿道系统的建构应建立在对轨道交通系统、地下商业综合体、地下通道等公共服务设施系统的梳理上，结合“绿岛”[1]、地下公园等景观节点的设置，实现地下空间地面化、室内空间室外化的地下微型绿道空间系统，并以“绿岛”为基础渗透回收雨水，优化城市地下空间生态环境及室内环境。

### 2．地面层微型绿道系统研究

通过梳理高密度区既有绿化系统、康体空间系统、交通系统和公共空间系统，从步行系统规划设计及使用者行为活动与空间要素关系层面探讨了高密度区地面层微型绿道的最小尺度空间及其组成要素、形态与设计方法。

---

1 “绿岛”的概念来源于导师在西安幸福林带景观设计中的构思创意。

### 3. 高架层微型绿道系统研究

结合高架平台、路侧式空中连廊、点状天桥等类型的高架人行步道形式探讨高密度区空中微型绿道模式，分析了每种模式的优缺点、适用条件和需要重点解决的问题，探讨了空中连接段设计方法及底层空间、利用方式及建筑关联方式等内容。

## 6.3 不足与展望

在概念认识上，将城市微型绿道局限于生态廊道、非机动交通道、自行车道或步行道，都会影响微型绿道功能的发挥及环境品质的提高。在交通方面，微型绿道也并不一定是慢行空间，机动车观光绿道也是未来的发展趋势；微型绿道也不限于户外公共空间，对于气候环境恶劣的地区，长距离的室内微型绿道也会应运而生。当然，在微型绿道研究的过程中，也应该清醒地认识到城市绿道自身固有的局限性，如克服长距离出行能力、克服恶劣气候条件能力、应急能力差、交通安全能力低等，所以在交通规划设计方面绿道与机动交通不是替代关系，而是相辅相成的共存关系。在生态方面，微型绿道亦不能替代点状、片状、面状绿地空间形态。对绿道价值的理性认知将使绿道在健康城市人居环境建设中扮演更加重要的角色。在微型绿道康体空间体系研究中，还可以继续在以下几个层面开展研究，以进一步深化对健康城市人居环境营造理论的认识和理解。

### 6.3.1 基于健康城市的微型绿道康体空间网络评价体系研究

本研究基于绿道网络构筑一个健康城市康体空间体系，对健康城市的目标和概念进行科学认识，拓展了健康城市的研究范畴，冲破原有大卫生观下健康城市的研究范围，从绿道网络建构角度对健康城市技术领域进行系统化梳理，包括开放空间、全龄社区、低碳交通、健康生态环境、健康社会环境、健康人群等，建立一种新的融入城市规划理念的健康城市模式。后续的研究还可以从健康城市评价体系方面探讨微型绿道康体空间的评价方法、指标、保障体系等，推动微型绿道网络的建构，以提升到健康人居环境与自然平衡、与历史平衡的层面，实现城市健康宜居环境建设向更高层次的新发展。

## 6.3.2 基于大数据时代的微型绿道使用需求与活动方式预测研究

智慧绿道是微型绿道研究中的重要方向。大数据时代的各种技术支撑为微型绿道设计提供了数据分析基础和互动平台。在微型绿道设计、施工、使用更新的各个阶段通过利用移动定位数据、社交网络数据等技术手段可以记录每个系统内微型绿道的信息，包括详细的描述、里程、最近的停车场等，实现使用者与绿道的互动，检查在使用的绿道，报告绿道需要维修清理的问题，跟踪使用者在绿道的跑步距离、速度和时间，实现智慧型微型绿道的目标（图6.2）。

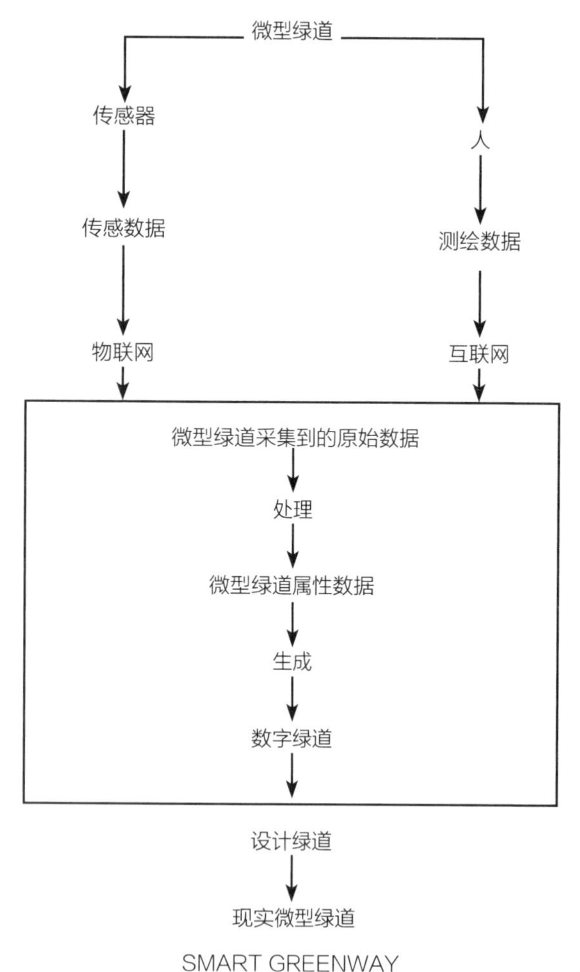


图6.2 数字微型绿道建构模型示意图

### 6.3.3 基于人体工程学的微型绿道康体空间设计研究

尺度不同于尺寸，尺寸是个精确的数值，是指物体的绝对大小，而尺度则强调的是人对事物的感受。人体尺度是微型绿道空间营造的基本依据，后续研究应对使用者健身行为中的人体尺度做更深入、更细致的研究。设计的维度应拓展到设计社会的、知觉的、功能的、时间的、形态的和认知的六个方面，系统地进行从宏观到微观的尺度设计，创造人性化的尺度环境。

# 参考文献

## 1 中文资料

### 1.1 期刊及会议论文

#### 1.1.1 健康城市类相关文献


[1] 许从宝，仲德，李娜. 当代国际健康城市运动基本理论研究纲要 [J]. 城市规划，2005（10）：52–59.

[2] 孔宪法. 由健康城市运动反思地方发展愿景及都市规划专业 [J]. 城市发展研究，2005（2）：5–11.

[3] 吕东旭，张明伟，李建国，等. 建设健康城市的体育健康促进目标体系研究 [J]. 中国体育科技，2007（1）：12–15+28.

[4] 马祖琦. 欧洲“健康城市”研究评述 [J]. 城市问题，2007（5）：92–95.

[5] 周向红. 加拿大健康城市经验与教训研究 [J]. 城市规划，2007（9）：64–70.

[6] 徐波，季浏，余兰，等. 体育锻炼对我国城市居民心理健康状况影响的研究 [J]. 心理科学，2003（3）：517–518.

[7] 梁鸿，曲大维，许非. 健康城市及其发展：社会宏观解析 [J]. 社会科学，2003（11）：70–76.

[8] 张小军，尹卫红. 北京城市人居环境健康性调查研究 [J]. 干旱区资源与环境，2009（1）：64–70.

[9] 董晶晶，金广君. 论健康城市空间的双重属性 [J]. 城市规划学刊，2009（4）：22–26.

[10] 马向明. 健康城市与城市规划 [J]. 城市规划，2014（3）：53–55+59.

[11] 金广君，张昌娟. 城市设计：从设计景观到设计健康 [J]. 城市规划，2008（7）：56–61.

[12] 宋言奇. 世界健康城市建设的新趋势 [J]. 国外社会科学，2008（4）：118–121.

[13] 徐一骐. 为宜居和健康的环境设计城市 [J]. 城市发展研究，2008（S1）：270–279.

[14] 陈柳钦. 健康城市：城市发展新追求 [J]. 中国国情国力，2008（11）：20–23.

[15] 于晓薇，胡宏伟，吴振华，等. 我国城市居民健康状况及影响因素研究 [J]. 中国人口·资源与环境，2010（2）：151–156.

[16] 翁锡全，何晓龙，王香生，等. 城市建筑环境对居民身体活动和健康的影响——运动与健康促进研究新领域 [J]. 体育科学，2010（9）：3–11.

[17] 何素艳，张和平，石岩. 刍议公共自行车对城市居民健康的有限影响 [J]. 体育与科学，2013（4）：5–6+15.


#### 1.1.2 绿道类相关文献


[1] 梁明珠，刘志宏. 都市型绿道的感知与满意度研究——以广州市为例 [J]. 城

市问题，2012（3）：14–18.

[2] 谢冬兴，陈三政，尚欣．绿道体育的开发与管理——以珠三角区域为例［J］．武汉体育学院学报，2012（2）：54–58.

[3] 王招林，何昉．试论与城市互动的城市绿道规划［J］．城市规划，2012（10）：34–39.

[4] 李凌．体育公共服务视野下城市健康绿道与健走运动［J］．浙江体育科学，2012（6）.

[5] 邱妙云，李国岳．绿道体育发展与居民健身方式转型——以珠三角为例［J］．广州体育学院学报，2012（6）：52–57+60.

[6] 田逢军，沙润，王芳，等．城市游憩绿道复合设计——以上海市为例［J］．经济地理，2009（8）：1385–1390.

[7] 林伟刚，李国岳．绿道体育协同发展问题分析——以珠三角为例［J］．广州体育学院学报，2013（2）：17–21.

[8] 郑琳，车代弟．都市绿道中绿廊景观性与功能性的初探［J］．黑龙江农业科学，2013（6）：97–100.

[9] 张天洁，李泽．高密度城市的多目标绿道网络——新加坡公园连接道系统［J］．城市规划，2013（5）：67–73.

[10] 司磊，刘元强．我国绿道体育开发实践探索［J］．武汉体育学院学报，2013（8）：51–53+88.

[11] 韩西丽．实用景观——卢布尔雅那市环城绿道［J］．城市规划，2008（8）：81–86.

[12] 朱强，刘海龙．绿色通道规划研究进展评述［J］．城市问题，2006（5）：11–16.

[13] 周年兴，俞孔坚，黄震方．绿道及其研究进展［J］．生态学报，2006（9）：3108–3116.

[14] 胡剑双，戴菲．中国绿道研究进展［J］．中国园林，2010（12）：88–93.

[15] 金云峰，周煦．城市层面绿道系统规划模式探讨［J］．现代城市研究，2011（3）：33–37.

[16] 高阳，肖洁舒，张莎，等．低碳生态视角下的绿道详细规划设计——以深圳市2号区域绿道特区段为例［J］．规划师，2011（9）：49–52.

[17] 申治琼，罗言云，卿人韦．绿道在城镇密集区的应用［J］．北方园艺，2011（23）：77–80.

[18] 谭少华，赵万民．绿道规划研究进展与展望［J］．中国园林，2007（2）：85–89.

[19] 刘婧芝，唐丽，陈亮明，等．居住区绿道网络与景观规划的融合［J］．北方园艺，2007（12）：152–155.

[20] 谢冬兴．绿道体育管理绩效评估指标体系构建——以珠三角绿道为例［J］．四川体育科学，2014（1）：10–15.

[21] 谢冬兴．绿道体育组织管理及制度化保障——以珠三角绿道为例［J］．四川体育科学，2014（2）：12–15.

1.1.3 街道空间更新类相关文献


[1] 熊文，陈小鸿，胡显标．城市慢行交通规划刍议［J］．城市交通，2010（1）：44-52+80.

[2] 克劳斯·昆兹曼，邢晓春．慢行城市［J］．国际城市规划，2010（3）：17-20.

[3] 胡珊．城市中央商务区二层步行系统规划设计——以广州珠江新城核心区为例［J］．规划师，2010（7）：36-40.

[4] 戴德胜，姚迪．全球步行化语境下的步行交通策略研究——以苏黎世市为例［J］．城市规划，2010（8）：48-55.

[5] 姚文琪．城市商业区慢行系统的营造——以杭州市武林地区为例［J］．城市规划学刊，2010（S1）：144-150.

[6] 钟艺萍．高层密集区立体化步行空间的规划塑造——以广州市珠江新城核心区步行系统规划为例［J］．规划师，2010（S2）：147-150.

[7] 李聪颖，马荣国，王肇飞．基于活动分析法的城市慢行交通出行行为［J］．长安大学学报（自然科学版），2011（2）：86-90.

[8] 李聪颖，马荣国，王玉萍，等．城市慢行交通网络特性与结构分析［J］．交通运输工程学报，2011（2）：72-78.

[9] 刘莹，罗辑，吴阅辛．基于人本位的城市慢行交通规划细节设计研究［J］．城市规划，2011（6）：82-85.

[10] 郭巍，侯晓蕾．高密度城市中心区的步行体系策略——以香港中环地区为例［J］．中国园林，2011（8）：42-45.

[11] 罗成书，周敏，钱苗．都市自行车旅游慢行系统空间布局优化研究——以杭州市为例［J］．地域研究与开发，2011（4）：94-97.

[12] 李青，何莉．上海市中心城步行交通规划研究［J］．城市发展研究，2008（S1）：85-88.

[13] 高世明，王亮．城市新区慢行交通系统的营造——以铁岭市凡河新区为例［J］．城市规划，2008（10）：92-96.

[14] 李晔．慢行交通系统规划探讨——以上海市为例［J］．城市规划学刊，2008（3）：78-81.

[15] 张昱，刘学敏，张红．城市慢行交通发展的困境与思路［J］．城市发展研究，2014（6）：113-116.

[16] 吴娇蓉，华陈睿，王达琳．居住区3类典型公共设施布局对慢行出行行为的影响分析［J］．东南大学学报（自然科学版），2014（4）：864-870.

[17] 樊钧，李锋．主导公交优先管控交通需求——苏州古城绿色交通体系的构建［J］．城市规划，2014（5）：54-57.

[18] 吴娇蓉，华陈睿，王达琳．公共设施布置与慢行出行行为的关系［J］．城市规划，2014（7）：57-60+67.

[19] 寇志荣．城市街道中机动交通与步行活动的共生条件研究［J］．华中建筑，2012（1）：21-25.

[20] 田丽丽，张志丹，周锦文，等．天津市慢行交通的现状调查与思考［J］．生态

经济，2012（1）：183-186.
[21] 孙靓. 机动化时代的城市步行化——当代城市步行化特征辨析[J]. 华中建筑，2012（3）：86-89.
[22] 董璟，朱晶晶，潘召南. 城市慢行景观系统——废旧火车道改造[J]. 装饰，2012（8）：52.
[23] 黄莉. 城市中心区立体步行交通系统建设策略和实施机制研究[J]. 城市发展研究，2012（8）：95-101.
[24] 王燕，康睿，张卫东. 开放式社区交通微循环体系规划与运营[J]. 城市发展研究，2012（8）：102-106.
[25] 邓一凌，过秀成，等. 西雅图步行交通规划经验及启示[J]. 现代城市研究，2012（9）：17-22.
[26] 戴慎志，刘婷婷. 城市慢行交通系统与公共避难空间整合建设初探[J]. 现代城市研究，2012（9）：37-41.
[27] 迈克尔·索斯沃斯，许俊萍. 设计步行城市[J]. 国际城市规划，2012（5）：54-64+95.
[28] 朱宏. 基于低碳出行理念的城市社区公共体育设施规划研究[J]. 成都体育学院学报，2013（3）：26-32.
[29] 马俐，杨定海. 大学校园慢行景观系统探析[J]. 福建林业科技，2013（2）：166-170.
[30] 张洪波，徐苏宁. 从健康城市看我国城市步行环境营建[J]. 华中建筑，2009（2）：149-152.
[31] 范凌云，雷诚. 城市步行交通系统规划及指引研究[J]. 城市问题，2009（5）：45-49+73.
[32] 汤永净. 蒙特利尔城市地下步行网络的建设[J]. 地下空间与工程学报，2009（4）：651-654.
[33] 向剑锋，李之俊，刘欣. 步行与健康研究进展[J]. 中国运动医学杂志，2009（5）：575-580.
[34] 陈峻，谢之权. 行人—自行车共享道路的自行车交通冲突模型[J]. 吉林大学学报（工学版），2009（S2）：121-125.
[35] 秦茜，袁振洲，田钧方. 绿色交通理念下的慢行系统规划方法研究[J]. 规划师，2012（S2）：5-10.
[36] 卢柯，潘海啸. 城市步行交通的发展——英国、德国和美国城市步行环境的改善措施[J]. 国外城市规划，2001（6）：39-43+0.
[37] 施维克. 城市步行空间的质量与改善[J]. 城市问题，2003（6）：12-15.
[38] 陈志龙，诸民. 城市地下步行系统平面布局模式探讨[J]. 地下空间与工程学报，2007（3）：392-396+401.
[39] 韩云旦. 居住区步行系统的构建[J]. 城市问题，2007（8）：49-53.
[40] 林琳，薛德升，廖江莉. 广州中心区步行通道系统探讨[J]. 规划师，2002（1）：63-65.

[ 41 ] 李锡然. 老龄化城市无障碍绿色步行系统分析 [ J ]. 城市规划，1998 ( 5 ): 44-45+8.

[ 42 ] 刘念雄. 论步行商业空间室内化 [ J ]. 建筑学报，1998 ( 8 ): 43-46+79.

[ 43 ] 伏海艳，陈志龙，白冰. 城市地下步行系统中的节点空间解析 [ J ]. 地下空间，2004 ( 3 ): 294-297+421.

[ 44 ] 李泳. 商业步行空间设计初探 [ J ]. 中山大学学报 ( 自然科学版 )，2004 ( S1 ): 186-189.

[ 45 ] 姜涛，王妍. 城市步行空间质量评价初探 [ J ]. 交通标准化，2006 ( Z1 ): 152-154.

[ 46 ] 汤朔宁，宗轩，钱锋. 复合化步行商业空间模式探讨——南京江宁区嘉业广场步行商业街设计分析 [ J ]. 华中建筑，2005 ( 3 ): 72-74.

[ 47 ] 李芳. 美国城市市中心的步行活动 [ J ]. 国外城市规划，1996 ( 2 ): 17-22.

[ 48 ] 李怀敏. 从“威尼斯步行”到“一平方英里地图”——对城市公共空间网络可步行性的探讨 [ J ]. 规划师，2007，23 ( 04 ): 21-26.

1.1.4 立体城市类相关文献

[ 1 ] 黄莉. 城市中心区立体步行交通系统建设策略和实施机制研究 [ J ]. 城市发展研究，2012 ( 8 ): 95-101.

[ 2 ] 田海芳，田莉. 论城市立体开发 [ J ]. 城市问题，2007 ( 7 ): 35-39+48.

[ 3 ] 孙亚平，杨黎明，石辉. 攀援植物与城市的立体绿化 [ J ]. 陕西林业科技，2007 ( 2 ): 116-118.

[ 4 ] 卢济威，宫浩原，宋云峰. 构建立体、高效的步行商业街——杭州滨江区步行商业街城市设计 [ J ]. 城市规划，2004 ( 6 ): 89-92.

[ 5 ] 吴敏芝. 论城市土地利用立体模式 [ J ]. 现代城市研究，2004 ( 5 ): 69-72.

[ 6 ] 干峙. 国外现代城市交通的立体交叉设计 [ J ]. 城市规划，1978 ( 4 ): 20-23.

[ 7 ] 罗小虹. 国内外城市中心区立体步行交通系统建设研究 [ J ]. 华中建筑，2014 ( 8 ): 127-131.

[ 8 ] 段进，陈晓东，钱艳. 城市设计引导下的空间使用与交通一体化设计——南京青奥轴线交通枢纽系统疏散的设计方法与创新 [ J ]. 城市规划，2014 ( 7 ): 91-96.

[ 9 ] 谢海松. 关于城市立体绿化的研究 [ J ]. 安徽农业科学，2006 ( 6 ): 1081-1082+1088.

[ 10 ] 刘光卫，刘映芳. 城市空间立体绿化模式初探 [ J ]. 现代城市研究，2000 ( 6 ): 32-35+62-63.

[ 11 ] 查君. 成都金融城城市设计：立体分流、多维造景 [ J ]. 规划师，2013 ( 2 ): 68-71.

[ 12 ] 郝杰斌. “立体城市”构想与绿色低碳价值观 [ J ]. 城市开发，2010 ( 14 ): 72-73+65.

[ 13 ] 郝杰斌. 立体城市：可持续发展城市操作系统 [ J ]. 城市开发，2011 ( 20 ): 26.

[14] 朱旗. 开拓地下空间建立立体城市——一个高效率的方案[J]. 地下空间, 1985(3): 48-56.

## 1.2 专著

[1] 梁江, 孙晖. 模式与动因——中国城市中心区的形态演变[M]. 北京: 中国建筑工业出版社, 2007.
[2] 韩冬青, 冯金龙. 城市·建筑一体化设计[M]. 南京: 东南大学出版社, 1999.
[3] 孙彤宇. 以建筑为导向的城市公共空间模式研究[M]. 北京: 中国建筑工业出版社, 2011.
[4] 岑球陶. 城市道路交通规划设计[M]. 北京: 机械工业出版社, 2006.
[5] 康泽恩. 城镇平面格局分析: 诺森伯兰群安尼克案例研究[M]. 宋峰, 等译. 北京: 中国建筑工业出版社, 2011.
[6] 柯林·罗, 弗瑞德·科特. 拼贴城市[M]. 董明, 译. 北京: 中国建筑工业出版社. 2003.
[7] 扬·盖尔. 交往与空间[M]. 何人可, 译. 北京: 中国建筑工业出版社. 2002.
[8] (美)施瓦茨编, 弗林克, 罗伯特, 西恩斯著. 绿道规划·设计·开发[M]. 余青, 柳晓霞, 陈琳琳, 译. 北京: 中国建筑工业出版社, 2009.
[9] 戴菲, 胡剑双. 绿道研究与规划设计[M]. 北京: 中国建筑工业出版社. 2013.
[10] 俞孔坚, 土人设计. 城市绿道规划设计[M]. 南京: 江苏科学技术出版社, 2015.

## 1.3 硕博论文

[1] 于雷. 空间公共性研究[D]. 南京: 东南大学, 2002.
[2] 朱兴彤. 现代城市步行空间及其体系规划设计初探——创建整体化、系统化的城市步行空间体系[D]. 南京: 东南大学, 2000.
[3] 边扬. 城市步行交通系统规划方法研究[D]. 南京: 东南大学. 2007.
[4] 陈雷. 城市步行系统空间形态初探[D]. 大连: 大连理工大学, 2006.

## 2 外文资料

### 2.1 期刊及会议论文

[ 1 ] Hung, W. T., Manandhar, A., & Ranasinghege, S. A. 2010. A Walkability Survey in Hong Kong. Conference paper delivered at The 12th International Conference on Mobility and Transport for Elderly and Disabled Persons ( TRANSED ) held in Hong Kong on 2–4 June, 2010: 1.

[ 2 ] Jeremy Whitehand. From Como to Alnwick: in pursuit of Caniggia and Conzen. Urban Morphology [ J ]. 2003, 7 ( 2 ): 69–72.

[ 3 ] Karl Kropf. Urban tissue and the character of towns [ J ]. URBAN DESIGN International, 1996 ( 1 ): 247–263.

[ 4 ] Ivor Samuels. Architectural practice and urban morphology. T. R. Slater ( Ed. ). The Built Form of WesternCities: Essays for M. R. G. Conzen on the Occasion of his Eightieth Birthday. Leicester: Leicester University Press. 415–435.

[ 5 ] Nicola Marzot. The study of urban form in Italy. Urban Morphology. 2002, 6( 2 ): 59–37.

[ 6 ] Anne Vernez Moudon. Getting to know the Built Landscape: Typomorphology, in Franck, Karen A and Lynda H Schneekloth. Ordering Space: Types in Architecture and Design New York. Van Nostrand Reinhold, 1994.

[ 7 ] Argan, G. . C. 'Sul concetto di tipologia architettonica', Progetto e Destino. Milan: 'll saggiatore' Alberto Mondadori. 1965.

[ 8 ] Anne Vernez Moudon, Getting to know the Built Landscape: Typomorphology, in Franck, Karen A and Lynda H Schneekloth, Ordering Space: Types in Architecture and Design New York: Van Nostrand Reinhold, 1994.

[ 9 ] Karl Kropf. Urban tissue and the character of towns. URBAN DESIGN International. 1996 ( 1 ): 247–263.

[ 10 ] Kun Liu, Michael KinWai Siu, Xi Yong Gong, Yuan Gao, Dan Lu. Where do networks really work?The effects of the Shenzhen greenway network on supporting physical activities [ J ]. Landscape and Urban Planning, 2016.

[ 11 ] C. Y. Jim, Michael W. H. Chan. Urban green space delivery in HongKong: Spatial institutional limitations and solutions [ J ]. Urban Forestry&Urban Greening, 2016.

[ 12 ] Kun Liu, Kin Wai Michael Siu, Yong XiGong, Yuan Gao, Dan Lu. Data on the distribution of physical activities in the Shenzhen greenway network with volunteered geographic information [ J ]. Data in Brief, 2016.

[ 13 ] Jinhyung Chon, C. Scottshafer. Aesthetic Responses to Urban Greenway Trail Environments [ J ]. Landscape Research, 2009, 341.

[ 14 ] Jenny George, Eden Ottignon, Wendy Goldstein. Managing expectations for sustainability in achanging context–in Sydney's–in nerwest–a Greenway governance case study [ J ]. Australian Planner, 2015, 523.

[ 15 ] DanaWolff, EugeneC. Fitzhugh. The Relation ships between Weather-Related Factors and Daily Outdoor Physical Activity Countsonan Urban Greenway [ J ]. International Journal of Environmental Research and Public Health, 2011, 82.

[ 16 ] Veruska Dutra, Aracélio Colares, Lúcio Flavo Marini Adorno, Keile Magalhães, Kelson Gomes. PROPOSTA DE ESTRADAS- PARQUE COMO UNIDADE DE CONSERVAÇÃO: dilemas e diálogos entre O Jalapão E A Chapada dos Veadeiros/Greenway as a consevation unit proposal: dilemmas and dialogue between Jalapão and Chapada dos Veadeiros [ J ]. Revista Socie dade&Natureza, 2008, 201.

[ 17 ] B. Cheng, Y. Lv, Y. Zhan, D. Su, S. Cao. Constructing China's Roads as Works of Art: A Case Study of "Esthetic Greenway" Construction in the Shennongjia Region of China [ J ]. Land Degrad. Develop., 2015, 264.

[ 18 ] Owen J. Furuseth, Robert E. Altman. Who's on the greenway: Socioeconomic, demographic, and locational characteristics of greenway users [ J ]. Environmental Management, 1991, 153.

[ 19 ] Qin Du, Chao Zhang, Kaiyun Wang. Suitability Analysis for Greenway Planning in China: An Example of Chongming Island [ J ]. Environmental Management, 2012, 49.

[ 20 ] West StephanieT, Shores Kindal A. The impacts of building a greenway on proximate residents'physical activity [ J ]. Journal of Physical Activity&Health, 2011, 88.

[ 21 ] Anonymous. GREENWAY UNVEIL SPRIME SUITE DIRECT-TO-EHRSPEECH TECHNOLOGY [ J ]. Audiotex Update, 2010, 2211.

[ 22 ] M. E. Baris, E. Erdogan, Z. Dilaver, M. Arslan. Greenways and the Urban form: City of Ankara, Turkey [ J ]. Biotechnology&Biotechnological Equipment, 2010, 241.

[ 23 ] Greg Lindsey, Gerrit Knaap. Willingness to Pay for Urban Greenway Projects [ J ]. Journal of the American Planning Association, 1999, 653.

## 2.2 专著

[ 1 ] Abley, S. Walkability Scoping Paper. Unpublished manuscript. 2005. [ 2010-11-14 ]. http://pdfserve. informaworld. com/98044_913307752. pdf:5.

[ 2 ] Meta Berghauser Pont ( Author ), Per Haupt ( Author ). Spacematrix: Space, Density and Urban Form, 2010.

[ 3 ] James A. Kushner. Healthy Cities: The Intersection of Urban Planning, Law, and Health, 2007.

[ 4 ] Jason Corburn. Toward the Healthy City: People, Places, and the Politics of Urban Planning ( Urban and Industrial Environments ), 2009.

[5] Chinmoy Sarkar and Chris Webster. Healthy Cities: Public Health through Urban Planning, 2016.

[6] Charles Flink and Robert Searns. Greenways: A Guide To Planning Design And Development, 1993.

## 3 网站

[1] http://www. who. int/healthy_settings/types/cities/en/.

[2] http://www. gooood. hk.

# 附录一：2016—2020年全民健身计划[1]摘录

全民健康是国家综合实力的重要体现，是经济社会发展进步的重要标志。全民健身是实现全民健康的重要途径和手段，是全体人民增强体魄、幸福生活的基础保障。实施全民健身计划是国家的重要发展战略。在党中央、国务院正确领导下，过去五年，经过各地各有关部门和社会各界的共同努力，覆盖城乡、比较健全的全民健身公共服务体系基本形成，为提供更加完备公共体育服务、建设体育强国奠定坚实基础。今后五年，面对人民群众日益增长的体育健身需求、全面建成小康社会的目标要求、推动健康中国建设的机遇挑战，需要更加准确把握新时期全民健身发展内涵的深刻变化，不断开拓发展新境界，使其成为健康中国建设的有力支撑和全面建成小康社会的国家名片。为实施全民健身国家战略，提高全民族的身体素质和健康水平，制定本计划。

## 一、总体要求

**（一）指导思想。**全面贯彻党的十八大和十八届三中、四中、五中全会精神，紧紧围绕“四个全面”战略布局和党中央、国务院决策部署，牢固树立和贯彻落实创新、协调、绿色、开放、共享的发展理念，以增强人民体质、提高健康水平为根本目标，以满足人民群众日益增长的多元化体育健身需求为出发点和落脚点，坚持以人为本、改革创新、依法治体、确保基本、多元互促、注重实效的工作原则，通过立体构建、整合推进、动态实施，统筹建设全民健身公共服务体系和产业链、生态圈，提升全民健身现代治理能力，为全面建成小康社会贡献力量，为实现中华民族伟大复兴的中国梦奠定坚实基础。

**（二）发展目标。**到2020年，群众体育健身意识普遍增强，参加体育锻炼的人数明显增加，每周参加1次及以上体育锻炼的人数达到7亿，经常参加体育锻炼的人数达到4.35亿，群众身体素质稳步增强。全民健身的教育、经济和社会等功能充分发挥，与各项社会事业互促发展的局面基本形成，体育消费总规模达到1.5万亿元，全民健身成为促进体育产业发展、拉动内需和形成新的经济增长点的动力源。支撑国家发展目标、与全面建成小康社会相适应的全民健身公共服务体系日趋完善，政府主导、部门协同、全社会共同参与的全民健身事业发展格局更加明晰。

---

1　http://www.gov.cn/zhengce/content/2016-06/23/content_5084564.htm

## 二、主要任务

**（三）弘扬体育文化，促进人的全面发展。**普及健身知识，宣传健身效果，弘扬健康新理念，把身心健康作为个人全面发展和适应社会的重要能力，树立以参与体育健身、拥有强健体魄为荣的个人发展理念，营造良好舆论氛围，通过体育健身提高个人的团队协作能力。引导发挥体育健身对形成健康文明生活方式的作用，树立人人爱锻炼、会锻炼、勤锻炼、重规则、讲诚信、争贡献、乐分享的良好社会风尚。

将体育文化融入体育健身的全周期和全过程，以举办体育赛事活动为抓手，大力宣传运动项目文化，弘扬奥林匹克精神和中华体育精神，挖掘传承传统体育文化，发挥区域特色文化遗产的作用。树立全民健身榜样，讲述全民健身故事，传播社会正能量，发挥体育文化在践行社会主义核心价值观、弘扬中华民族传统美德、传承人类优秀文明成果和提升国家软实力等方面的独特价值和作用。

**（四）开展全民健身活动，提供丰富多彩的活动供给。**因时因地因需开展群众身边的健身活动，分层分类引导运动项目发展，丰富和完善全民健身活动体系。大力发展健身跑、健步走、骑行、登山、徒步、游泳、球类、广场舞等群众喜闻乐见的运动项目，积极培育帆船、击剑、赛车、马术、极限运动、航空等具有消费引领特征的时尚休闲运动项目，扶持推广武术、太极拳、健身气功等民族民俗民间传统和乡村农味农趣运动项目，鼓励开发适合不同人群、不同地域和不同行业特点的特色运动项目。

激发市场活力，为社会力量举办全民健身活动创造便利条件，发挥网络等新兴活动组织渠道的作用，完善业余体育竞赛体系。鼓励举办不同层次和类型的全民健身运动会，设立残疾人组别，促进健全人与残疾人体育运动融合开展。支持各地、各行业结合地域文化、农耕文化、旅游休闲等资源，打造具有区域特色、行业特点、影响力大、可持续性强的品牌赛事活动。推动各级各类体育赛事的成果惠及更多群众，促进竞技体育与群众体育全面协调发展。重视发挥健身骨干在开展全民健身活动中的作用，引导、服务、规范全民健身活动健康发展。

**（五）推进体育社会组织改革，激发全民健身活力。**按照社会组织改革发展的总体要求，加快推动体育社会组织成为政社分开、权责明确、依法自治的现代社会组织，引导体育社会组织向独立法人组织转变，推动其社会化、法治化、高效化发展，提高体育社会组织承接全民健身服务的能力和质量。

积极发挥全国性体育社会组织在开展全民健身活动、提供专业指导服务等方面的龙头示范作用。加强各级体育总会作为枢纽型体育社会组织的建设，带动各级各类单项、行业和人群体育组织开展全民健身活动。加强对基层文化体育组织的指导服务，重点培育发展在基层开展体育活动的城乡社区服务类社会组织，鼓励基层文化体育组织依法依规进行登记。推进体育社会组织品牌化发展并在社区建设中发挥作用，形成架构清晰、类型多样、服务多元、竞争有序的现代体育社会组织发展新局面。

**（六）统筹建设全民健身场地设施，方便群众就近就便健身。**按照配置均衡、规模适当、方便实用、安全合理的原则，科学规划和统筹建设全民健身场地设施。推动公共体育设施建设，着力构建县（市、区）、乡镇（街道）、行政村（社区）三级群众身边的全民健身设施网络和城市社区15分钟健身圈，人均体育场地面积达到1.8平方米，改善各类公共体育设施的无障碍条件。

有效扩大增量资源，重点建设一批便民利民的中小型体育场馆，建设县级体育场、全民健身中心、社区多功能运动场等场地设施，结合基层综合性文化服务中心、农村社区综合服务设施建设及区域特点，继续实施农民体育健身工程，实现行政村健身设施全覆盖。新建居住区和社区要严格落实按“室内人均建筑面积不低于0.1平方米或室外人均用地不低于0.3平方米”标准配建全民健身设施的要求，确保与住宅区主体工程同步设计、同步施工、同步验收、同步投入使用，不得挪用或侵占。老城区与已建成居住区无全民健身场地设施或现有场地设施未达到规划建设指标要求的，要因地制宜配建全民健身场地设施。充分利用旧厂房、仓库、老旧商业设施、农村“四荒”（荒山、荒沟、荒丘、荒滩）和空闲地等闲置资源，改造建设为全民健身场地设施，合理做好城乡空间的二次利用，推广多功能、季节性、可移动、可拆卸、绿色环保的健身设施。利用社会资金，结合国家主体功能区、风景名胜区、国家公园、旅游景区和新农村的规划与建设，合理利用景区、郊野公园、城市公园、公共绿地、广场及城市空置场所建设休闲健身场地设施。

进一步盘活存量资源，做好已建全民健身场地设施的使用、管理和提档升级，鼓励社会力量参与现有场地设施的管理运营。完善大型体育场馆免费或低收费开放政策，研究制定相关政策鼓励中小型体育场馆免费或低收费开放。确保公共体育场地设施和符合开放条件的企事业单位、学校体育场地设施向社会开放。

**（七）发挥全民健身多元功能，形成服务大局、互促共进的发展格局。**结合“健康中国2030”等总体发展战略，以及科技、教育、文化、卫生、养老、助残等事业发展，统筹谋划全民健身重大项目工程，发挥全民健身在促进素质教育、文化繁荣、社会包容、民生改善、民族团结、健身消费和大众创业、万众创新等方面的积极作用。

充分发挥全民健身对发展体育产业的推动作用，扩大与全民健身相关的体育健身休闲活动、体育竞赛表演活动、体育场馆服务、体育培训与教育、体育用品及相关产品制造和销售等体育产业规模，使健身服务业在体育产业中所占比重不断提高。鼓励发展健身信息聚合、智能健身硬件、健身在线培训教育等全民健身新业态。充分利用“互联网+”等技术开拓全民健身产品制造领域和消费市场，使体育消费在居民消费支出中所占比重不断提高。

**（八）拓展国际大众体育交流，引领全民健身开放发展。**坚持“请进来、走出去”，拓展全民健身理论、项目、人才、设备等国际交流渠道，推动全民健身发展。

搭建全民健身国际交流平台，加强国际间互动交流。传播和推广全民健身发展过程中的中国理念、中国故事、中国人物、中国标准、中国产品，发出中国声音，提升国际影响力，有效发挥全民健身在推广中国文化、提升国家形象和增强国家软实力等方面的独特作用。

**（九）强化全民健身发展重点，着力推动基本公共体育服务均等化和重点人群、项目发展。**依法保障基本公共体育服务，推动基本公共体育服务向农村延伸，以乡镇、农村社区为重点促进基本公共体育服务均等化。坚持普惠性、保基本、兜底线、可持续、因地制宜的原则，重点扶持革命老区、民族地区、边疆地区、贫困地区发展全民健身事业。

将青少年作为实施全民健身计划的重点人群，大力普及青少年体育活动，提高青少年身体素质。加强学校体育教育，将提高青少年的体育素养和养成健康行为方式作为学校教育的重要内容，保证学生在校的体育场地和锻炼时间，把学生体质健康水平纳入工作考核体系，加强学校体育工作绩效评估和行政问责。全面实施青少年体育活动促进计划，积极发挥“青少年阳光体育大会”等青少年体育品牌活动的示范引领作用，使青少年提升身体素质、掌握运动技能、培养锻炼兴趣，形成终身体育健身的良好习惯。推进老年宜居环境建设，统筹规划建设公益性老年健身体育设施，加强社区养老服务设施与社区体育设施的功能衔接，提高使用率，支持社区利用公共服务设施和社会场所组织开展适合老年人的体育健身活动，为老年人健身提供科学指导。进一步加大对国家全民健身助残工程的支持力度，采取优惠政策，推动残疾人康复体育和健身体育广泛开展。开展职工、农民、妇女、幼儿体育，推动将外来务工人员公共体育服务纳入属地供给体系。加大对社区矫正人员等特殊人群的全民健身服务供给，使其享受更多社会关爱，在融入社会方面增加获得感和满足感。

加快发展足球运动和冰雪运动。着力加大足球场地供给，把建设足球场地纳入城镇化和新农村建设总体规划，因地制宜鼓励社会力量建设小型、多样化的足球场地。广泛开展校园足球活动，抓紧完善常态化、纵横贯通的大学、高中、初中、小学四级足球竞赛体系。积极倡导和组织行业、社区、企业、部队、残疾人、中老年、五人制、沙滩足球等形式多样的民间足球活动，举办多层级足球赛事，不断扩大足球人口规模，促进足球运动蓬勃发展。大力推广普及冰雪运动，利用筹备和举办北京2022年冬奥会和冬残奥会的契机，实施群众冬季运动推广普及计划。支持各地建设和改建多功能冰场和雪场，引导社会力量进入冰雪运动领域，推进冰雪运动进景区、进商场、进社区、进学校，扶持花样滑冰、冰球、高山滑雪等具有一定群众基础的冰雪健身休闲项目，打造品牌冰雪运动俱乐部、冰雪运动院校和一系列观赏性强、群众参与度高的品牌赛事活动。积极培育冰雪设备和运动装备产业，推动其发展壮大。鼓励各地依托当地自然人文资源开展形式多样的冰雪运动，实现3亿人参与冰雪运动，使冰雪运动的群众基础更加坚实。

## 三、保障措施

**（十）完善全民健身工作机制。**通过强化政府主导、部门协同、全社会共同参与的全民健身组织架构，推动各项工作顺利开展。政府要按照科学统筹、合理布局的原则，做好宏观管理、政策制定、资源整合分配、工作监督评估和协调跨部门联动；各有关部门要将全民健身工作与现有政策、目标、任务相对接，按照职责分工制定工作规划、落实工作任务；智库可为有关全民健身的重要工作、重大项目提供咨询服务，并在顶层设计和工作落实中发挥作用；社会组织可在日常体育健身活动的引导、培训、组织和体育赛事活动的承办等方面发挥作用，积极参与全民健身公共服务体系建设。以健康为主题，整合基层宣传、卫生计生、文化、教育、民政、养老、残联、旅游等部门相关工作，在街道、乡镇层面探索建设健康促进服务中心。

**（十一）加大资金投入与保障。**建立多元化资金筹集机制，优化投融资引导政策，推动落实财税等各项优惠政策。县级以上地方人民政府应当将全民健身工作相关经费纳入财政预算，并随着国民经济的发展逐步增加对全民健身的投入。安排一定比例的彩票公益金等财政资金，通过设立体育场地设施建设专项投资基金和政府购买服务等方式，鼓励社会力量投资建设体育场地设施，支持群众健身消费。依据政府购买服务总体要求和有关规定，制定政府购买全民健身公共服务的目录、办法及实施细则，加大对基层健身组织和健身赛事活动等的购买比重。完善中央转移支付方式，鼓励和引导地方政府加大对全民健身的财政投入。落实好公益性捐赠税前扣除政策，引导公众对全民健身事业进行捐赠。社会力量通过公益性社会组织或县级以上人民政府及其部门用于全民健身事业的公益性捐赠，符合税法规定的部分，可在计算企业所得税和个人所得税时依法从其应纳税所得额中扣除。

**（十二）建立全民健身评价体系。**制定全民健身相关规范和评价标准，建立政府、社会、专家等多方力量共同组成的工作平台，采用多层级、多主体、多方位的方式对全民健身发展水平进行立体评估，注重发挥各类媒体的监督作用。把全民健身评价指标纳入精神文明建设以及全国文明城市、文明村镇、文明单位、文明家庭和文明校园创建的内容，将全民健身公共服务相关内容纳入国家基本公共服务和现代公共文化服务体系。进一步明确全民健身发展的核心指标、评价标准和测评方法，为衡量各地全民健身发展水平提供科学依据。出台全国全民健身公共服务体系建设指导标准，鼓励各地结合实际制定全民健身公共服务体系建设地方标准，推进全民健身基本公共服务均等化、标准化。鼓励各地依托特色资源，积极创建体育特色城市、体育生活化街道（乡镇）和体育生活化社区（村）。继续完善全民健身统计制度，做好体育场地普查、国民体质监测以及全民健身活动状况调查数据分析，结合卫生计生部门的营养与慢性病状况调查等，推进全民健身科学决策。

**（十三）创新全民健身激励机制。**搭建更加适应时代发展需求的全民健身激励平台，拓展激励范围，有效调动城乡基层单位和个人的积极性，发挥典型示范带动作用。推行《国家体育锻炼标准》，颁发体育锻炼标准证书、证章，有条件的地方可通过试行向特定人群或在特定时段发放体育健身消费券等方式，建立多渠道、市场化的全民健身激励机制。鼓励对体育组织、体育场馆、全民健身品牌赛事和活动等的名称、标志等无形资产的开发和运用，引导开发科技含量高、拥有自主知识产权的全民健身产品，提高产品附加值。对支持和参与全民健身、在实施全民健身计划中作出突出贡献的组织机构和个人进行表彰。

**（十四）强化全民健身科技创新。**制定并实施运动促进健康科技行动计划，推广“运动是良医”等理念，提高全民健身方法和手段的科技含量。开展国民体质测试，开发应用国民体质健康监测大数据，研究制定并推广普及健身指导方案、运动处方库和中国人体育健身活动指南，开展运动风险评估，大力开展科学健身指导，提高群众的科学健身意识、素养和能力水平。推动移动互联网、云计算、大数据、物联网等现代信息技术手段与全民健身相结合，建设全民健身管理资源库、服务资源库和公共服务信息平台，使全民健身服务更加便捷、高效、精准。利用大数据技术及时分析经常参加体育锻炼人数、体育设施利用率，进行运动健身效果综合评价，提高全民健身指导水平和全民健身设施监管效率。推进全民健身场地设施创新，促进全民健身场地设施升级换代，为群众提供更加便利、科学、安全、灵活、无障碍的健身场地设施。积极支持体育用品制造业创新发展，采用新技术、新材料、新工艺，提高产品科技含量，增加产品品种，提升体育用品的质量水平和品牌影响力。鼓励企业参与全民健身科技创新平台和科学健身指导平台建设，加强全民健身科学研究和科学健身指导。

**（十五）加强全民健身人才队伍建设。**树立新型全民健身人才观，发挥人才在推动全民健身中的基础性、先导性作用，努力培养适应全民健身发展需要的组织、管理、研究、健康指导、志愿服务、宣传推广等方面的人才队伍。创新全民健身人才培养模式，加大对民间健身领军示范人物的发掘和扶持力度，重视对基层管理人员和工作人员中榜样人物的培育。将全民健身人才培养与综治、教育、人力资源社会保障、农业、文化、卫生计生、工会、残联等部门和单位的人才教育培训相衔接，畅通各类人才培养渠道。加强竞技体育与全民健身人才队伍的互联互通，形成全民健身与学校体育、竞技体育后备人才培养工作的良性互动局面，为各类体育人才培养和发挥作用创造条件。发挥互联网等科技手段在人才培训中的作用，加大对社会化体育健身培训机构的扶持力度。

**（十六）完善法律政策保障。**推动在《中华人民共和国体育法》修订过程中进一步完善全民健身的相关内容，依法保障公民的体育健身权利。推动加快地方全民健身立法，加强全民健身与精神文明、社区服务、公共文化、健康、卫生、旅游、科技、养老、助残等相关制度建设的统筹协调，完善健身消费政策，将加快全民健身相关产业与消费发展纳入体育产业和其他相关产业政策体系。建立健全全民健身执法机制和执法体系，做好全民健身中的纠纷预防与化解工作，利用社会资源提供多样化的全民健身法律服务。完善规划与土地政策，将体育场地设施用地纳入城乡规划、土地利用总体规划和年度用地计划，合理安排体育用地。鼓励保险机构创新开发与全民健身相关的保险产品，为举办和参与全民健身活动提供风险保障。

## 四、组织实施

**（十七）加强组织领导与协调。**各地要加强对全民健身事业的组织领导，建立完善实施全民健身计划的组织领导协调机制，确保全民健身国家战略深入推进。要把全民健身公共服务体系建设摆在重要位置，纳入当地国民经济和社会发展规划及基本公共服务发展规划，把相关重点工作纳入政府年度民生实事加以推进和考核，构建功能完善的综合性基层公共服务载体。

**（十八）严格过程监管与绩效评估。**建立全民健身公共服务绩效评估指标体系，定期开展第三方评估和社会满意度调查，对重点目标、重大项目的实施进度和全民健身实施计划推进情况进行专项评估，形成包括媒体在内的多方监督机制。

# 附录二：部分地方都市健身圈建设文件摘录

## 泰州市人民政府办公室“10分钟体育健身圈”建设实施方案

到2014年12月底前，完成全市城市社区“10分钟体育健身圈”建设任务，即在市区和各市主城区，居民以正常速度步行10分钟左右（直线距离800～1000米）范围内，建设便民利民的公共体育设施，同时引导城市居民参加健身组织，开展丰富多彩的群众体育活动，为广大群众提供科学健身服务。

http://www.taizhou.gov.cn/art/2013/3/6/art_7520_1.html

---

## 镇江市加快“10分钟体育健身圈”健身步道建设

“10分钟体育健身圈”将根据三级指标进行推进和完善，一是现有的市级大型体育场馆和健身中心，二是分散在各个市区的健身场馆和单项场馆，三是分布在小区和城市各个角落的公园、健身步道等。通过对这些资源的进一步完善和整合，让全省城市居民在离居住地最远10分钟的步行距离内就能找到锻炼场地。

http://sports.people.com.cn/jianshen/GB/15121117.html

---

## 上海打造“30分钟体育健身圈”

“30分钟体育生活圈”，按其时间特性，指市民每周3次，每次30分钟的日常体育生活时间；按其空间特性，指中心城区市民步行30分钟约2800～3000米的日常体育生活距离；按其地理学特性，指市民日常生活的社区为基本范围。

http://www.chinanews.com/df/2013/12-12/5613845.shtml

---

## 淮安市建设“10分钟都市健身圈”服务平台

淮安市城市社区“十分钟体育健身圈”，即居民在市、县（区）主城区以正常速度步行10分钟左右（直线距离800～1000米），有可供开展健身活动的场馆（地）或设施、健身组织或信息服务等。“十分钟体育健身圈”是淮安市体育局在“十二五”期间倾力打造的城区公共健身服务体系，建成后将为淮安广大市民提供优质、便利的公共体育服务。

http://www.hynews.net/jsq/

# 附录三：相关调查问卷及分析统计

## 1　西安市区居民康体行为调查

### 1.1　西安市区居民康体行为调查表

尊敬的先生/女士：

本匿名问卷仅用于学术研究，感谢您的参与并恳请您填写真实情况和感受！

1. 通常情况下，您的户外健身活动主要是哪种方式（可多选）?

①步行

②跑步

③骑行

④集体健身操或者健身拳

⑤器械活动

⑥其他

2. 通常情况下，您的户外健身活动在什么时间?

①上下班路上时间

②午休时间

③下午茶时间

④上班前

⑤下班后

⑥节假日

⑦其他

3. 通常情况下，您每周参加半小时以上户外体育活动的平均次数为?

①少于1次

②1次

③2次

④3次

⑤4次

⑥5次

⑦6次

⑧7次

⑨7次以上

4．您通常每次户外健身活动的时间为？

① 30分钟以内

② 30～60分钟

③1～2小时

④2～3小时

⑤3小时以上

⑥没有户外体育锻炼的习惯

5．通常情况下，您在哪里进行户外健身活动（只能选一项）？

①住宅小区

②工作单位或目前读书的学校

③附近街区公共操场或广场

④附近公园绿地

⑤城市道路

⑥其他（请填写）

6．通常情况下，您从出发地点到最经常去的户外健身场所的距离大约为？

①500米以内

②501～1000米

③1001～1500米

④1501～2500米

⑤2501～5000米

⑥5001～10000米

⑦ 10公里以上

7．通常情况下，您从出发到达最经常去的健身场所花费的时间大约为？

①5分钟以内

②6 ～15分钟

③16～30分钟

④31～45分钟

⑤46～60分钟

⑥60分钟以上

8．通常情况下，您如何到达最经常去的健身场所？

①步行

②自行车

③电瓶车
④摩托车
⑤公共汽车
⑥轨道交通
⑦出租车
⑧私家车

9. 您觉得阻碍您参加户外体育活动的因素中最主要的一个是？
①时间缺乏
②精力不够
③健身场地太远
④交通不便
⑤其他

### 1.2 西安市区居民康体行为统计分析

本次做了150份问卷随机调查，从137份有效问卷中进行分析总结，得出如下几个结论：

（1）户外健身活动主要方式

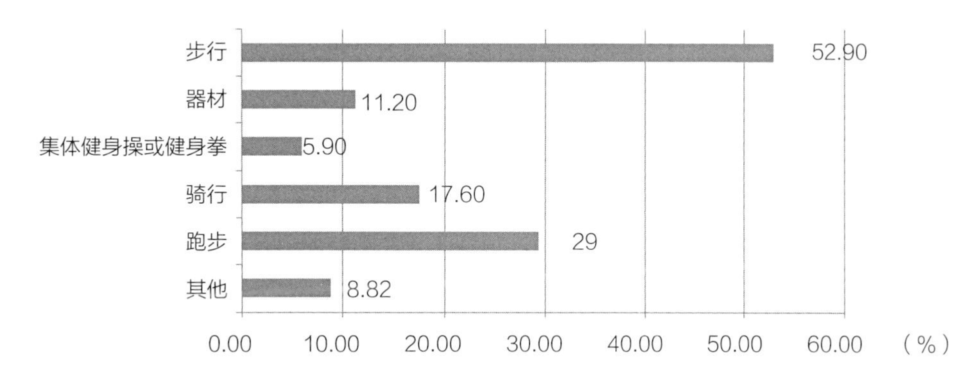


（2）户外健身活动时间分析

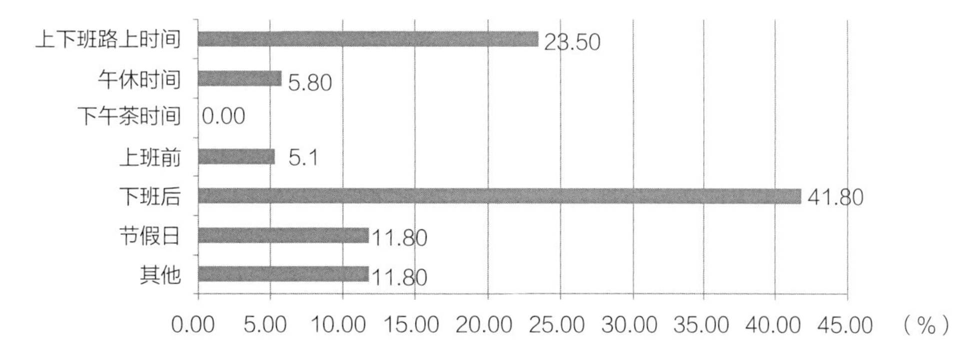

（3）每周户外体育活动的平均次数

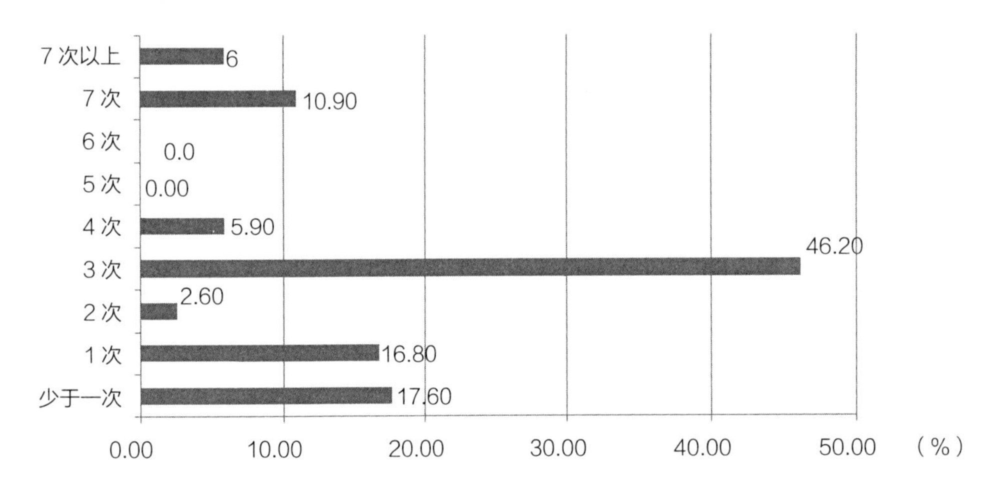


（4）每次户外健身活动的时间

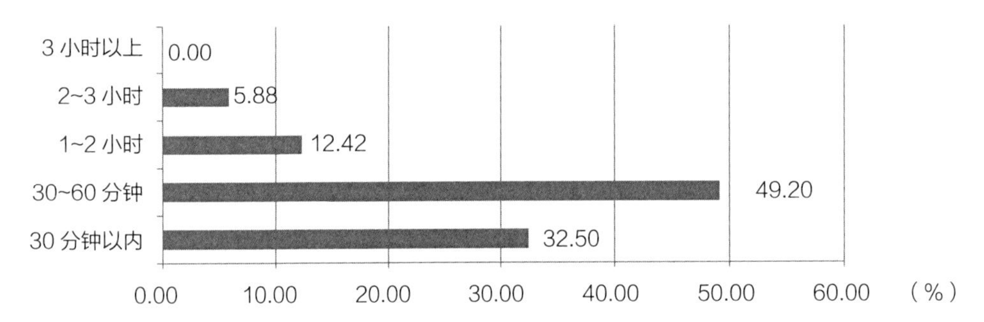


（5）通常情况下，户外健身活动地点

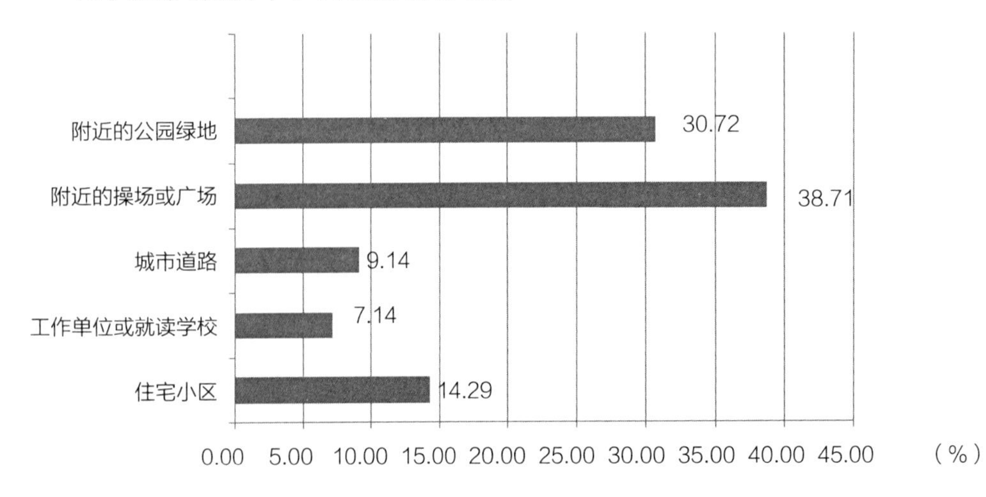

（6）从出发点到经常去的户外场所的大概距离

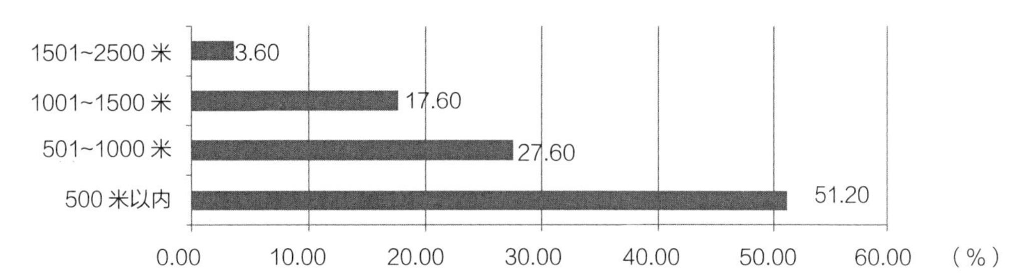


（7）从出发点到经常去的户外场所花费的平均时间

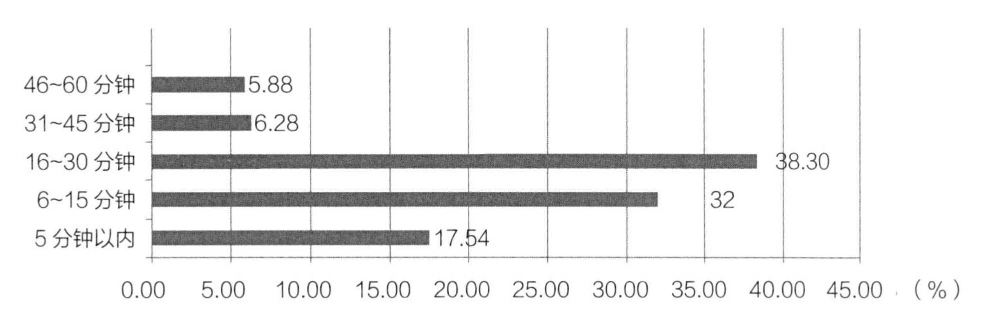


（8）到达经常去的健身场所的方式

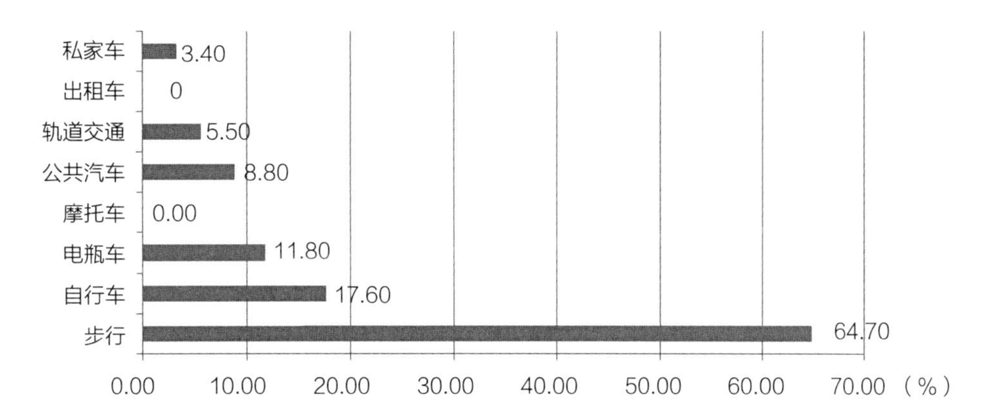


（9）阻碍参加户外体育活动的主要因素

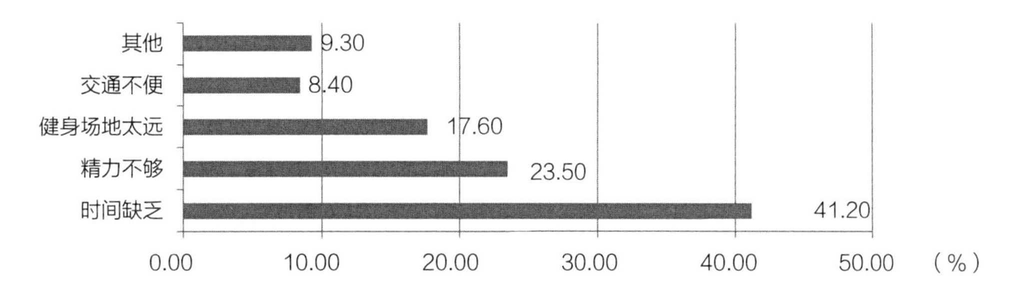

| 受访者信息统计 | 调查结果 |
|---|---|
| 性别 | 男：43.7% |
| | 女：56.3% |
| 年龄 | 15 ~ 24 岁：21.6% |
| | 25 ~ 34 岁：11.1% |
| | 35 ~ 44 岁：21.9% |
| | 45 ~ 54 岁：22.4% |
| | 55 ~ 64 岁：19.6% |
| | 65 ~ 74 岁：3.4% |
| 婚姻状况 | 单身：33.4% |
| | 已婚：63.4% |
| | 其他：3.2% |
| 教育程度 | 小学：1.7% |
| | 初中：2.4% |
| | 高中：26.1% |
| | 大学：61.3 % |
| | 硕士 / 博士研究生：8.5% |
| 工作状况 | 在职：44.5% |
| | 无业：7.2% |
| | 退休：26.6% |
| | 学生：22.7% |
| 个人月收入情况 | 590 以下：5.4% |
| | 590[1] ~ 2000：26.7% |
| | 2000 ~ 4203[2]：34.9% |
| | 4204 ~ 6000：17.2% |
| | 6000 以上：15.8% |

注：有效调查表格 137 份。

## 2 西安城市居民步行骑行活动动机调查

请根据您的真实看法和感受，给出相应的分数，5分为最重要，1分为最不重要，请在相应的方框内打钩，感谢您的参与。

1 数据来源于2016年西安低保补助标准及申请低保的条件规定。

2 数据来源于2017年西安市薪级水平报告，http://salarycalculator.sinaapp.com/report/西安。

| 目的 | 5分 | 4分 | 3分 | 2分 | 1分 |
|---|---|---|---|---|---|
| 为了上班、上学等出行目的 | | | | | |
| 为了放松身体、缓解压力与紧张 | | | | | |
| 为了强壮身体、精力充沛 | | | | | |
| 为了保持体形或减肥 | | | | | |
| 为了预防和消除疾病 | | | | | |
| 为了获得运动的成就感 | | | | | |
| 为了认识新朋友 | | | | | |
| 为了增加与同事、朋友的互动和友谊 | | | | | |
| 为了与家人相处，增进感情 | | | | | |
| 为了成为团队的一员，获得认可 | | | | | |
| 为了接触自然 | | | | | |

## 3 西安城市居民步行骑行环境调查

请根据您的真实看法和感受，给出相应的分数，5分为最严重，1分为最不严重，请在相应的方框内打钩，感谢您的参与。

| 问题 | 5分 | 4分 | 3分 | 2分 | 1分 |
|---|---|---|---|---|---|
| 连续性差 | | | | | |
| 不安全 | | | | | |
| 没有停车设施 | | | | | |
| 车行、步行、骑行不分置 | | | | | |
| 景观环境差 | | | | | |
| 不方便到达 | | | | | |
| 标识引导性差 | | | | | |
| 服务设施不足 | | | | | |
| 其他 | | | | | |

## 4 西安市东大街步行满意度网络调查

### 西安东大街步行街适宜性满意度调查

您好～，欢迎参加本次答题。我们是西安建筑科技大学的学生，为了全面准确了解步行街现状以及游客的满意度情况，为了步行街的改造设计特此进行问卷调查。

希望从您的反馈中得到更为有效的数据，使步行街得到更好地改造与发展。您的参与是我们前进的动力，谢谢您的参与。我们会认真对待您的任何反馈。

1. 您眼中的东大街是什么样子？（单选）
   - ☐ 普通商圈
   - ☐ 闹市区
   - ☐ 老城区，比较破旧
2. 您的性别（单选）
   - ☐ 男
   - ☐ 女
3. 您的年龄（单选）
   - ☐ 18岁以下
   - ☐ 18～35岁
   - ☐ 36～50岁
   - ☐ 50岁以上
4. 您的职业（单选）
   - ☐ 学生
   - ☐ 上班族
   - ☐ 个体经营户
   - ☐ 其他
5. 请问您的月收入是多少？（单选）
   - ☐ 1500元以下
   - ☐ 1500～2500元
   - ☐ 2500～3500元
   - ☐ 3500元以上
6. 您来步行街的主要交通方式？（单选）
   - ☐ 步行

☐ 自行车

☐ 公交

☐ 地铁

☐ 出租车

☐ 自驾

7. 您来步行街的主要目的是？（多选）

☐ 购物

☐ 就餐

☐ 娱乐休闲（看电影、电玩）

☐ 其他

8. 您一般会在步行街停留多长时间？（单选）

☐ <1小时

☐ 1～2小时

☐ 2～4小时

☐ 4小时以上

9. 您认为在步行街普通消费水平如何？（单选）

☐ 物美但是价格高

☐ 物美而且价格低

☐ 物劣而且价格高

☐ 物劣但是价格低

10. 您认为步行街在地理位置的选择上是否能方便人们的购物？（单选）

☐ 完全能

☐ 基本能

☐ 不能

11. 您觉得步行街内的功能分区明确吗？（单选）

☐ 很明确

☐ 比较明确

☐ 不明确

12. 您通常判断自己方位的方式是？（单选）

☐ 通过一些景观设施

☐ 通过店铺的位置

☐ 通过建筑空间的排布

☐ 通过标志牌

13. 您对步行街内的公共设施满意吗？（单选）
- □ 满意
- □ 一般
- □ 不满意

14. 您觉得步行街的街道尺寸舒适吗？（单选）
- □ 舒适
- □ 一般
- □ 需要加宽

15. 您对步行街内的环境卫生满意吗？（单选）
- □ 满意
- □ 一般
- □ 不满意

16. 您在逛街中遇到过哪些很苦恼的问题呢？（多选）
- □ 找不到厕所
- □ 没有标识牌
- □ 卫生质量差
- □ 治安混乱
- □ 没有可以提供行人休息的地方
- □ 其他

17. 您认为步行街还有哪些需要改进的地方？（多选）
- □ 增加商品的种类
- □ 加强对商家的监督，保证商品质量
- □ 打击以低价促销等障眼法坑骗消费者的地方，保障消费者的合法权益
- □ 增设停车场、洗手间等便民设施，增加街道两旁的园艺绿化及装饰

18. 您希望步行街改造成哪种类型？（多选）
- □ 生态休闲型
- □ 时尚商业型
- □ 文化底蕴型

19. 您平时什么时候来步行街？（单选）
- □ 逛街才来
- □ 一般不会来，偶尔路过
- □ 经常来，离得比较近

您对步行街有什么看法和建议？

______________________________

______________________________

______________________________

希望获得联系

如果您希望我们联系您，可以留下您的微博、邮箱或者QQ号

______________________________

（1）东大街的印象整理分析

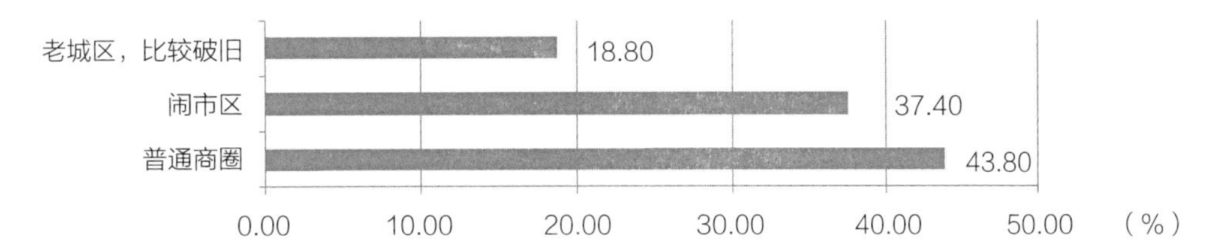


（2）调查者性别比例分析

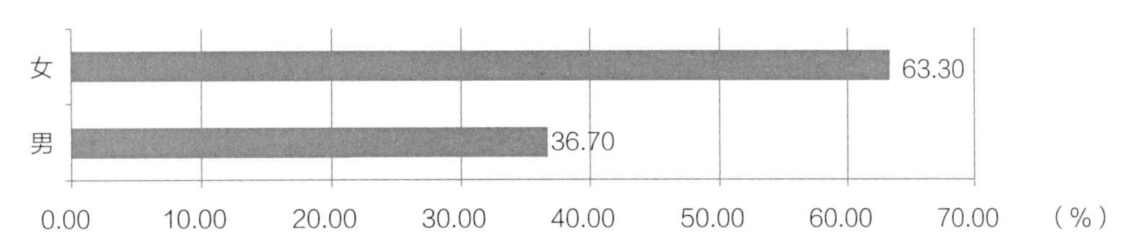


（3）调查者年龄统计

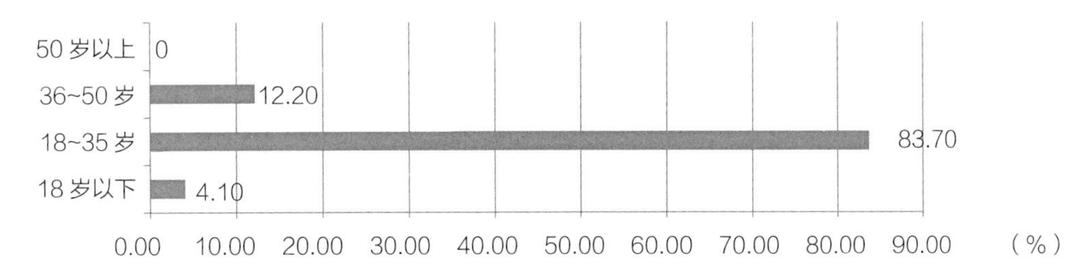


（4）东大街出行主要目的

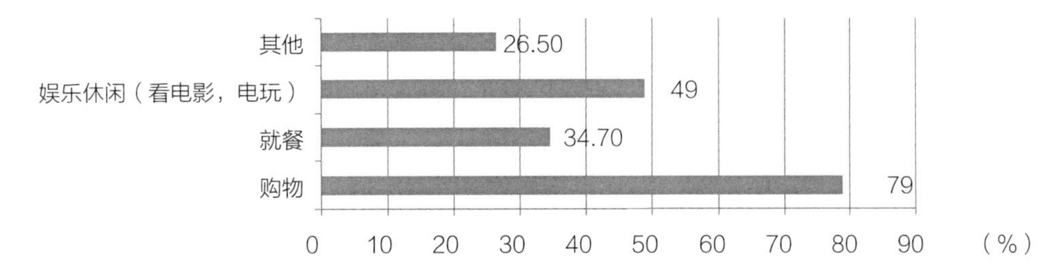

（5）月收入情况

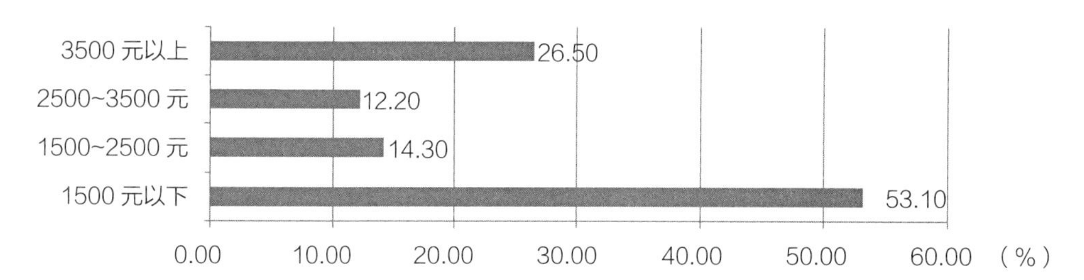


（6）东大街普遍消费水平看法分析

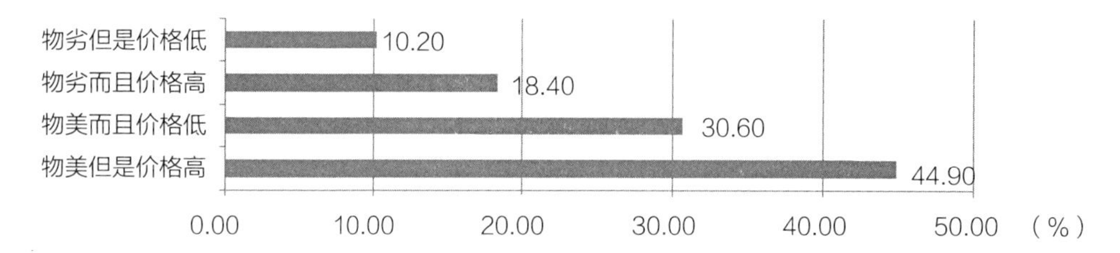


（7）来东大街的主要交通方式整理分析

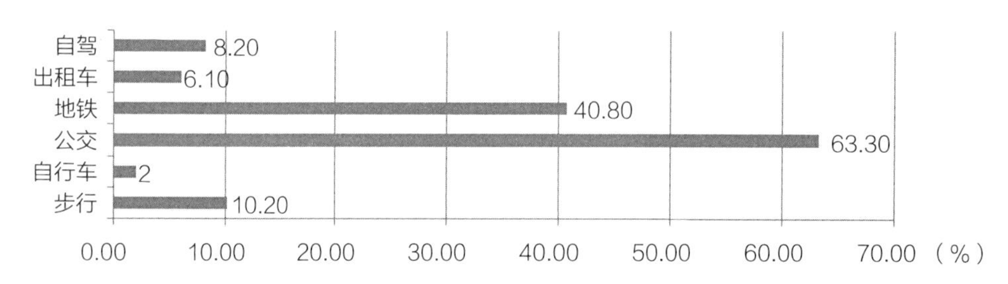


（8）在东大街停留时间

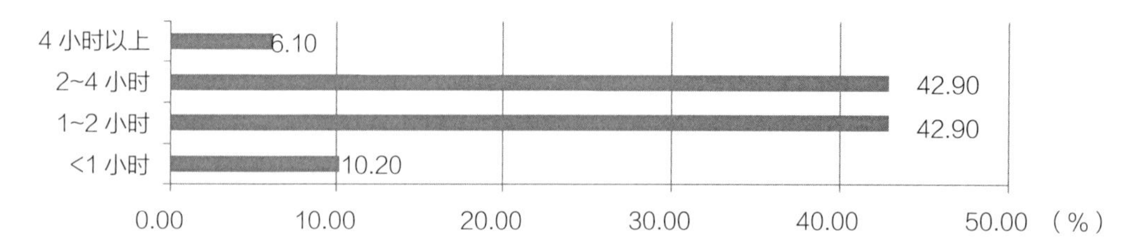

（9）通常判断自己方位的方式

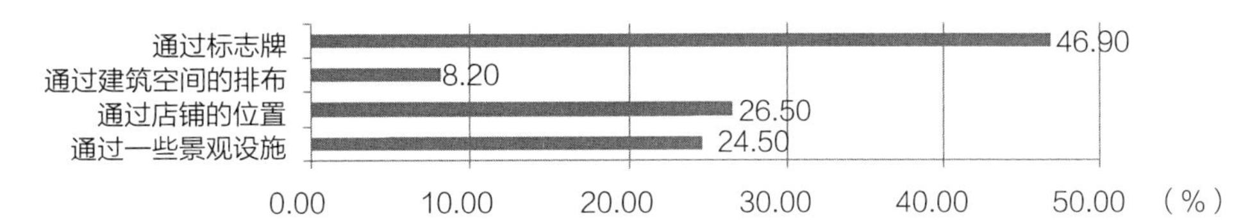


（10）对东大街内的公共设施满意度分析

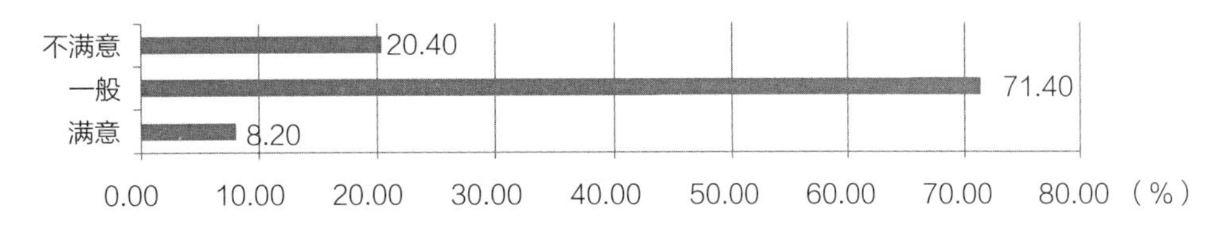


注：以上分析基于177份有效网上调查问卷统计整理。

# 附录四：代表性街道设计导则比较分析

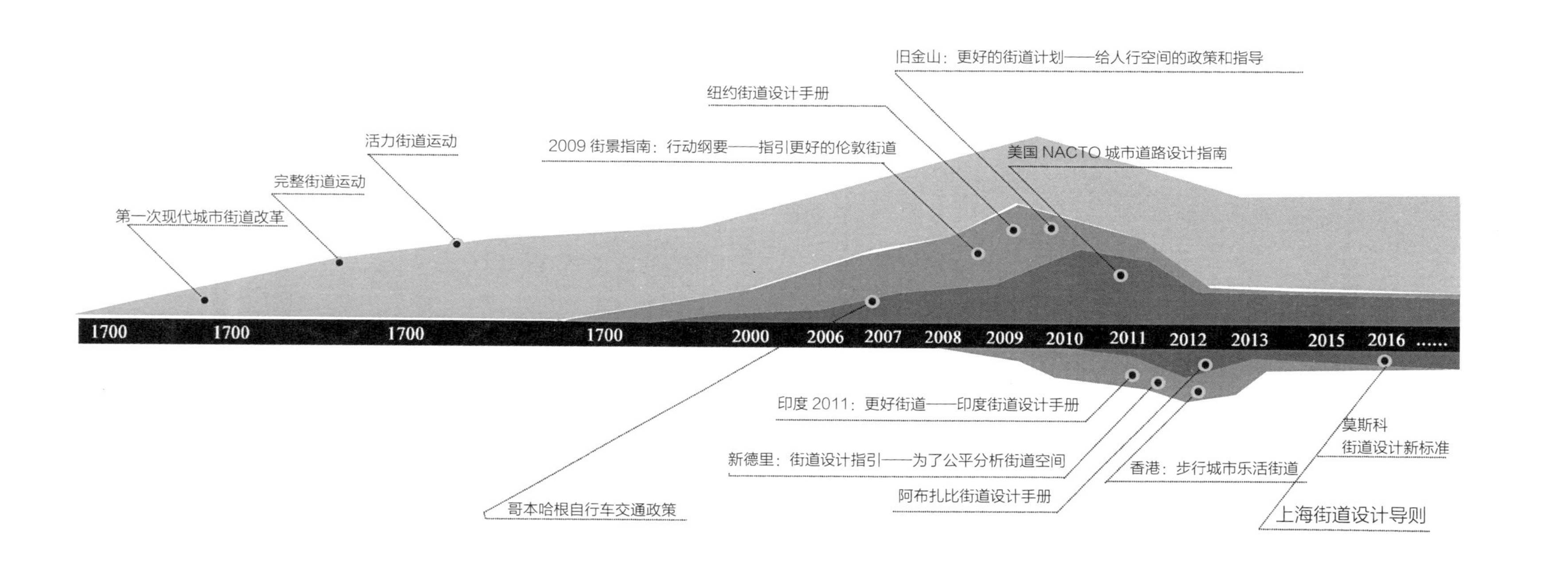

主要城市街道设计导则及街道改造实践模式比较

| 面向文脉的设计 | 增加活力的设计 | 可持续性的设计 | 视觉景观的设计 | 成本收益设计 |
|---|---|---|---|---|
| 1.增进邻里交往；<br>2.保持场地独特性；<br>3.增加街道安全性，鼓励步行、骑行 | 1.布置公共空间网络；<br>2.重新分配道路空间；<br>3.鼓励体育活动；<br>4.增加座椅等公共服务设施 | 1.采用绿色环保材料；<br>2.最大限度地减少不透水表面；<br>3.最大限度地增加植被 | 1.提高街道审美标准；<br>2.营造连贯和谐的街景；<br>3.采用易于维护和耐用的材料 | 1.面向未来的长期设计；<br>2.统一并简化评审流程；<br>3.考虑全生命周期成本和效益 |
|  | 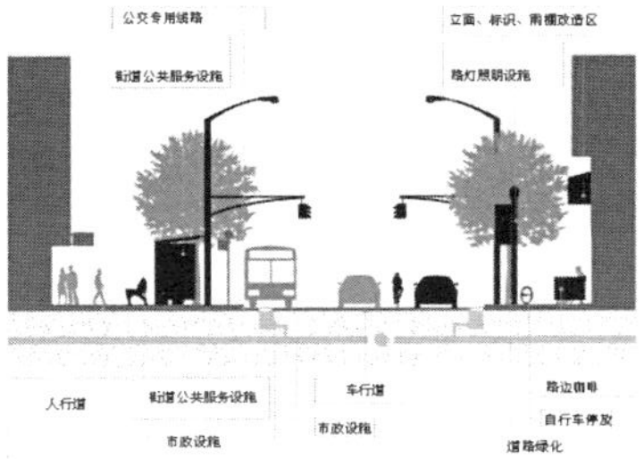 |  |  |  |
|  |  |  |  | 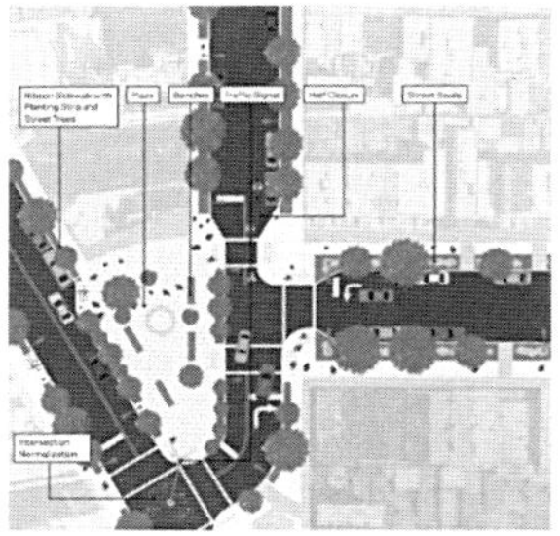 |

纽约篇（资料来源：Street Design Manual，NewYorkCity Department of Transportation，2009）

主要城市街道设计导则及街道改造实践模式比较

| 面向文脉的设计 | 增加活力的设计 | 可持续性的设计 | 视觉景观的设计 | 成本收益设计 |
| --- | --- | --- | --- | --- |
| 1.重视街道作为城市人文记忆载体的价值；<br>2.整体性保持密、窄、弯的路网格局；<br>3.复兴街道生活，强化社区认同 | 1.交通有序，慢行优先，步行有道，骑行顺畅，过街安全；<br>2.功能复合，活动舒适，空间宜人 | 资源节约，绿色出行，生态种植，绿色技术 | 1.沿街建筑底部6～9米以下部位应进行重点设计；<br>2.沿街围墙0.9米以上通透率须达到80%；<br>3.对建筑入口进行重点设计 | 1.安全、绿色、活力、智慧导向；<br>2.增加街道空间一体化设计；<br>3.弹性目标管控；<br>4.智慧街道 |
| 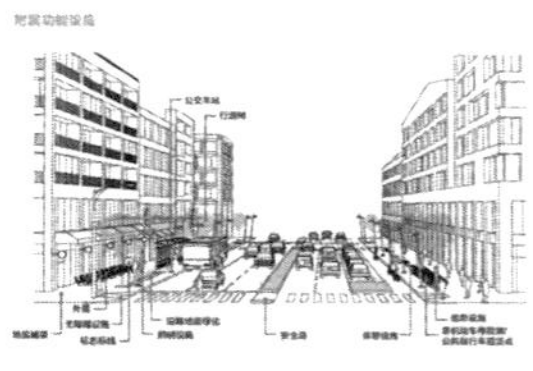 | 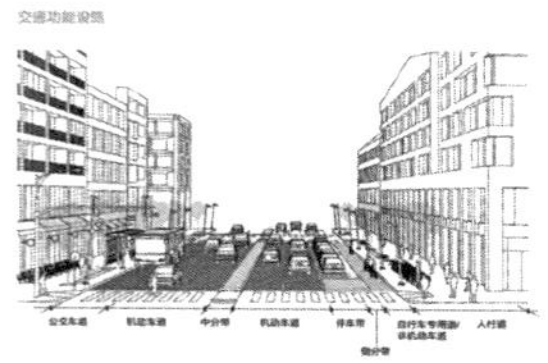 | 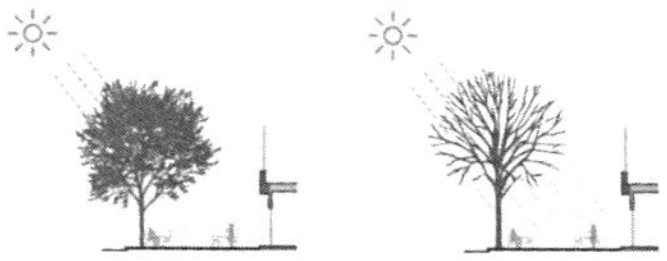 |  | 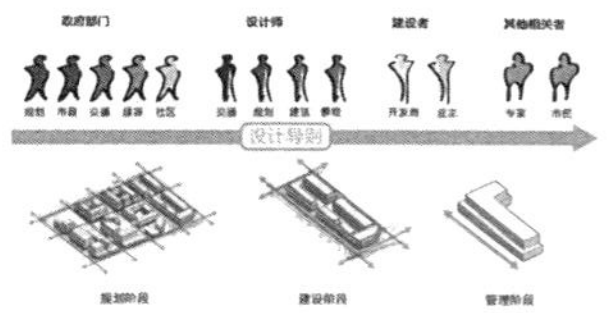  |
| 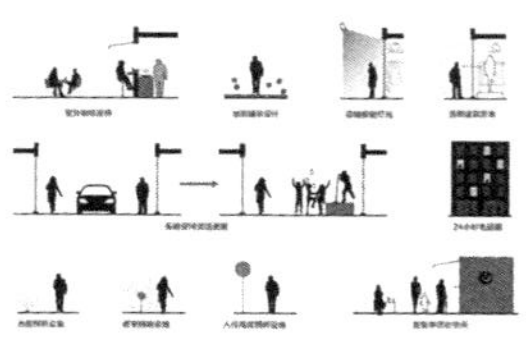 | 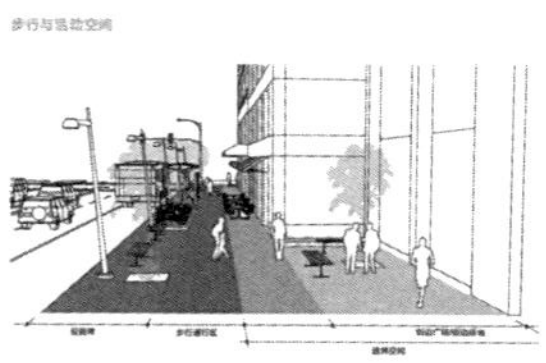 | 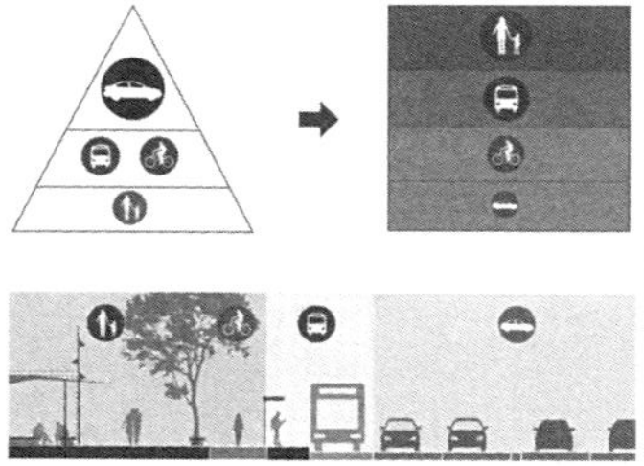 | 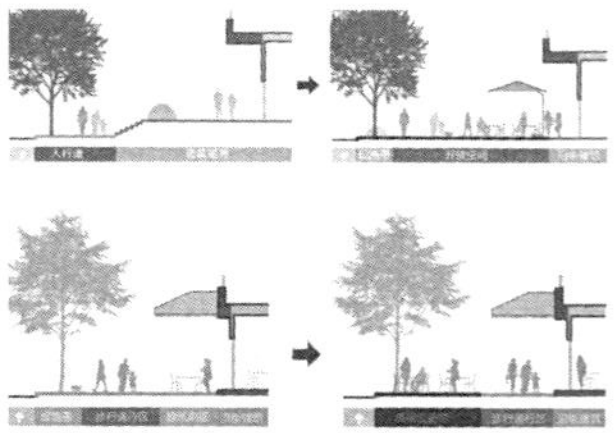 | 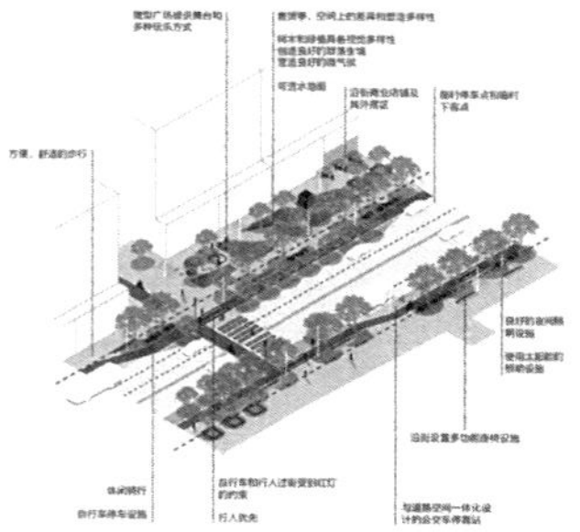  |

上海篇（资料来源：上海市街道设计导则）

主要城市街道设计导则及街道改造实践模式

| 莫斯科[①] | 伦敦[②] | 墨西哥查普尔特佩克文化长廊[③] | 香港[④] |
|---|---|---|---|
| 1.市民参与设计与管理；<br>2.增加步行者空间；<br>3.增加地方商业收入 | 道路空间共享，改善当地环境；<br>协调周围风貌，高质量的街景 | 将车道推向两侧，增加新的公交车道，中间的步行车道立体开发，增加步行空间的安全性、景观及公共活动空间的多样性，增加绿量 | 完善的行人网络；<br>通过人行天桥、地下通道获得无障碍连接性 |
|  |  | 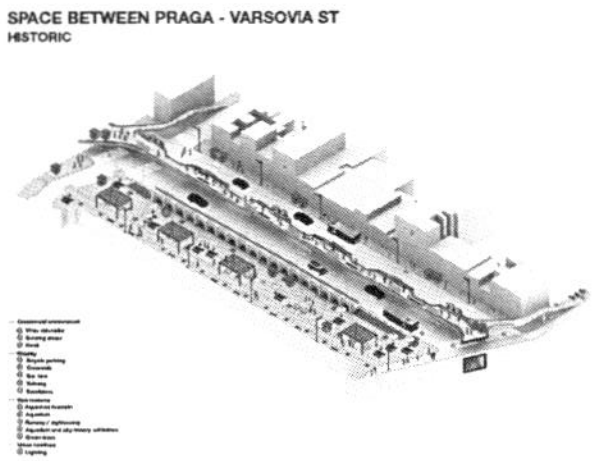 |  |
|  |  |  | 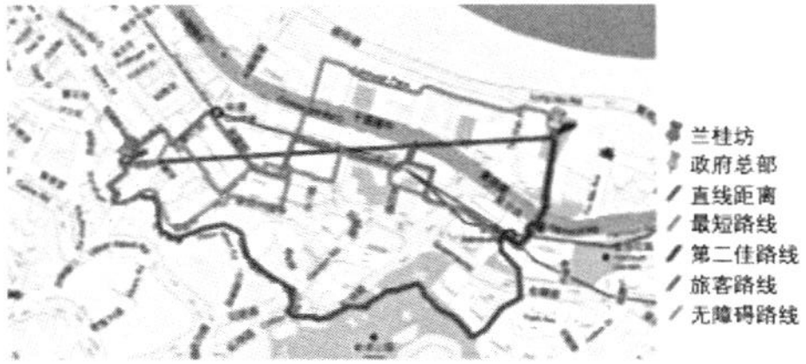 |

① 让莫斯科市民参与到对他们自己的城市管理。

② Streetscape Guidance 2009: Executive Summary A guide to better London Streets

③ http://www.gooood.hk/ccc-by-fr-ee.htm

④ 香港步行城市 乐活街道。